새의 대화

과학적으로 파헤친 비밀스러운
새들의 사생활

새의 대화

과학적으로 파헤친 비밀스러운
새들의 사생활

바바라 발렌타인 · 제러미 하이만 지음 | 마이크 웹스터 추천사 | 윤혜영 옮김

새의 대화

과학적으로 파헤친 비밀스러운 새들의 사생활

발행일 2022년 5월 1일 초판 1쇄 발행
지은이 바바라 발렌타인, 제러미 하이만
옮긴이 윤혜영
발행인 강학경
발행처 시그마북스
마케팅 정제용
에디터 김은실, 최연정, 최윤정
디자인 이상화, 김문배, 강경희

등록번호 제10-965호
주소 서울특별시 영등포구 양평로 22길 21 선유도코오롱디지털타워 A402호
전자우편 sigmabooks@spress.co.kr
홈페이지 http://www.sigmabooks.co.kr
전화 (02) 2062-5288~9
팩시밀리 (02) 323-4197
ISBN 979-11-6862-024-7(03490)

* 시그마북스는 (주)시그마프레스의 자매회사로 일반 단행본 전문 출판사입니다.

차례

추천사

지난 봄에 집에서 매일 대부분 시간을 보내는 동안, 나는 아침마다 건물 주변을 산책하면서 모든 조류 종들을 주의 깊게 살펴보거나 조류 종들의 울음소리를 모조리 귀담아들을 수 있었다. 3월과 4월이 지나서 5월로 접어들 때, 산책로는 특히 더더욱 활기차게 발성음을 표출하는 조류 종들로 가득 차게 되었다. 수액빨이딱따구리는 북을 치듯 나무 표면을 불규칙적으로 계속 쿵쿵 두드리고 있다(이곳 뉴욕 중심부에 봄이 오고 있다는 확실한 징조다). 멧도요는 급작스럽게 비행하면서 깃털을 통해 공기를 내뿜으며 비발성음을 표출한다. 아주 먼 지방에서 이제 막 다시 이주해 온 울새(휘파람새과) 종들은 불타오르듯 매우 강렬하게 빛나는 망막 색채가 놀랄 만큼 대단히 아름답고 매력적이다. 또한 기러기 종들은 끼루룩끼루룩하고 울음소리를 발성하면서 북쪽을 향해 하늘 높이 날아다닌다. 숲에 사는 조류 종들은 언뜻 보기에 수십 마리 정도가 눈에 띄며, 우리 집 주변 곳곳으로 울려 퍼지도록 발성음을 표출하고 있다.

매우 명확하게도 이런 모든 광경은 바로 조류 종들이 만들어 낸 상황이다. 이러한 점에서 조류 종들은 대부분 다른 동물 집단과 확실히 다르다. 예를 들어 대부분 포유류(이를테면 생쥐나 박쥐를 생각해 보자.)는 주로 어두컴컴하고 구석진 장소에서 조용히 머물러 숨어 있거나, 살금살금 걸어서 도망 다니며, 포식자의 눈에 띄지 않으려고 애써 노력하는 데 어마어마하게 많은 시간을 보낸다. 하지만 조류는 그렇지 않다. 조류는 나무 꼭대기에서 걸터앉아 노랫소리와 울음소리를 발성한다. 또한 조류는 깃털 색채를 선명하게 드러내며 청각적 신호를 표출한다. 게다가 조류는 갑자기 높이 뛰어오르거나, 춤을 추거나, 신나게 뛰어다니는 등 표출 행동을 복잡하고 정교하게 드러낸다. 이러한 조류는 누구에게나 매우 쉽게 눈에

황금솔새는 대부분 일반적으로 여름에 북아메리카에서 널리 퍼져 서식하는 조류 종에 속한다.

띈다. 그렇기 때문에 조류는 조류 종간에 서로서로 끊임없이 '의사소통'할 수 있다. 조류는 조류 종간에 서로서로 의사소통할 때 깃털 색채를 선명하게 드러내고, 발성음을 놀라울 정도로 크게 표출하고, 심지어 어떤 경우에는 냄새를 강하게 표출하기도 한다. 다시 말해서 조류는 조류 종간에 서로서로 끊임없이 의사소통하고 있다.

그렇다면 조류는 조류 종간에 서로서로 어떤 정보를 가지고 의사소통하고, 왜 의사소통하는 걸까? 조류는 선천적으로 자신들만의 언어를 명확히 파악하고 있는 걸까? 아니면 자신들이 속한 조류 무리 가운데 다른 조류 종들이 울음소리를 발성하는 방법을 학습하는 걸까? 또한 얼마나 복잡한 메커니즘이 존재하기에 조류 종들이 깃털 색채와 표출 행동, 노랫소리 등을 매우 놀라울 정도로 다양하게 표출하는 걸까? 이와 같은 의문점들을 해결하기 위해, 과학자들은 수십 년간 조류의 행동에 가장 중점을 두고서 아주 정교하고 복잡한 실험과 때때로 놀랄 만큼 간단한 실험을 진행하며 연구에 몰두했다. 실험 연구 결과, 과학자들은 조류 종간에 서로서로 의사소통하는 방법과 이유를 대부분 확실하게 밝혀냈다.

이 책은 결과적으로 과학자들이 실험 연구를 진행하며 파악해 낸 정보를 담고 있다. 이를테면 조류가 조류 종간에 서로서로 의사소통하는 방법과 조류가 자신이 선호하는 짝짓기 상대나 자신의 자식, 자신과 같은 무리에 속한 조류 종들, 심지어 자신을 먹잇감으로 노리는 포식자들과도 의사소통하는 방법에 관해 명확히 입증된 정보를 담고 있다. 또한 이 책은 지식 이면에 존재한 과학을 바탕으로, 과학자들이 이런 모든 정보를 명확히 입증해 낸 방법도 담고 있다. 게다가 이 책은 화려하고 매력적인 조류 종들의 사진을 다양하고 풍부하게 수록해 놓고서, 우리 주변에 존재한 전 세계의 굉장히 매혹적인 조류 종들을 흥미롭고 더할 나위 없이 훌륭하게 소개하고 있다.

이제 봄과 여름이 다 지났지만, 그래도 나는 여전히 조류 종들과 함께 즐겁게 지내고 있다. 철새 종들은 계절에 따라 남부 지방을 향해 다시 이주했지만, 숲에 사는 조류 종들은 여전히 가득 남아 활기 넘치게 생활하고 있다. 박새 종들은 여전히 나뭇가지에 걸터앉아 울음소리를 발성하고(지금은 두 음을 넘나들며 세력권을 주장하는 노랫소리를 발성하기보다 주로 '칙-카-디-디-디'라고 정보를 표출하는 울음소리를 발성한다.), 올빼미 종들은 여전히 어둠 속에서 울음소리를 부드럽게 발성하고, 기러기 종들은 현재 남쪽을 향해 날아다니고 있지만, 여전히 하늘 높이 날아다니면서 끼루룩끼루룩하고 울음소리를 발성하고 있다. 우리 주변 상황은 이 세상에서 변화하고 있는데도, 조류는 여전히 조류 종간에 서로서로 의사소통하고 있다. 이러한 조류 종들은 나를 심적으로 매우 즐겁고 편안하게 해 준다.

마이크 웹스터

뉴욕 주 이타카에서

머리말:
조류의 의사소통이란 무엇인가?

조류는 노랫소리와 울음소리를 발성하고, 깃털 색채를 선명하게 드러내는데, 이러한 청각적 신호와 시각적 신호를 표출하면서 조류 종간에 서로서로 의사소통한다. 조류의 의사소통은 필요에 따라 조류 종간에 사회적 상호작용을 성공적으로 다루기 위해 반드시 필요하다. 조류가 조류 종간에 서로서로 의사소통하기 위해 다른 조류 종들에게 표출하는 신호들은 위협적인 포식자의 존재나 자신들의 건강 상태, 사회적 지위, 욕구, 본질적 특성 등과 같은 복잡하고 다양한 정보들을 담고 있다.

정보

조류가 표출하는 신호들(청각적 신호와 시각적 신호와 후각적 신호)은 정확한 정보를 구성할 수 있도록 진화적으로 형성되었고, 조류의 의사소통은 복합적으로 다양한 조류 종들이 다른 조류 종들에게 신호를 표출하면서 조류 종간에 서로서로 정보를 교환하는 과정이 자연스럽게 진행된다. 모든 조류의 의사소통은 반드시 신호 발신 조류(신호를 표출하는 조류)와 신호 수신 조류(신호를 받아들여 신호에 대응하는 조류)가 존재해야 한다. 누구나 익히 잘 알고 있듯이, 인간은 각기 다른 전후 사정에 따라 문맥상으로 여러 가지 다양한 신호를 표출하면서 의사소통하고, 조류는 우리 인간에게도 친숙할 것 같은 주제를 다루며 갖가지 다양한 방법으로 의사소통한다.

신호 발신 조류와 신호 수신 조류는 일반적으로 위협적인 포식자로부터 자신의 친척 조류 종들을 보호하려고 하는 일부 상황에서처럼 조류 종간의 이해관계를 매우 중요하게 여긴다. 예를 들어 신호 발신 조류가 표출하는 신호는 세력권 영역에서 먹잇감을 노리는 위협적인 포식자에 관한 정보를 제공할 것이다. 신호 발신 조류가 자신이 선호하는 짝짓기 상대나 자신의 자식, 자신과 같은 무리에 속한 조류 종들에게 신호를 표출하면서 누릴 수 있는 혜택은 자신과 관련된 조류 종들 모두가 위험한 상황을 재빨리 경계하면서 생존율이 높아질 가능성이 커진다. 또한 신호 수신 조류가 신호를 받아들여 신호에 대응하면서 누릴 수 있는 혜택은 본질적으로 신호 발신 조류가 누릴 수 있는 혜택과 유사하다. 이러한 상황을 고려해 조류의 의사소통을 가장 솔직하게 설명하자면, 신호 발신 조류는 자연 선택에 따라 위협적인 포식자의 존재에 관해 유익하고 믿을 만한 정보를 제공해야 하고, 신호 수신 조류는 자연 선택에 따라 유익하고 믿을 만한 신호에 대응해야 할 것이다.

세력권을 차지한 두 조류 종들은 원래 자신의 세력권을 넘어서 상대의 세력권까지 차지하려고 세력권 싸움을 벌이기도 한다. 이런 상황과 마찬가지로 신호 발신 조류와 신호 수신 조류가 자신의 이익을 위해 서로 경쟁을 벌인다면, 이때 신호 발신 조류가 표출하는 신호는 싸움 능력이나 공격 가능성에 관한 정보를 제공할 것이다. 이로 인해 신호 발신 조류가 누릴 수 있는 혜택은 명백하게 드러난다. 만약 신호 발신 조류가 신호를 표출하면서 경쟁 상대에게 자신의 우월한 싸움 능력을 확실하게 이해시킬 수 있다면, 신호 발신 조류는 굳이 싸우지 않고도 경쟁 상대의 매우 유

장난삼아 연애하고 있든, 세력권 싸움을 벌이고 있든 간에, 콩새 두 종은 서로 의사소통하고 있는데, 이때는 아마도 각자 상대에게 깃털 색채를 드러낼 뿐만 아니라 발성음을 표출하면서 서로 간에 정보를 교환하고 있을 가능성이 크다.

용한 세력권에 접근할 수 있다. 그런데 왜 신호 수신 조류는 신호 발신 조류가 표출하는 신호에 주의를 기울여야 할까? 모든 위협적인 신호를 인식하고 나서 물러나는 신호 수신 조류는 생존에 반드시 필요한 세력권을 획득하지 못할 것이다. 하지만 모든 위협적인 신호를 무시한 신호 수신 조류는 이길 가능성이 전혀 없는데도 세력권 싸움을 벌일 것이다.

수컷 조류 종들은 암컷 조류 종들에게 자신들에 관해 유익하고 믿을 만한 정보를 표출하고 있지만, 이런 상황에서 암컷 조류 종들은 자신들이 선호하는 짝짓기 상대를 너무 까다로울 정도로 신중하게 선택하는 경향이 있다. 이런 상황과 마찬가지로, 신호 발신 조류와 신호 수신 조류들이 각자 관심사가 서로 각기 다르다면, 신호 발신 조류로서 수컷 조류 종들이 표출하는 신호는 자신들만의 건강 상태나 생기 넘치는 활동력, 부모 조류의 양육 능력 등에 관한 특정 정보를 제공할 것이다. 흔히 수컷 조류 종들은 되도록 많은 암컷 조류 종들의 마음을 끌어내기 위해 신호를 표출하는 경우가 많지만, 암컷 조류 종들은 본질적으로 가장 우수한 수컷 조류를 짝짓기 상대로 선호하므로 이와 관련된 신호에 관심을 두는 경향이 있다. 다시 말해서 신호 발신 조류가 누릴 수 있는 혜택은 명백하게 드러난다. 만약 수컷 조류가 신호 발신 조류로서 자신이 본질적으로 가장 우수한 수컷 조류라는 사실을 암컷 조류 한 종이나 대다수 암컷 조류 종들에게 명확히 이해시킬 수 있다면, 수컷 조류는 수많은 자손을 번식해서 자신의 복제된 유전자를 다음 세대로까지 더더욱 많이 퍼뜨리게 될 것이다. 그런데 왜 신호 수신 조류는 신호 발신 조류가 표출하는 신호에 주의를 기울여야 할까? 만약 암컷 조류 종들이 수컷 조류의 본질적인 신호를 직접적으로 신속하게 평가하지 못한다면, 이에 따라 수컷 조류는 본질과 관련된 신호를 표출하면서 암컷 조류에게 자신이 본질적으로나 수적으로 자손을 향상시킬 수 있는 능력을 갖추고 있다는 중대한 정보를 확실하게 제공해야 한다. 하지만 암컷 조류 종들은 수컷 조류가 표출하는 신호에 주의를 기울여 수컷 조류에 관한 본질적인 정보들을 제대로 살피고 평가하려면, 그만큼 상당히 많은 시간과 노력과 에너지를 있는 힘껏 쏟아야 할 수도 있다. 또한 만약 암컷 조류가 자신이 선호하는 짝짓기 상대를 너무 까다로울 정도로 신중하게 선택하는 경향이 있다면, 암컷 조류는 자신이 선호하는 짝짓기 상대를 전혀 선택하지 못하는 경우도 발생할 것이다.

심지어 신호 발신 조류와 신호 수신 조류가 조류 종간에게 갈등을 겪고 있을 때도, 신호 발신 조류가 속임수를 써서 거짓으로 신호를 표출하며 혜택을 누릴 수 있다면, 이에 따라 신호 수신 조류는 유익하고 믿을 수 있는 정보만을 획득하며 혜택을 누릴 것이다. 결과적으로 누구든 이러한 상황을 고려한다면 대부분 조류가 표출하는 신호들을 가장 명확하게 파악할 수 있을 것이다. 또한 전반적인 진화생물학 이론에 따르면, 신호 발신 조류와 신호 수신 조류가 조류 종간에게 갈등을 겪고 있는 상황에서 역시나 서로가 그만큼 상당히 많은 시간과 노력과 에너지를 있는 힘껏 쏟

는다면, 신호 발신 조류와 신호 수신 조류는 신호를 있는 그대로 분명하게 거리낌 없이 신뢰할 수도 있을 것이다.

신호 발신 조류는 신호를 표출할 때 여러 가지 이유로 많은 시간과 노력을 쏟아야 할 수 있다. 다채로운 깃털 색채와 같은 형태학적인 특성이나 노랫소리와 춤과 같은 행동적인 특성은 흔히 신호 발신 조류가 신호를 표출하거나 유지하는 데 많은 노력을 들여야 하는 경우가 많다. 다채로운 깃털 색채를 선명하고 넓게 표출하려면, 신호 발신 조류는 많은 에너지와 영양분을 고루 갖춰야 한다. 이런 이유로 신호 표출은 신호 발신 조류의 본질적인 특성과 서로 밀접하게 관련되는 경향이 있을 것이다.

또한 신호 수신 조류는 신호 발신 조류가 표출하는 신호에 주의를 기울이면 신호 발신 조류의 건강 상태나 생기 넘치는 활동력에 관한 정보를 정확히 획득할 가능성이 커진다. 이를테면 건강 상태나 활동력이 본질적으로 저조한 조류 종들은 신호를 가장 극도로 탁월하게 표출할 수 없다. 이런 현상이 만약 사실이 아니라면, 조류는 실제로 조류 종간에 서로서로 의사소통할 수 없을 것이다. 다시 말해서 모든 조류 종들의 휘파람 소리, 높고 짧게 지저귀는 소리, 짹짹 우는 소리가 사실 신호가 아니라면, 이런 모든 소리는 그냥 소음으로 간주될 수밖에 없을 것이다.

조류 종들이 표출하는 신호를 완전히 명확하게 파악하려면, 다음과 같은 네 가지 주요 사항, 이를테면 (1) 근본적인 이론에 따라, 어떻게 신호

가 환경 속에서 기능상 최적으로 진화할 수 있는지, (2) 어떻게 신호 발신 조류가 의도적으로 신호 수신 조류에게 신호를 표출하면서 자신에 관한 본질적인 정보를 전송하는지, (3) 어떻게 신호 수신 조류가 신호 속에 담긴 신호 발신 조류의 정보를 인식하는지, (4) 어떻게 신호 발신 조류가 신호를 점점 더 진화적으로 표출해 신호 수신 조류에게 자신에 관한 유익하고 신뢰도가 높은 정보를 명확하게 제공하는지를 확실하게 파악해야 할 것이다.

➡️

푸른발얼가니새 종들은 시각적 신호로서 발 부분에 파란 색채를 선명하게 표출하며 서로 간에 의사소통한다.

↙️

마젤란검은머리물떼새 종들은 셋이서 다 함께 어울려 발성음과 자세를 모두 똑같이 표출할 수 있다.

↘️

수컷 대백로는 암컷 대백로에게 구애 행위를 하는 동안 시각적 신호로서 섬세하고 우아한 깃털을 표출하는 조류로 유명하다. 또한 수컷 대백로가 얼굴 피부에 선명하게 드러내는 녹색은 아마도 시각적 신호로서 자신의 번식 능력 상태를 표출할 가능성이 크다.

신호 검출 이론

조류와 다른 동물들 속에서 신호 체계가 진화하는 과정을 파악하는 방법은 개발된 신호 검출 이론(SDT)으로 시작했다. 신호 검출 이론은 제2차 세계대전 당시 적군의 항공기 위치를 레이더가 전송하는 동안 소음 속에서 레이더 신호를 탐지하려고 시도하는 데서 드러난다. 신호 검출 이론의 기본적인 개념을 살펴보면, 신호는 잘못된 허위 경보음을 최소화하고 정확한 탐지 경보음을 최대화하기 위해 배경 소음 속에서 충분히 두드러져야 할 것이다. 이때 신호를 탐지하는 능력은 신호를 정확하게 탐지할 가능성이 작아지도록 신호를 가로막고 방해하는 주변 소음(실제로 외부에서 발생)에 영향을 받을 수 있다. 연구원들은 조류와 다른 동물들의 감각심리학과 감각생태학을 파악하기 위해 1950년대에 신호 검출 이론을 채택했다.

신호 검출 이론은 어떻게 조류가 신호를 진화적으로 표출하는지를 파악할 수 있도록 잘못된 허위 경보음을 최소화하고 정확한 탐지 경보음을 최대화하기 위한 구조적 틀을 제공하며, 결국에는 신호 수신 조류에게 유익하고 믿을 만한 정보를 제공한다. 또한 신호 검출 이론은 조류의 의사소통에서 다음과 같은 세 가지 주요 사항, 이를테면 (1) 어떻게 환경 소음이 신호 표출에 영향을 미치는지, (2) 어떻게 환경 소음이 신호를 표출하는 데 시간과 노력과 에너지를 투자한 신호 발신 조류에게 영향을 미칠 수 있는지, (3) 어떻게 환경 소음이 신호를 받아들이고 신호에 대응하는 신호 수신 조류에게 영향을 미칠 수 있는지를 파악하는 데 도움을 준다.

일반적으로 저녁 식사를 하는 많은 다른 사람들로 가득 찬 음식점에서 여러분이 친구와 함께 저녁 식사를 하며 시끄러운 소음 속에서도 서로 간에 의사소통하려고 애써 노력하는 상황을 상상해 보자. 이때는 아마도 여러분과 여러분의 친구는 저녁 식사를 하며 서로 간에 의사소통하는 상황에 따라 신호 발신 조류와 신호 수신 조류의 역할을 교대로 하게 될 수 있다. 여러분은 다른 사람들이 의사소통하는 소리, 음악 소리, 주변 소음 등이 점점 더 많이 늘어날수록 이런 시끄러운 환경 소음들에 방해받아 함께 저녁 식사를 하는 친구와 제대로 의사소통할 수 없을 것이다. 신호 발신 조류와 마찬가지로, 여러분은 상황에 따라 신호 발신자로서 스스로 크게 소리치거나 계속 반복해서 말하며 신호를 과장되게 표출하지 않는다면 친구와 제대로 의사소통하지 못한다. 하지만 진이 다 빠질 정도로 시간과 노력과 에너지를 쏟아 반복적으로 매우 크게 소리치며 신호를 더더욱 과장되게 표출한다면, 여러분은 의사소통하는 과정에서 그만큼 대가를 얻을 수 있다. 또한 신호 수신 조류와 마찬가지로, 여러분은 상황에 따라 신호 수신자로서 환경 소음에 방해받은 신호를 명확하게 탐지하거나 파악하기 위해 매우 많은 노력을 해야 한다. 신호 발신자로서, 만약 여러분이 의사소통하는 데 그다지 관심이 없다면, 여러분은 시간과 노력과 에너지를 쏟으며 반복적으로 크게 소리칠 가능성이 작아진다. 또한 신호 수신자로서, 만약 여러분의 친구가 하는 말이 여러분에게 그다지 유익하지 않다면, 여러분은 친구가 하는 말을 애써 귀담아들으려고 노력할 가능성이 작아진다. 하지만 이때 여러분이 의사소통하는 과정에서 주의를 기울이지 않는다면, 결국 여러분의 친구가 여러분과 함께 저녁 식사를 하는 내내 언급했던 매우 소중한 의견 하나를 놓칠 수 있으므로, 여러분은 그만큼 대가를 치를 수 있다. 게다가 시끄러운 환경 소음이 존재하는 장소에서, 신호 수신자는 불가피하게 몇 가지 실수를 저지를 것이다.

이러한 상황에 해당하는 문제점은 의사소통하려고 애써 노력하는 모든 조류 종들에게 직면한다. 모든 조류 종들의 의사소통은 예를 들어 때때로 다른 신호 발신 조류 종들이 자신의 친족 조류 종들에게 청각적 신호를 표출하는 소음과 때때로 다른 조류 종들이 표출하는 발성음과 바람 소리 등을 포함한 환경 소음과 마찬가지로 매우 시끄러운 소음들 속에서 일어난다.

만약 조류가 발성음이나 다채로운 깃털 색채, 행동 표출과 같은 신호를 뿜어내기 위해 엄청나게 많은 시간과 노력과 에너지를 투자하고 있다면, 이러한 신호들은 환경 소음이 존재하는 장소에서 두드러지게 표출되어 명확하게 탐지될 수 있을 것이다. 게다가 만약 조류(신호 발신 조류)가 신호를 매우 강렬하게 표출하는 데 많은 시간과 노

금강앵무와 큰초록마코앵무는 탁 트인 나뭇가지 위에 걸터앉아서 자신들만의 깃털 색채를 선명하게 표출한다.

력과 에너지를 쏟고 있다면, 이러한 신호는 당연히 다른 조류(신호 수신 조류) 종들의 관심을 충분히 끌어낼 수 있을 것이다. 이와 마찬가지로 만약 신호 수신 조류가 신호에 주의를 기울일 수 있도록 앞으로도 많은 시간과 노력과 에너지를 투자할 계획이라면, 신호 수신 조류는 일반적으로 신호 발신 조류가 표출하는 신호 속에서 유익한 특정 정보를 명확히 파악하며 이에 따른 혜택을 누리게 될 것이다.

신호 검출 이론을 앞서 살펴보았듯이, 이런 이유로 결국 신호 발신 조류는 신호 수신 조류가 쉽게 탐지할 수 있고 신호 수신 조류에게 유익한 정보를 제공할 수 있도록 자연 선택에 따라 신호를 명확하게 표출해야 한다. 신호 발신 조류와 신호 수신 조류는 유익하고 신뢰도가 높은 신호 체계를 형성하려면 서로서로 협력해서 그만큼 상당히 많은 시간과 노력과 에너지를 쏟아야만 가능하므로, 신호 발신 조류는 또한 쉽게 탐지되지 못하거나 잘못된 허위 경보음을 최소화할 수 있도록 자연 선택에 따라 신호를 강렬하게 표출해야 한다. 이처럼 신호에 주의를 기울이고 정보를 정확하게 받아들여 혜택을 매우 많이 누리려면, 신호 수신 조류는 신호 발신 조류가 자연 선택에 따라 강렬하게 표출하는 신호들을 받아들이고 자신에게 유익한 특정 정보를 최대한으로 모을 수 있는 능력을 제대로 갖춰야 한다.

이 책에서 논의한 신호들 대부분은 부모 조류와 자식 조류, 암컷 조류와 수컷 조류, 서로 경쟁하는 수컷 조류 종들이나 암컷 조류 종간에 표출하는 신호로서, 주변 상황이나 신호 발신 조류에 관한 유익하고 신뢰도가 높은 정보를 신호 수신 조류에게 제공할 수 있도록 진화했다. 하지만 교묘하게 위장해서 표출하는 위장 신호 또한 진화할 수 있으나, 오로지 많은 시간과 노력과 에너지를 쏟을 때만 신호 발신 조류는 위장 신호를 표출하면서 거짓 정보로 들통날 가능성이 작아질 것이고, 신호 수신 조류는 위장 신호를 받아들여 정보를 명확히 파악해 위장 신호에 속을 가능성이 작아질 것이다. 청각적 신호로서 교묘하게 위장한 경고 울음소리를 발성하는 신호 발신 조류에 관한 한 가지 좋은 예로서 5장 본문을 살펴보면, 어떻게 검은두견이 종들이 다른 조류 종들의 청각적 신호(경고 울음소리)를 모방해 세력권 내에서 먹잇감을 노리는 잠재적인 포식자를 설득하고, 경쟁 상대 조류 종들이 위장 경고 울음소리에 속아 먹잇감을 포기하고 그대로 자리를 떠나도록 유도하는지를 자세히 파악할 수 있다(142쪽 참조).

또한 신호 검출 이론은 어떻게 신호(청각적 신호와 시각적 신호)가 환경 소음 속에서 점점 더 명확하게 탐지되도록 형성되는지를 파악하는 데 도움을 준다. 조류는 시각적 신호로서 깃털 색채를 드러내며 위장 행동부터 성적 능력을 과시하는 행동까지 기능적으로 여러 가지 다양하게 표출할 수 있다. 분명하게도 조류가 위장한 깃털 색채는 주변 환경과 조화를 이루게 된다. 하지만 시각적 신호로서 위장된 깃털 색채는 주변 환경에서 쉽게 눈에 띄도록 주변 환경과 대조적인 색채를 표출하는 경향이 있다.

이와 마찬가지로, 위장된 청각적 신호는 특징적으로 환경 소음에서 두드러지도록 표출될 것이다. 게다가 신호 발신 조류가 청각적 신호를 교묘하게 위장해서 표출할 때, 폐쇄적인 서식지는 다른 조류 종들이 명확히 파악하기가 매우 어렵도록 갖가지 방법을 이용해 표출되는 청각적 신호를 질적으로 저하할 수 있다. 예를 들어 반사면(반사하는 물질)으로 가득 찬 산림 지대와 같이 폐쇄적인 환경 속에서 조류 종들이 울음소리를 포함해 발성하는 노랫소리는 발생 빈도가 떨어지므로, 다른 조류 종들에게 영향을 미칠 정도로 반향(소리가 어떤 장애물에 부딪치고 반사해서 다시 들리는 현상)을 불러일으키지 못한다.

하지만 반향이 일어난다면 신호 발신 조류가 울음소리를 포함해 발성하는 노랫소리 속에서 울음소리가 희미하게 구별이 잘 안 되므로, 신호 인식 조류는 위장 신호 속에서 특정 정보를 정확하게 탐지할 가능성이 작아질 수 있다. 이를테면 부드러운 표면과 수많은 사람의 소음으로 가득 찬 음식점을 다시 한 번 더 생각해 보자. 이런 음식점에서는 군중 소음의 진폭이 높아질 뿐만 아니라, 군중 소음에서 반향 현상이 일어나므로, 음악을 듣거나 상대방의 이야기를 귀담아듣기가 매우 어렵고 힘들 수 있다. 실제로 오페라 극장이나 심포니 홀과 같이 연주하거나 녹음한 음악을 감상하도록 마련된 공간은 신중하게 기술적으로 반향 현상을 줄일 수 있도록 음악 소리를 흡수하는 표면으로 솜씨 있게 처리된다.

검은두견이는 미어캣 위에서 계속 맴돌고 있는데, 이때 미어캣이 작은 먹잇감을 그대로 두고 달아나도록 겁을 주기 위해 위장된 '거짓 경고 울음소리'를 발성할 가능성이 크다.

노랑어깨아마존앵무는 깃털 색채를 선명하게 드러내지만, 그래도 역시 숲에 우거진 나무의 초록 잎들과 조화를 잘 이룰 수 있도록 깃털 색채로 철저히 위장한다.

홍금강앵무 종들은 초록 잎들이 무성한 환경 속에서 쉽게 눈에 띄도록 오색찬란한 깃털 색채를 선명하게 표출한다.

감각 기관

신호 발신 조류가 표출하는 시각적 신호와 청각적 신호는 신호 수신 조류의 감각 능력에 따라 달라진다. 따라서 신호 발신 조류가 표출하는 신호 채널은 신호 수신 조류의 민감한 감각 기관에 맞춰져 있다. 이번 단락에서는 신호 수신 조류가 시각적 신호와 청각적 신호를 받아들이고 명확히 파악할 수 있도록 갖추어야 할 두 가지 주요 감각 기관을 살펴볼 것이다.

시각

모든 척추동물의 시각과 마찬가지로, 조류의 시각은 매우 좁은 범위의 우주 전자기 방사선에 민감한 편이다. 전자기 방사선 수용기는 척추동물의 시각에 중요한 역할을 하며, 눈의 가장 안쪽에 위치한 망막에서 발견된다. 조류는 부분적으로 중복되는 두 가지 시각계, 이를테면 암소시 시각계와 명소시 시각계를 갖추고 있다. 암소시 시각계는 빛의 밝기가 어두운 장소에서 시각이 빛에 민감하게 반응하는 간상세포(간상체. 명암을 식별하는 망막 시각세포)를 주로 활동하도록 한다. 명소시 시각계는 추상세포(추상체. 망막 중심부에 밀집된 망막 시각세포)를 주로 활동하게 해서 색채를 인식한다. 추상세포는 빛을 흡수하는 색소인 옵신이 존재하므로, 각기 다른 빛의 파장이나 색채에 민감하게 반응할 수 있다. 게다가 일부 추상세포는 색채 민감도 범위를 한층 더 좁히는 기름방울도 존재한다.

조류는 사색형 색각(빛의 파장을 느껴 색채를 식별하는 감각)을 갖추고 있어서, 네 가지 각기 다른 빛의 파장, 이를테면 370nm(보라색), 445nm(파란색), 508nm(초록색), 560nm(주황색)에 민감하게 반응해 네 가지 다른 유형의 추상세포로 색을 인식한다. 그런데 이에 반해 우리 인간은 색채 민감도 범위가 빛의 파장 400nm와 760nm 사이에 해당한다. 다시 말해서 우리 인간은 스펙트럼상에서 보라색부터 빨간색까지 색채를 관측할 수 있다. 하지만 조류와 인간의 색채 민감도 범위를 비교했을 때, 조류는 인간의 색채 민감도 범위인 빛의 파장 400nm보다 훨씬 더 아래인 300nm까지 확장되므로, 자외선 영역에서도 색채를 관측할 수 있다.

신경 자극은 자극받은 망막 시각세포에서 뇌로 전달되며, 수백만 가지의 각기 다른 색채로 해독된다. 조류 종들 가운데 97% 정도는 주로 낮에 활동하는 주행성이므로, 빛의 파장을 느껴 색채를 식별하는 색각이 매우 탁월하지만, 갈색키위와 같이 주로 밤에 활동하는 야행성 조류 종들은 원래 갖추고 있던 색채 관측 능력을 변경해서 빛의 밝기가 어두운 장소에서도 색채를 정확하게 관측할 수 있도록 망막 시각세포인 추상세포 활동량을 더욱 적게 줄이고 간상세포 활동량을 더욱 많이 늘려 색채 관측 능력을 조절한다.

청각

청각생리학을 살펴보면, 조류의 귀는 구조적으로 포유류의 귀보다 훨씬

인간과 조류의 색채 민감도 범위 비교

눈의 망막 시각세포를 살펴보면, 인간은 색채 민감도 범위가 세 가지 색채, 이를테면 빛의 파장이 최고조를 이루는 파란색과 빨간색, 노란색 영역에 해당하며, 파란색과 빨간색, 노란색을 인식할 수 있도록 세 가지 추상세포를 갖추고 있다. 이에 반해 조류는 색채 민감도 범위가 자외선 영역까지 확장되어 자외선 영역에서도 색채를 관측할 수 있도록 네 가지 추상세포를 갖추고 있다.

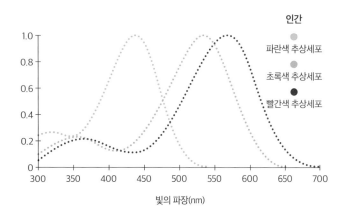

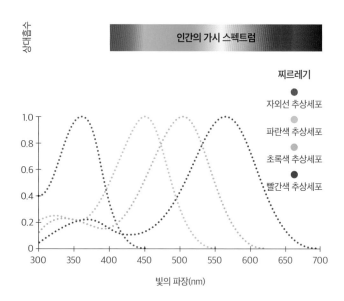

더 단순하다. 포유류는 중이에 세 가지 소골(등골. 침골. 추골)이 존재하지만, 조류는 중이에 단 한 가지 소골(등골)만 존재한다. 또한 조류는 포유류와 마찬가지로 내이에 달팽이관이 존재하지만, 이 역시 포유류보다 구조적으로 훨씬 더 단순하다. 달팽이관은 움직임에 민감한 림프액으로 가득 채워져 있으며, 소리를 받아들이는 데 중심적 역할을 하는 유모세포들이 존재한다. 음압 수준(소리 크기의 척도)은 고막을 진동시키는데, 이때 외이와 중이의 경계에 위치하는 고막은 전달된 소리(음파)를 진동시켜 이 진동을 중

이의 청소골로 전달해 특정 주파수에서 소리가 증폭되고 결국 내이의 달팽이관을 진동시킨다. 또한 달팽이관이 진동되면서 달팽이관의 림프액이 진동되고, 이 진동이 특정 주파수에서 민감하게 반응하는 유모세포들을 자극하게 된다. 유모세포들은 청신경을 통해 자극을 뇌로 전달하고, 결과적으로 뇌에서 자극이 소리 주파수로 해독되어 비로소 소리를 듣게 된다.

조류의 귀는 구조적으로 인간의 귀보다 훨씬 더 단순하지만, 조류의 청각 민감도 범위는 인간의 청각 민감도 범위와 유사한 편이다. 인간과 마찬가지로, 대부분 조류는 주파수 1~4kHz 범위에서 청각 민감도가 가장 높다. 하지만 대부분 조류의 청각 민감도 범위는 인간의 청각 민감도 범

위보다 약간 더 좁은 경향이 있다. 일반적으로 우리 인간은 대부분 조류가 귀담아듣는 소리를 들을 수 있다. 그런데 이때 주목할 만한 예외 사항은 일부 존재하기도 한다. 원숭이올빼미와 같이 주로 밤에 먹잇감을 사냥하는 올빼미 종들은 대부분 주파수 범위에서 인간이나 다른 조류 종들보다 청각 민감도가 훨씬 더 높은 편이므로, 진폭(소리 크기)이 매우 낮은 작은 소리도 명확히 탐지할 수 있다. 이처럼 올빼미 종들의 청각 민감도가 인간이나 다른 조류 종들의 청각 민감도와 차이가 많이 나는 이유는 올빼미 종들의 뇌 속에 청각적 정보를 계속해서 처리하는 데 중요한 역할을 하는 신경세포들이 놀라울 정도로 매우 빽빽하게 밀집되어 있기 때문이다.

인간과 조류의 청각 민감도 비교

인간과 조류는 유사한 주파수 범위에서 청각 능력을 갖추고 있다. 하지만 우리 인간은 포유류에 속하므로, 조류보다 내이로 연결되는 소골이 2개가 더 많기에 청각이 훨씬 더 민감한 경향이 있다. 인간과 금화조 종들을 비교한 아래 그래프를 살펴보면, 인간과 금화조 종들은 유사한 주파수 범위에서 청각 능력을 갖추고 있다는 사실을 파악할 수 있다. 하지만 낮은 주파수 범위에서는 인간이 금화조 종들보다 청각 능력이 훨씬 더 뛰어난 편이며, 나머지 다른 주파수 범위에서는 인간이 금화조 종들보다 진폭이 훨씬 더 낮은 작은 소리도 탐지할 수 있다. (금화조 종들은 인간보다 소리의 진폭이 훨씬 더 커야 소리를 들을 수 있다.) 인간과 금화조 종들은 모두 주파수 4kHz 정도에서 청각 민감도가 최고조에 달한다. 금화조 종들을 대상으로 실험 연구한 결과에 따르면, 금화조 종들은 청각 민감도가 어느 정도 서로 각기 다르게 나타나지만, 일반적으로 청각 능력을 갖추고 있는 주파수 범위와 청각 민감도가 최고조에 달하는 주파수 범위는 금화조 종들 모두가 거의 유사한 경향이 있다는 사실이 드러났다.

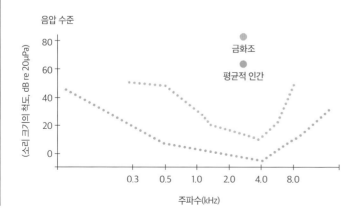

⬆
금화조는 조류의 행동학과 유전학, 해부학, 생리학을 파악하는 실험 연구에 모델 생물로 이용되었다. 또한 금화조는 본래 오스트레일리아에서 서식하고, 발성음을 소란스러울 정도로 매우 크게 표출하며, 활동적으로 군체 생활하는 조류에 속할 가능성이 크다.

⬅
인간과 조류의 청각 민감도 비교
인간과 조류는 대체로 주파수 범위 2~4kHz 정도에서 청각 민감도가 가장 뛰어난 편이다. 하지만 인간은 이러한 주파수 범위 2~4kHz 정도에서 조류보다 진폭이 훨씬 더 낮은 작은 소리를 들을 것이다.

조류의
의사소통 채널

조류는 주로 감각 기관에 의존해 의사소통한다. 그래서 의사소통 채널은 조류의 해부학적이고 생리학적인 감각 기관에 맞춰져 있다. 조류는 특히 시각과 청각이 무척 발달해 있어 대부분 시각적 신호와 청각적 신호를 통해 의사소통한다. 하지만 새로운 연구 조사 결과에 따르면, 조류는 좀 더 폭넓게 후각적 신호를 통해서도 의사소통한다는 아주 흥미로운 증거가 드러났다. 조류가 어떻게 감각적 신호들을 만들어 내고 감지할 수 있는지를 이해하는 과정은 조류의 의사소통을 통찰하는 데 무엇보다 중요하다.

⬆

회색 개똥지빠귀는 번식기에 잇따라 자주 노래하듯 지저귀지만, '야옹' 하고 고양이 울음소리를 내서 '그레이 캣버드'라고도 불린다.

발성

조류는 아주 작은 소리부터 소란한 소리까지, 쉰 소리부터 아름다운 소리까지, 단순한 소리부터 복잡한 소리까지, 가락을 붙여 길게 이어지는 소리부터 높고 짧게 지저귀는 소리까지, 이처럼 놀라울 정도로 다양한 소리를 발성한다. 따라서 노랫소리와 울음소리의 광범위한 범주 이상으로 조류의 발성음을 특징에 따라 분류하기는 어렵다. 노랫소리는 동물이 내는 대단히 아름다운 발성 가운데 하나이므로, 우리는 조류의 노랫소리를 집중해서 듣고 감탄하며 재미 삼아 비슷하게 흉내를 내기도 한다. 일반적으로 노랫소리는 울음소리보다 좀 더 크고 길고 복잡하게 발성하는 경우가 많기에 울음소리와 구별된다.

시각화한 발성음

1954년 조류의 발성 연구로 대혁명을 일으킨 조류학자 윌리엄 호만 소프 박사는 적의 잠수함을 탐지하는 데 이용한 벨 연구소의 음향 스펙트럼 분석기를 조류의 노랫소리 연구에 적용했다. 음향 스펙트럼 분석기는 녹음된 조류의 발성음 스펙트럼 분포를 분석하여 '스펙트로그램'이나 '소노그램'이라는 시각화하고 정량화한 스펙트럼 사진을 제공했다. 스펙트로그램은 녹음된 조류의 발성음 스펙트럼 분포를 분석한 음향 스펙트럼 분석기에서 생성되며, 음악 표기법으로 판독할 수 있다. 소리의 높낮이를 가리키는 주파수나 '피치'는 세로축(Y축)에 표시되며, 일반적으로 단위는 킬로헤르츠(㎑)를 사용한다. 또한 소리의 길이(지속 시간)는 가로축(X축)에 표시되며, 일반적으로 단위는 초(s)를 사용한다. 이 스펙트로그램에서 음영 표시는 진폭(소리 크기)을 나타내며, 음영 표시 부분이 어두울수록 소리가 더 커진다(글상자 참조).

연구원들은 스펙트로그램을 이용해 예를 들어 한 남성이 연주하는 곡목에 얼마나 많은 노래 유형이나 음악적 요소들이 담겨 있는지를 파악하거나, 한 노래에 포함된 주파수 범위나 노래에서 생성된 최고 주파수와 같은 음향 주파수 특성을 판단한다. 녹음된 조류의 발성음도 스펙트로그램을 이용해 음향 주파수 특성을 분석한 덕분에 조류의 노랫소리와 울음소리가 어떻게 기능하고 생산하고 발달하는지를 대부분 파악하게 되었다.

시각화한 발성음

조류의 노랫소리(또는 조류의 모든 발성음)는 녹음해서 스펙트럼 분석하여 시각화하고 정량화한 다음 다양한 방식으로 살펴볼 수 있다. 아래에서 보여주는 세 가지 그래프는 모두 똑같이 녹음한 멧종다리의 노랫소리를 스펙트럼 분석한 것이다. 맨 위 그래프는 시간에 따른 상대 진폭(소리 크기)의 변화를 나타낸다. 가운데 그래프는 시간에 따른 주파수의 변화를 나타낸다. 이때 맨 위 그래프와 가운데 그래프를 함께 살펴보면, 형성되는 노랫소리의 주파수와 상대 진폭이 서로 어떻게 연관되어 있는지를 파악할 수 있다. 맨 아래 그래프는 노랫소리의 주파수(즉, 가장 강조된 주파수)에 따라 상대 진폭 에너지가 얼마나 존재하는지를 나타낸다. 이 그래프를 살펴보면, 가장 높은 상대 진폭 에너지는 주파수 2kHz 정도에서 드러나며 노랫소리의 시작 부분에 존재하는 저주파 발성음에 해당할 가능성이 크다.

멧종다리(노래하는 참새)

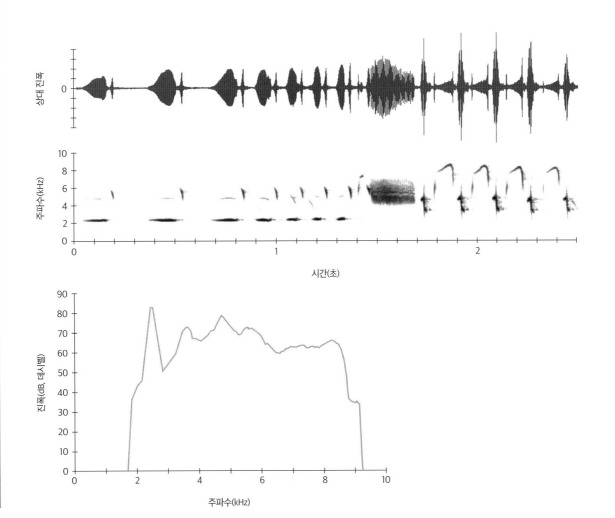

발성음 생성

조류는 전형적으로 몇백 Hz에서부터 무려 10~12kHz까지의 주파수 범위 내에서 발성음을 만들어 낸다. 조류가 표출하는 발성음의 주파수 범위는 조류가 감지할 수 있는 소리의 주파수 범위와 일치한다. 인간의 청각은 조류의 청각과 예민한 정도가 유사해서 조류가 표출하는 발성음 대부분을 쉽게 감지할 수 있으나, 나이가 들수록 감지하기 힘들어지는 고주파 발성음도 일부 존재한다.

하지만 조류가 발성음을 표출하는 방식은 인간이 발성음을 표출하

← 갈색 개똥지빠귀는 1,000곡 이상의 노랫소리를 계속해서 발성할 정도로 다재다능한 가수이다. 하지만 아이러니하게 이처럼 극도로 많은 노랫소리를 가지각색으로 발성하는데도, 갈색 개똥지빠귀는 조류의 노랫소리 연구 대상에 그다지 인기가 없다.

↑ 조류목 가운데 개똥지빠귀과에 속하는 북아메리카산 개똥지빠귀는 울대의 양쪽 측면에 존재하는 얇은 막이 특정 주파수에서 진동되어 두 가지 발성음을 동시에 표출할 수 있으며, 결과적으로 청아하게 울리는 피리 소리처럼 환상적인 천상의 노랫소리를 다양하게 발성한다.

는 방식과 확연히 다르다. 조류는 인간이 발성음을 표출하는 데 이용하는 발성 기관인 후두를 갖추고 있으나, 실제로는 후두가 아닌 울대라는 발성 기관을 이용해 발성음을 표출한다. 일반적으로 조류는 기관과 기관지로 나뉘는 연결 부분에 울대가 자리 잡고 있다. 울대는 양쪽 측면에 얇은 막이 있어서 근육과 신경에 의해 자유롭게 늘어나고 줄어들어 공기의 통로 폭을 조절하며, 폐에서 나오는 공기가 기관지에서 기관으로 통과하는 동안 특정 주파수에서 진동되어 발성음을 표출하는 발성 기관이다. 발성음은 울대의 얇은 막이 특정 주파수에서 진동되어 생성되는데, 이때 얇은 막의 진동 속도가 빠를수록 발성음의 주파수가 높아진다. 모든 조류는 울대를 갖추고 있지만, 어떤 조류(예를 들어 독수리와 타조)는 울대에 존재하는 얇은 막의 진동을 조절하는 데 중요한 역할을 하는 근육이 부족해 쉿 소리나 꿀꿀거리는 소리와 같은 거칠고 쉰 발성음만 표출하기도 한다.

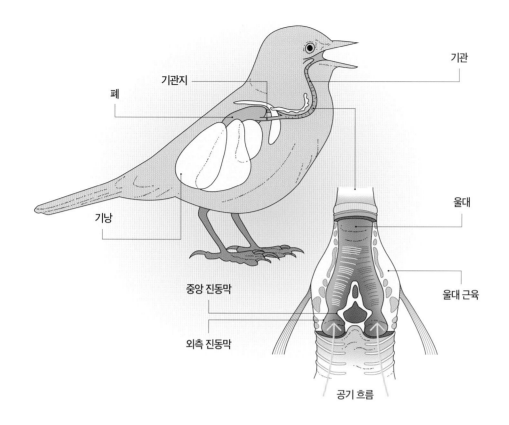

기관

기관지

폐

울대

기낭

중앙 진동막

울대 근육

외측 진동막

공기 흐름

발성의 해부학적 구조
울대는 특수화되는 해부학적 구조에서 발성음을 표출하는 발성 기관으로서 오로지 조류에서만 발견되며, 울대를 영어로 표현한 '시링크스'는 고대 그리스 신화에서 갈대로 변신해 팬파이프(관악기)로 만들어진 요정의 이름을 따서 지어진 것이다.

명금류와 같은 일부 조류목은 울대에 복잡한 근육조직이 있어서 울대의 양쪽 측면에 존재하는 얇은 막을 자유롭게 늘리고 줄여 공기가 빠져나가는 통로 폭을 조절하며, 노랫소리와 같은 여러 가지 다양한 발성음을 표출할 수 있다. 이를테면 참새, 개똥지빠귀, 까마귀 등과 같은 명금류는 몸집의 크기가 소형이나 중형 정도로서 나뭇가지에 걸터앉아 노랫소리를 발성하며, 4,000여 종 이상이 전 세계에 널리 분포하고 있을 만큼 조류목 가운데 가장 많은 종을 포함한 참새목과에 속한다.

울대는 양쪽 측면에 얇은 막이 있어서 근육과 신경에 의해 자유롭게 늘어나고 줄어들어 공기의 통로 폭이 조절되므로, 조류는 발성음을 표출하려면 반드시 울대의 양쪽 측면에 얇은 막이 존재해야 한다. 울대 좌우의 기능 분화(울대 양쪽 측면의 작용)를 연구한 결과에 따라, 연구원들은 울대의 양쪽 측면에서 발성음 출력을 조절하는 방식이 매우 다양하게 존재한다는 사실을 발견했다. 조류 해부학자는 조류에 따라 울대의 양쪽 측면 가운데 어느 쪽 측면을 진동해 발성음을 만들어 내는지를 분류할 수 있다. 대부분 조류는 두드러진 울대의 한쪽 측면을 진동해 발성음을 만들어 낼 것이다. 이를테면 워터슬레거 카나리아는 주로 울대의 왼쪽 측면을 진동해 노랫소리를 발성하고, 금화조와 같은 조류 종들은 주로 울대의 오른쪽 측면을 진동해 노랫소리를 발성한다. 하지만 울대의 한쪽 측면이 뛰어

나게 두드러져 있더라도 다른 한쪽 측면을 진동해 발성음을 만들어 낼 수도 있다. 울대 좌우의 기능 분화(울대 양쪽 측면의 작용)를 연구한 결과, 울대의 왼쪽 측면을 진동한 조류는 오른쪽 측면을 진동한 조류보다 주파수가 훨씬 더 낮은 저주파 발성음을 표출한다는 사실이 드러났다. 이런 이유로 흔히 울대의 왼쪽 측면을 진동해 발성음을 표출하는 워터슬레거 카나리아는 저주파 노랫소리를 발성한다. 회색 개똥지빠귀와 갈색 개똥지빠귀 같은 조류 종들은 울대의 양쪽 측면을 각각 한 번씩 번갈아 진동해 발성음이나 음절을 하나씩 하나씩 차례로 바꿔서 만들어 낼 수 있다. 광범위한 주파수 범주에서 살펴보면, 북부홍관조는 저주파 발성음 부분에서 울대의 왼쪽 측면을 진동하고 고주파 발성음 부분에서 울대의 오른쪽 측면을 진동하며, 울대의 양쪽 각 측면을 이리저리 자유롭게 진동해 독특한 발성음을 마음대로 만들어 낼 것이다. 북아메리카 동부산 개똥지빠귀와 북아메리카산 개똥지빠귀와 같은 조류 종들은 울대의 양쪽 측면을 각각 이리저리 자유롭게 진동해 두 가지 발성음이나 음절을 동시에 마음대로 만들어 내면서도 계속 한결같이 그대로 유지할 수 있다. 조류는 울대의 어느 쪽 측면에 근육 조직이 존재하든 간에, 흔히 해부학적으로 다른 신체 부분들(예를 들어 부리)과 호흡 기관의 근육 계통도 함께 조정하면서 울대에 존재한 근육을 조였다 풀었다 움직여 발성음을 표출해야 한다.

노랫소리

조류가 발성음, 특히 노랫소리를 발성할 때는 호흡 기관의 근육 계통을 조정해 부리와 기관의 움직임도 조절하면서, 울대에 존재한 근육의 움직임을 조정해 공기가 빠져나가는 통로 폭도 조절해야 한다. 조류는 부리를 벌리거나 오므리고 기관을 길게 늘이거나 짧게 줄여 가며, 특정 주파수에서 가장 높은 상대 진폭 에너지에 맞춰 발성음을 크게 표출하거나 티 없이 맑고 청아한 노랫소리를 발성한다. 이를테면 조류는 자유롭게 마음대로 성대를 길게 늘이면서 저주파 발성음을 표출하고, 성대를 짧게 줄이면서 고주파 발성음을 표출한다. 조류의 성대는 트롬본 같은 금관 악기와 유사하다. 즉, 트롬본은 슬라이드 장치로 관을 길게 뽑거나 당기면 관을 밀어 넣을 때보다 주파수가 훨씬 더 낮은 저주파 음을 만들어 낸다. 두루미와 같은 일부 조류 종들은 기관을 길게 늘여 매우 낮은 주파수(몇백 Hz)에서 가장 높은 상대 진폭 에너지에 맞춰 발성음을 표출한다. 흔히 조류는 노랫소리를 발성할 때 주파수 발성음에 따라 부리를 벌리거나 오므리는 경우가 많다. 일반적으로 조류가 고주파 발성음을 표출할 때는 부리를 최대한 많이 벌리고, 저주파 발성음을 표출할 때는 부리를 최대한 많이 오므린다. 하지만 조류가 해부학적으로 다른 신체 부분들의 움직임을 조정해 온갖 다양한 노랫소리를 발성하기는 매우 어렵고 힘들다. 또한 조류는 노랫소리를 발성할 때 신체 부분들의 움직임을 아주 정밀하게 조정해야 하지만, 어떤 경우에는 학습과 반복적인 연습이 필요할 때도 있다.

이처럼 조류가 노랫소리를 발성할 때 해부학적인 발성 기관의 움직임을 조정하는 과정은 사실 뇌에서 조정한다. 조류는 인간과 마찬가지로 전뇌가 비교적 큰 편인데, 전뇌는 대부분 노랫소리를 발성하도록 발성 기관의 움직임을 조정하고 학습하는 기능을 담당한다. 노랫소리 발성을 조정하는 전뇌의 면적은 호르몬에 영향을 받는다. 그래서 테스토스테론이 존재하면 전뇌의 면적이 증가하고 테스토스테론이 존재하지 않으면 전뇌의 면적이 감소하므로, 조류는 해마다 번식기가 시작되면 새로운 뉴런을 만들어 낼 수 있다. 조류 가운데 노랫소리 발성을 학습하는 조류 종들은 노랫소리 발성 학습을 담당하는 전뇌의 크기에 따라 복잡하고 다양한 노랫소리를 발성하는 정도가 달라지며, 뉴런의 밀도가 높을수록 훨씬 더 복잡하고 다양한 노랫소리를 발성한다.

일반적으로 조류가 발성하는 노랫소리는 연이어 짤막하게 지저귀는 소리나 울음소리로 이뤄진다. 연구원들은 조류가 연이어 짤막하게 지저귀는 소리나 울음소리를 발성해 노랫소리 하나를 만들어 내든, 노랫소리를 복잡하고 다양하게 만들어 내든 간에, 끊어지지 않게 계속해서 만들어 낼 수 있는 발성음을 모두 노랫소리라고 주장한다. 노랫소리를 형성하는 울음소리의 유형은 휘파람 같은 소리(거의 같은 주파수에서 발성하는 맑고 청아한 울음소리), 저주파에서 고주파까지 길게 이어지는 울음소리(폭넓은 주파수 범위에서 발성하는 맑고 청아한 울음소리), 높고 짧게 지저귀는 소리(똑같이 여러 번 반복한 울음소리나 지저귀는 소리), 와글와글 떠드는 소리(폭넓은 주파수 범위에서 강하고 거칠게 발성하는 울음소리) 등이 존재한다. 조류는 조류 종에 따라 발성음을 여러 가지로 다양하게 표출하며, 노랫소리를 가지각색으로 만들어 낼 수 있다.

⊙

두루미는 암수 한 쌍이 함께 어울려 일시적으로 연속된 발성음을 표출하며, 이중창으로 아름다운 노랫소리를 만들어 낸다.

조류는 노랫소리를 발성할 때마다 정돈된 발성음을 순서 있게 구분해 노랫소리를 계속해서 일정하게 발성하거나, 일부 발성음의 순서를 약간씩 바꿔 노랫소리를 다시 새롭게 만들어 내기도 한다. 다시 말해서 조류는 같은 노랫소리를 반복적으로 발성하다가 일부 발성음의 순서를 약간씩 바꿔 가며 최종적으로 노랫소리를 다양하게 만들어 내거나, 노랫소리를 발성하는 사이에 일부 발성음의 순서를 좀 더 자주 바꿔 가며 즉시 노랫소리를 가지각색으로 새롭게 만들어 낼 수 있다. 흔히 노랫소리는 전형적으로 수컷 조류가 발성한다고 생각하는 경우가 많지만, 조류 종들 대부분은 암컷 조류도 노랫소리를 발성한다. 북아메리카와 유라시아에서는 조류 종들 대부분이 수컷 조류와 마찬가지로 암컷 조류도 노랫소리를 발성하지만, 전반적으로 조류가 발성하는 노랫소리 거의 대부분은 사실 수컷 조류가 만들어 낸다. 또한 북반구에서는 오로지 수컷 조류가 발성하는 노랫소리만 주로 존재한다. 그런데 북반구와 환경이 꽤 다른 열대 지방에서는 암컷 조류가 단독으로 노랫소리를 발성하며, 엄밀히 말해서 흔히 수컷 조류는 암컷 조류와 함께 어울려 듀엣으로 노랫소리를 발성한다.

하지만 유감스럽게도 조류의 노랫소리 연구 대부분은 지금껏 북반구에서 서식하는 조류 종들을 대상으로 진행되어 왔다. 이로 인해 우리는 일반적으로 암컷 조류가 수컷 조류보다 노랫소리를 발성하는 능력이 뒤떨어진다고 생각한다.

↓
수컷 애나스 벌새는 흔히 조류 종들의 노랫소리를 체계적으로 학습하는 편이므로, 멀리 떨어져 있는 조류보다 가까이 인접해 있는 조류와 좀 더 유사하게 노랫소리를 발성하는 경향이 있다.

→
유리매커우(청금강앵무)는 노랫소리 학습 능력이 뛰어나지만, 이런 뛰어난 능력은 인간을 즐겁게 해 주기보다 야생에서 매우 복잡한 사회적 관계를 다루는 데 이용된다.

학습 작용

대부분 조류목이 발성하는 노랫소리와 울음소리는 학습이 아닌 주로 유전에 영향을 받는 듯하다. 그런데 우리가 가장 잘 알고 있는 세 가지 조류목의 발성음, 즉 명금류가 발성하는 노랫소리와 벌새가 발성하는 노랫소리, 앵무새가 발성하는 울음소리는 특히 학습에 영향을 받아서 표출하는 발성음들이다. 이런 세 가지 조류목을 제외한 나머지 다른 조류목 대부분이 표출하는 발성음들은 학습에 영향을 받지 않는 것 같다. 하지만 지금까지 진행해 온 조류의 노랫소리 연구 대부분은 노래참새(명금)라 불리는 명금류가 어떻게 노랫소리를 개발하고 마음대로 조절해 발성하는지에만 오로지 집중적으로 다뤄왔다.

명금류는 모든 조류 종들 가운데 절반 이상을 차지할 정도로 가장 많은 조류 종들을 포함하며, 두 가지 조류목, 즉 명금류와 아명금류로 나뉘는 연작류(참새목)에 속한다. 명금류는 또한 동물 세계에서 가장 복잡하고 아름다운 발성음을 표출하므로, 사실 발성음의 거장이라고 할 수 있다. 명금류는 노랫소리를 학습하는 반면에 아명금류는 전통적으로 타고난 노랫소리를 발성한다. 하지만 방울새(방울새속 아명금류) 종들을 대상으로 노랫소리를 실험 연구한 결과에 따르면, 수컷 종들은 노랫소리를 학습한다는 사실이 드러났다. 또한 명금류의 노랫소리 학습 방식을 실험 연구한 결과에 따르면, 노래참새(명금)라고도 불리는 명금류는 인간이 언어를 학습하는 방식과 유사한 방식으로 노랫소리를 체계적으로 학습한다는 사실이 밝혀졌다. 모든 명금류가 노랫소리를 체계적으로 학습하는 단계들은 지금껏 진행해 온 실험 연구마다 비슷한 결과가 나타났다.

하지만 노랫소리를 체계적으로 학습하는 단계의 기간은 조류 종에 따라 달라질 수 있다. 일반적으로 노랫소리 전체를 완전히 학습하는 과정은 어린 조류가 성체로 성장하기까지 걸리는 기간을 반영한다. 일부 조류 종들은 어린 조류가 성체로 성장하는 기간이 1년도 채 걸리지 않으나, 대부분 조류 종들은 이런 기간이 대략 1년 정도 걸린다.

노래참새가 노랫소리를 학습하는 4단계

1단계: 임계기 인간의 어린 아기와 마찬가지로, 유리무당새(유리멧새)와 같은 어린 새끼 조류 종들 대부분은 발달 과정에서 특정 자극에 민감한 임계기 동안 성체가 발성하는 노랫소리를 귀담아들어야 한다. 만약 어린 새끼 조류가 임계기 동안 성체가 발성하는 노랫소리를 귀담아듣지 않으면, 어린 새끼 조류는 성체처럼 노랫소리를 정상적으로 발성할 수 없을 것이다.

2단계: 침묵기 어린 수컷 유리무당새는 첫 가을에 번식용 깃털로 털갈이를 시작하지만, 침묵기에는 노랫소리를 발성하지 않는다. 침묵기는 어린 새끼 조류가 나중에 노랫소리를 성체와 비슷하게 발성하기 위해 성체가 발성하는 노랫소리를 귀담아듣고 기억해 두는 중요한 시기이다.

3단계: 서브송 발성기 조류는 조류 종에 따라 다음 주나 다음 달 중 어느 시점에 그동안 기억해 두었던 노랫소리를 발성하기 시작할 것이다. 이때 발성한 노랫소리는 성체가 발성한 노랫소리보다 구성과 리듬이 부족하므로, 이런 발성음을 서브송이라고 한다. 이 시기에 수컷 조류는 그동안 기억해 두었던 노랫소리와 아주 비슷하게 노랫소리를 발성하려고 시도한다. 만약 조류가 이 시기에 노랫소리를 발성하지 못한다면, 조류는 앞으로도 노랫소리를 정상적으로 발성할 수 없을 것이다. 그래서 3단계는 언어가 발달하기 시작해 옹알거리는 인간의 어린 아기처럼 어린 새끼 조류가 재잘거리기 시작하는 중요한 단계이다. 수컷 유리무당새는 첫 번째 번식기에 접어들면 성장기가 거의 끝난 준성체 깃털을 털갈이하고, 처음으로 서식지에 도달할 때도 여전히 서브송을 발성한다. 유리무당새는 첫 번째 번식기까지 기간을 연장해 노랫소리를 구체화하는데, 실제로 첫 번식기까지 장기간 노랫소리를 구체화한 다음에는 근처에서 세력권을 주장하는 수컷 조류 종들이 발성하는 노랫소리와 아주 비슷하게 노랫소리를 구체적으로 명확히 발성할 수 있게 된다.

4단계: 구체화된 노랫소리 발성기 어린 새끼 조류는 시간이 지날수록 임계기 동안 귀담아들었던 노랫소리들을 매우 비슷하게 흉내 낼뿐더러, 성체가 발성하는 노랫소리와 울음소리들을 완전히 정확한 순서대로 편성하여 결국 성체와 비슷한 노랫소리를 발성한다. 4단계에서 유리무당새는 나뭇가지나 벼 이삭 끝에 걸터앉아 모습을 드러낸 채로 노랫소리를 완벽하게 발성한다. 결과적으로 조류가 발성하는 모든 노랫소리가 반드시 완전히 구체화된 노랫소리는 아닐 것이다. 또한 조류는 몇 가지 노랫소리의 부분이나 요소들을 새로 즉흥적으로 조화롭게 다시 조합해 그동안 학습했던 노랫소리와 더불어 다른 음절이나 노랫소리를 즉석에서 발성할 수 있다. 멧종다리와 금화조처럼 노랫소리를 폐쇄적으로 학습하는 일부 명금류 종들은 한 번 노랫소리를 학습하면 그 노랫소리를 평생토록 발성한다. 반면에 유리무당새처럼 노랫소리를 개방적으로 학습하는 다른 조류 종들은 일단 성체로 성장하면서 발성하는 노랫소리들이 계속 증가할 수 있다. 노랫소리를 개방적으로 학습하는 조류로 분류된 일부 조류 종들은 성체로 성장하면 임계기 동안 기억해 둔 노랫소리들을 포함해서 발성하는 노랫소리들이 계속 증가하는지, 아니면 새로 암기하고 있는 노랫소리들을 포함해서 발성하는 노랫소리들이 계속 증가하는지를 확실히 알 수 없다. 우리가 3단계 서브송 발성기와 4단계 구체화된 노랫소리 발성기 사이에 일어난 상황들을 잘 알다시피, 조류는 3단계에서 발성한 서브송 가운데 노랫소리 유형을 선택할 수 있다. 노랫소리를 개방적으로 학습하는 조류는 성체로 성장할 때 임계기 동안 기억해 둔 노랫소리를 좀 더 많이 포함할수록 발성하는 노랫소리가 증가할 가능성이 크다. 하지만 예를 들어 실제로 노랫소리를 개방적으로 학습하는 유럽찌르레기는 일생의 어느 시점에서 새로운 노랫소리들을 기억하고 발성할 수 있다. 조류의 노랫소리 학습을 실수로 잘못 다루면 특정 지역에서 특별히 발성하는 노랫소리만을 구성할 수 있으므로, 우리는 나중에 뒤에서 조류의 노랫소리 학습에 관해 좀 더 자세히 논의해야 한다(31, 57, 166-167쪽 참조). 수컷 유리무당새는 제2의 번식기가 돌아오면 성체 깃털이 가득하고, 첫 번식기 동안 구체화했던 노랫소리를 완벽하게 발성할 것이다.

유전과 노랫소리 개발

물론 명금류가 노랫소리를 발성하기 위해서는 학습 과정도 중요하지만, 유전적 요소도 중요하다. 조류는 조류 종에 따라 선천적으로 타고난 유전자형이 있어 특정 노랫소리를 개발할 수 있는 듯하다. 조류의 노랫소리 학습에 관한 초기 실험 연구 결과에 따르면, 조류는 임계기 동안 자신과 종류가 같은 조류 종들이 발성하는 노랫소리를 학습하고, 이 노랫소리를 유전적으로 어느 정도 마음대로 바꿔서 새로운 노랫소리를 개발하는 경향이 있다는 사실이 드러났다. 또한 한층 더 최근 실험 연구 결과에 따르면, 특정 유전자는 청각 경로를 형성하는 데 중요한 역할을 하고 조류 종에 따라 특정 노랫소리를 인식하고 발성하는 데 큰 도움을 준다는 사실도 밝혀졌다. 하지만 명금류가 학습했던 노랫소리를 유전적으로 어느 정도 마음대로 바꿔서 새로운 노랫소리를 개발하고 발성한다는 사실은 조금 더 자세히 파악해야 할 부분들이 여전히 많이 남아 있다.

발성 모방

대부분 사람은 거의 모든 명금류가 선천적으로 자신과 종류가 같은 조류 종들이 발성하는 노랫소리를 기억한다고 생각하는 경향이 있다. 하지만 명금류 가운데 20% 정도는 인간의 목소리를 포함해 다른 조류 종들이나 동물 종들의 노랫소리, 심지어 인위적인 소리까지도 모방한다. 북부 흉내지빠귀(북부 앵무새)와 같은 일부 조류 종들은 다른 조류 종들의 노랫소리를 모방하는 조류로 유명하지만, 특별하게 모방을 잘하는 편은 아니다. 북부 흉내지빠귀는 모방한 노랫소리를 발성할 때 자신이 모방하는 조류 종들의 노랫소리와 전혀 다르게 자신만의 독특한 빠르기로 발성한다. 대부분 조류학자는 북부 흉내지빠귀가 특정 조류 종들의 노랫소리를 훌륭하게 모방한다고 생각하지 않을 것이다. 하지만 오스트레일리아 큰거문고새와 같은 다른 조류 종들은 특정 조류 종들의 노랫소리를 탁월하게 모방하고, 심지어 다른 조류 종들이나 포유류의 발성음뿐만 아니라 카메라 셔터와 체인 톱의 소리까지도 정확히 모방해 발성할 수 있다. 유럽의 습지를 찾아서 이주하는 유럽 습지 휘파람새 종들의 경우, 성체는 어린 새끼 조류들이 1단계 임계기에 접어들기 전에 노랫소리 발성을 멈춘다. 따라서 유럽 습지 휘파람새는 어떤 조류 종도 발성할 수 없는 노랫소리들을 포함해, 유럽의 습지를 찾아서 이주하는 동안 평균적으로 77여 종의 조류들이 여러 가지 다양하게 발성하는 노랫소리들을 전부 다 귀담아들으며 오로지 다른 조류 종들의 노랫소리만을 발성한다. 물론 앵무새는 인간의 목소리를 모방할 수 있는 능력이 뛰어난 조류로 유명하다. 다른 조류 종들도 인간의 목소리를 모방할 수는 있으나, 앵무새가 인간의 목소리를 모방하는 실력은 정말 묘하고 신기할 정도라고 할 수 있다. 연구원들은 인간의 언어와 마찬가지로 조류의 발성음도 특정 의미를 지니는지에 관한 의문점을 제기하며 아프리카 회색 앵무새를 대상으로 연구에 몰두했다. 아프리카 회색 앵무새는 소리를 개방적으로 학습하는 조류로서 평생 울음소리를 학습한다. 또한 아프리카 회색 앵무새는 인간의 목소리를 포함해 주변 환경에서 들리는 다른 발성음들을 정확하게 모방할 수 있는 조류로도 유명하다. 실제로 아프리카 회색 앵무새가 특정 자극을 이용해 주변 발성음을 매우 놀라울 정도로 모방할 수 있다는 사실은 아프리카 회색 앵무새가 인간처럼 해당 물품에 라벨을 정확히 부착할 수 있다는 점을 의미한다. 예를 들어 아프리카 회색 앵무새는 해당 물품의 형태와 색채에 따라 해당 물품에 올바른 이름을 붙일 수 있다.

울음소리

노랫소리와 달리, 울음소리는 다양한 기능이 발달하는 일 년 내내 연령과 관계없이 모든 조류 종들이 표출하는 발성음이다. 울음소리는 모든 조류 종들이 표출하는 발성음들 가운데 아주 많은 비중을 차지한다. 하지만 1950년대와 1960년대 이후로 조류의 노랫소리 연구가 압도적으로 우위

↑

수컷 큰거문고새는 모방한 다른 조류 종들의 노랫소리를 자신의 노랫소리에 혼합한다. 암컷 큰거문고새가 발성하는 노랫소리는 구애하기보다 영역과 서식지를 보호하는 기능이 훨씬 더 강할 수 있지만, 암컷 큰거문고새도 역시 모방한 다른 조류의 노랫소리를 자신의 노랫소리에 적용한다.

를 차지했기 때문에, 우리는 노랫소리보다 울음소리에 관한 이해력이 훨씬 더 떨어진 편이다. 그래도 최근 들어서 조류의 울음소리를 실험 연구한 덕분에 울음소리들이 각각 어떻게 기능하고 발달하는지에 관해 다소 흥미로운 사실들을 발견하게 되었다.

　울음소리는 노랫소리보다 길이가 더 짧고, 구성 요소가 더 적고, 덜 복잡해서 노랫소리와 확연히 구별된다. 수컷 조류든, 암컷 조류든, 어린 새끼 조류든, 성체 조류든 간에 모든 조류 종들이 울음소리를 발성하지만, 울음소리는 종류가 같은 조류 종이더라도 성별에 따라 각각 독특하게 다르므로 성적 이형성(암수 개체의 울음소리가 완전히 구분되어 나타나는 성질을 나타낼 수 있다.

↗ 벨기에 습지 휘파람새는 겨울을 나는 서식지에서 귀담아들은 아프리카 조류 종들의 다양한 노랫소리를 모방해 자신의 노랫소리에 포함한다.

➡ 수컷 북부 흉내지빠귀는 흔히 비번식기보다 번식기 동안에 암컷 북부 흉내지빠귀에게 매력적으로 다가갈 수 있는 다른 조류 종들의 노랫소리를 조금 더 많이 모방해 자신의 노랫소리에 적용한다.

↑
푸른머리되새는 특히 모든 노랫소리를 철저히 학습해서 발성하는데, 대부분 조류 종들이 발성음을 표출하며 의사소통하는 측면들은 맨 처음 푸른머리되새 종에서 형성되었다.

울음소리 유형

조류 종들 가운데 일부 조류목은 명금류보다 훨씬 더 많은 울음소리를 발성한다. 하지만 여러 가지 상황 속에서 조류 종들이 발성하는 울음소리는 다들 비슷할뿐더러 이따금 각각 다른 울음소리의 특징들이 서로 뒤섞여 있으므로, 모든 울음소리의 특징을 정확히 구별하기는 어렵고 힘들 수 있다. 반면에 푸른머리되새와 같은 일부 조류 종들은 울음소리 유형이 8가지로 명확하게 분류되어 있어서, 조류가 발성하는 울음소리를 특정한 방식에 따라 충분히 구별할 수 있다. 푸른머리되새는 위험한 상황을 알릴 때 발성하는 울음소리(경고성 울부짖음), 비행할 때 발성하는 울음소리 등등 암컷과 수컷이 모두 1년 내내 울음소리를 발성한다. 다른 울음소리 유형들은 번식기에 발성하는 울음소리로 분류된다. 이를테면 일부 울음소리 유형은 세력권(텃새권)을 주장하는 수컷 조류 종들이 암컷 조류와 짝짓기 가능 의사를 서로 소통할 때 발성한다. 암컷 조류 종들은 수컷 조류에게 짝짓기 가능 의사를 기꺼이 간접적으로 내비칠 때 울음소리를 발성하고, 어린 새끼 조류들은 먹이를 원할 때 울음소리를 발성한다.

울음소리 발달

조류의 울음소리 발달 연구가 조류의 노랫소리 연구보다 뒤처진 상황이므로, 우리는 조류의 유전자와 학습, 호르몬, 뇌 구조 등이 조류의 울음소리 발달과 발성에 얼마나 영향을 미치는지를 제대로 파악하지 못한다. 하지만 최근에 진행한 여러 조류 종들의 울음소리 연구 덕분에 지금은 뭔가 부족한 부분을 가득 채우기 시작하고 있다. 예전에는 조류가 울음소리를 선천적으로 발성한다고 생각했다. 하지만 조류의 울음소리를 실험 연구한 결과에 따르면, 조류는 일부 울음소리를 학습해서 발성하거나 최소한 학습한 울음소리를 융통성 있게 발성하기 쉬운 방식으로 바꿔서 발성한다. 또한 노랑목아마존앵무와 같은 일부 조류 종들은 울음소리에 방언(특정 지역에 따라 뚜렷이 분화된 울음소리의 체계)이 존재하며, 무엇보다 학습 과정을 통해 일부 울음소리를 발성한다. 최근에 녹색 엉덩이 앵무새의 울음소리를 실험 연구한 결과에 따르면, 알에서 갓 부화한 어린 새끼 녹색 엉덩이 앵무새는 자신을 양육하는 대상자가 자신을 낳지 않은 수양부모라 하더라도 둥지에서 자신을 주로 양육하는 대상자가 발성하는 울음소리를 귀담아들으며 학습한다.

조류의 울음소리는 조류 암수에 따라 특징이 구별된다는 사례가 많은 편이다. 캐롤라이나 굴뚝새를 살펴보면, 암수가 모두 불안하고 위험한 상황을 알릴 때 매우 강하고 거친 울음소리를 발성하지만, 노랫소리는 오로지 수컷만 발성한다. 또한 캐롤라이나 굴뚝새는 오로지 암컷만 재잘거리듯 지저귀는 울음소리를 발성하는 등 암수에 따라 각기 다른 특정 울음소리를 발성하는데, 암컷은 흔히 수컷이 발성하는 노랫소리에 응답하거나 수컷과 함께 듀엣으로 노랫소리를 발성하는 경우가 많다. 캐롤라이나 굴뚝새는 명금류가 노랫소리를 발성할 때와 마찬가지로 울음소리를 학습하는 데 필요한 테스토스테론을 분비하며 그동안 학습해 온 울음소리들 일부를 발성한다. 대부분 조류 종들의 유전자 역할, 학습, 호르몬, 심지어 울음소리의 기능까지도 조류의 울음소리 발달과 발성에 얼마나 많은 영향을 미치는지는 조류 종들에 관한 모든 측면에서 연구하고 파악해야 할 부분들이 여전히 많이 존재한다. 하지만 다양한 조류 종들의 울음소리 기능과 발달에 관한 연구는 조류의 두뇌와 의사소통이 어떻게 연관되어 있는지를 연구할 수 있도록 다채로운 정보를 제공한다.

 연구원들은 둥지에서 발성하는 어린 녹색 엉덩이 앵무새의 울음소리를 오디오와 비디오로 녹음해 알에서 갓 부화한 어린 녹색 엉덩이 앵무새가 울음소리를 어떻게 학습하고 모방하는지를 연구한다.

 노랑목아마존앵무가 학습하는 울음소리는 특정 지역에 따라 뚜렷이 분화된 울음소리의 체계를 확립하는 데 도움을 줄 수 있다. 이를테면 색 다른 울음소리들의 특징을 살펴보면 다른 조류 종들이 각자 어느 지역에 속하는지를 파악할 수 있다.

비발성음

비발성음은 조류가 청각적 신호를 통해 의사소통하는 데 무엇보다 중요하다. 조류는 흔히 날개 깃털과 꼬리를 이용해 여러 가지 비발성음을 표출할 뿐만 아니라 부리를 부딪치거나 두 발을 서로 맞부딪쳐서 비발성음을 표출하는 경우가 많다.

딱따구리는 다양한 인공 표면뿐 아니라, 나무 몸통과 같이 소리가 울려 퍼지는 표면을 부리로 북을 치듯 계속 세게 두드려 비발성음을 표출하는 조류로 유명하다. 노랫소리와 마찬가지로, 딱따구리가 북을 치듯 계속 세게 두드리는 소리 유형은 조류의 특정 종, 즉 딱따구리 종이 독특하게 표출하는 비발성음이다. 딱따구리 종은 독특한 비발성음을 귀담아듣고 이 비발성음이 무엇을 나타내는지 인지할 수 있다. 두 종의 북아메리카 딱따구리(솜털딱따구리와 큰솜털딱다구리)는 생김새가 서로서로 매우 유사해서 북을 치듯 계속 세게 두드리는 비발성음으로 서로를 식별한다. 이때 비발성음의 높이는 딱따구리 종이 북을 치듯 세게 마구 두드리는 표면(예를 들어 속이 빈 나무 몸통이나 배수용 세로 홈통의 측면)의 기질에 따라 달라지지만, 비발성음의 속도는 딱따구리 종에 따라 특징적으로 구별된다. 흥미롭게도 두 종의 딱따구리 가운데 몸집이 조금 더 작은 솜털딱따구리는 부리로 표면을 1초에 15회 정도 느린 속도로 계속 톡톡 두드리지만, 몸집이 조금 더 큰 큰솜털딱다구리는 부리로 표면을 1초에 25회 정도 훨씬 더 빠른 속도로 계속 톡톡 두드린다. 문조와 같은 일부 조류 종들은 부리로 딸깍하는 비발성음을 표출한다. 수컷 문조는 부리로 딸깍하는 비발성음을 표출하면서 노랫소리를 발성해 발성음과 비발성음을 모두 혼합한 '노랫소리'를 다양하게 만들어 낼 것이다. 홍부리황새와 같은 일부 조류 종들은 커다란 아래턱뼈들을 모두 안쪽으로 갑자기 재빠르게 집어넣어 충격적으로 매우 엄청나게 큰 비발성음을 만들어 낸다.

조류는 날개 깃털로 몸 옆구리를 치거나, 공기가 깃털을 통해 빠져나가면서 비발성음을 표출할 수 있다. 일부 조류 종들은 날개를 펼쳐 비행하는 동안 휘파람 소리와 같은 비발성음을 표출하기 위해 특정 깃털을 이용할 것이다. 이런 특정 깃털들은 폭이 좁고 뻣뻣해서 조류가 비행하는 동안 공기가 특정 깃털을 통해 빠져나갈 때 가늘고 거센 휘파람 같은 고주파 비발성음을 만들어 낸다. 예를 들어 깩도요는 바깥 꼬리 깃털을 2개 가지고 있어서 비행하는 동안 상황에 따라 익숙하게 비발성음을 표출한다. 또한 많은 벌새 종들은 날개를 펼쳐 비행하는 동안 특정 꼬리 깃털을 이용해 휘파람 소리 같은 비발성음을 만들어 낸다. 매화 날개 딱새는 대부분 곤충이 소리를 만들어 내는 방식과 유사한 방식으로, 날개 깃털로 마찰음을 발생해 휘파람 소리 같은 고주파 비발성음을 만들어 낼 수 있다. 매화 날개 딱새라는 이름은 저주파 비발성음을 지속적으로 만들어 낼

수 있는 매우 특별한 특정 날개 깃털에 맞춰 지어졌다. 또한 실험 연구 결과에 따르면, 이런 저주파 비발성음은 기다란 날개 뼈들 가운데 특정 뼈 하나만으로 만들어진다는 사실도 드러났다. 매화 날개 딱새의 척골(자뼈)은 다른 조류 종들의 척골보다 조금 더 크고 단단해서 비발성음을 표출하는 데 불편함이 덜하고, 특정한 위치에서 상황에 따라 곧바로 비발성음을 만들어 낼 수 있다. 크고 빽빽하게 밀집해 있는 날개 뼈는 조류가 비행하기에 그다지 효과적이지 않으므로 특히 조류에게 보기 드물다. 따라서 특정 날개 깃털로 비발성음을 만들어 내는 매화 날개 딱새는 매우 귀중한 가치가 있다.

게다가 일부 조류 종들은 특정 날개 깃털이 없어도 날개로 몸 옆구리를 치거나 꼬리를 이용해 비발성음을 만들어 낸다. 빨간 모자 마나킨은 짝짓기 상대를 향해 과장되게 구애 행위를 하는 동안 양쪽 날개로 양다리를 치며 딱 소리가 나는 비발성음을 만들어 낸다. 수컷 목도리뇌조는 양쪽 날개로 북을 치듯이 몸 옆구리를 재빨리 계속 두드리며 날개와 몸 사이에 존재하는 에어 포켓을 압축해 비발성음을 표출하는데, 이때 공기가 날개 깃털을 통해 빠져나가면서 저주파 비발성음이 만들어질 것이다.

←
솜털딱따구리가 부리로 북소리처럼 쿵쿵 소리를 표출하는 비발성음은 노랫소리와 거의 마찬가지로 조류 종간에 세력권(텃세권)을 두고서 다투며 경쟁하는 데 이용된다. 이때 솜털딱따구리는 비발성음의 속도를 한층 더 빠르게 표출할수록 경쟁 조류에게 더욱 강력한 반응을 끌어낸다.

↑
수컷 애나스 벌새는 날개를 펼쳐 비행하는 동안 독특한 모양을 한 바깥 꼬리 깃털을 파닥이며 '짹짹'거리는 비발성음을 만들어 낸다.

→
목도리뇌조가 숲속 곳곳에 메아리치도록 낮게 쿵쿵거리는 비발성음은 목도리뇌조 자신이 선호하는 통나무나 나무 그루터기에서 과시하듯 존재감을 나타내는 신호일 수 있다.

←
홍부리황새가 부리로 덜거덕덜거덕 소리를 표출하는 비발성음 신호는 짝짓기 상대를 향한 구애 행위에서부터 서식처 보호까지 상황에 따라 다양한 목적으로 이용된다.

→
빨간 모자 마나킨은 색채가 눈에 띄게 다채로운 깃털을 이용해 딸까닥하는 비발성음을 만들어 내며, 무엇보다 발놀림이 인상적으로 빠르다.

깃털

깃털은 특히 조류에게만 두드러진 독특한 특징이며, 살아 있는 다른 모든 척추동물에게는 발견되지 않는다. 일부 깃털들은 비행에 도움이 되도록 완전히 뻣뻣하게 진화해 왔지만, 다른 깃털들은 체온 조절에 도움이 되도록 솜털같이 복슬복슬한 상태로 진화해 왔다. 또한 겉보기와는 다르게 어떤 기능도 작용하지 않는 듯 보이는 깃털도 존재하지만, 또 어떤 깃털은 색채가 눈에 띄게 다채로울 수 있다. 우리가 관측하는 깃털 색채들은 아랫부분에서 언급한 대로 하나 이상의 방식으로 형성된다. 깃털 색채와 무늬는 위장을 위한 수단으로 이용되지만, 의사소통 수단으로도 이용될 수 있다.

깃털 색채

사람들은 매우 선명하고 뚜렷한 조류의 깃털 색채들이 매력적으로 느껴지기에 흔히 조류에게 마음이 끌리는 경우가 많다. 대부분 찬란한 깃털 색채들은 검은색, 회색, 갈색, 적갈색 등 차분히 가라앉은 은은한 색조뿐 아니라, 빨간색, 주황색, 노란색을 포함해 심지어 녹색까지 모든 색조가 다양하게 존재한다. 어떤 깃털 색채들은 조류가 스스로 신체적 활동을 하는 과정에서 형성되고, 또 다른 어떤 깃털 색채들은 먹이를 통해서 얻게 된다. 선명한 깃털 색채는 전형적으로 수컷 조류와 관련되어 있지만, 일부 조류 종들은 암컷 조류가 선명한 깃털 색채를 가지고 있다. 예를 들어 지느러미발도요 같은 경우에는 (반전된 성적 이형성으로) 암컷이 수컷보다 깃털 색채가 훨씬 더 선명하다. 색채가 다채로운 깃털은 다음 2장에서 자세히 살펴보겠지만, 조류 종간에 서로서로 의사소통하는 데 매우 중요한 역할을 한다.

멜라닌 색소

동물 가운데 조류는 포괄적으로 멜라닌 색소가 가장 높은 정도를 보인다. 멜라닌 색소는 깃털을 상하게 하는 박테리아에 감염되어 쇠약해지지 않도록 저항력을 길러 깃털을 더욱더 강하게 만드는 역할을 하므로, 대부분 조류는 깃털에 최소한 어느 정도 멜라닌 색소를 가지고 있다. 멜라닌 색소는 두 가지 종류, 즉 검은색, 갈색, 회색과 같은 어두운 깃털 색채를 띠게 해 주는 유멜라닌 색소와 황갈색, 빨간색, 밝은 갈색, 녹갈색과 같은 따뜻한 깃털 색채를 띠게 해 주는 페오멜라닌 색소가 존재한다. 멜라닌 과립은 깃털 모낭 가까이에 분포한 세포인 멜라노사이트라는 표피 세포 내에서 생성되고, 발달하는 깃털에 서서히 축적된다. 조류의 멜라닌 색소는 생성되는 과정에서 수많은 유전자에 의해 부호화되는데, 이때 MCR1(멜라노코르틴-1 수용체)과 같은 유전자에서 변형이 일어나면, 깃털은 멜라닌 색소가 결핍되어 변이된다.

카로티노이드 색소

카로티노이드는 흔히 자연적으로 동식물에 널리 분포되어 있는 색소이다. 다른 유기체와 마찬가지로, 조류에 함유된 카로티노이드는 빨간색, 주황색, 노란색 등 선명하고 밝은 깃털 색채를 띠게 해 준다. 조류는 섭취하는 먹이를 통해서 카로티노이드 색소를 획득해 필요에 따라 가장 우수한 영양 상태에서 자신에게 좀 더 적합한 카로티노이드 색소 종류들로 바꿔 발달하는 깃털에 서서히 축적하지만, 깃털에 다채로운 색채가 드러나는 과정에는 이런 카로티노이드 색소가 동화되는 작용 속에 유전자도 포함된다. 카로티노이드 색소는 대부분 식물과 대다수 무척추동물에도 분포되어 있다.

프시타코풀빈 색소

깃털에 빨간색, 주황색, 노란색 등 다채로운 색채가 드러나는 카로티노이드의 동화 작용에서 한 가지 주목할 만한 예외 사항은 앵무새(앵무목)에서 발견될 수 있으며, 앵무새는 프시타코풀빈이라는 색소를 이용해 선명한 빨간색, 주황색, 노란색 깃털 색채를 띠게 된다. 앵무새가 이런 독특한 프시타코풀빈 색소를 이용해 다채로운 깃털 색채를 띠게 된다는 사실은 오랫동안 널리 알려져 왔다. 하지만 카로티노이드 색소와는 달리, 프시타코풀빈 색소는 먹이를 통해서 획득되지 않고 깃털 모낭 가까이에 분포한 세포인 멜라노사이트와 같은 특정 세포들에 의해 생성될 가능성이 높다는 사실이 최근까지도 잘 알려지지 않았다. 그래도 아주 최근에는 프시타코풀빈이 생성되는 과정에 유전자도 포함된다는 사실이 발견되었다.

 지느러미발도요 암수 한 쌍을 살펴보면, 암컷은 수컷보다 맨 윗부분의 깃털 색채가 한층 더 밝고 선명하다. 이런 반전된 성적 이형성은 수컷이 알을 품고 새끼를 돌보는 동안 암컷이 수컷을 매혹하기 위해 경쟁하는 번식 체계와 관련된다.

포르피린 색소

포르피린은 헤모글로빈과 간 쓸개즙 색소를 포함해 철이 함유되어 있는 색소이다. 또한 포르피린은 올빼미(부엉이)를 포함한 일부 조류목에서 깃털 색채로 빨간색이나 갈색을 띠게 해 주는 색소이다. 이런 포르피린 색소는 멜라닌 색소나 카로티노이드 색소처럼 화학적으로 안전하지 못해 햇빛을 받으면 분해되므로, 오로지 새로운 깃털에만 존재한다. 포르피린과 관련된 색소 가운데 철이 아닌 구리를 포함하는 색소는 두 종류, 즉 부채머리과(조류 과의 일종)의 날개 깃털 색채로 밝은 자홍색을 띠게 해 주는 투라신 색소와 부채머리과를 포함한 일부 조류 종에서 녹색을 띠게 해 주는 투라코버딘 색소가 존재한다. 조류는 흔히 색소에 따라 색채가 구조적으로 혼합되면서 녹색을 조금 더 많이 띠게 되는 경우가 많다.

흰색

흰색은 깃털에 색소가 결핍되거나 케라틴 분자 배열이 모든 가시광선 파장을 분산(일관성 없는 분산으로 알려짐)시킬 때 생겨난다. 흰색은 조류의 의사소통 수단에 이용되고(2장 참조), 또한 위장 수단으로도 중요한 역할을 하며, 흰색이 열을 흡수하지 않고 반사하므로 체온을 조절할 가능성도 높다. 흰색 깃털은 일반적으로 뇌조와 같은 북극권 조류 종에서 발견되고, 위장 수단으로 작용될 가능성이 높다. 또한 흰색 깃털은 흔히 도요새와 같은 물새류에서 발견되고, 몸체가 햇빛에 노출된 부분은 어두운색으로, 그늘진 부분은 밝은색으로 위장해 은폐하는 역할을 한다. 등 쪽 검은색 깃털과 복부 쪽 흰색 깃털을 적절히 혼합하면 높은 위치에서 눈에 불을 켜고 내려다보는 상대 조류의 시야를 줄일 수 있고, 무엇보다 체온도 조절할 수 있다.

조류가 유전적 돌연변이로 인해 선천적 색소 결핍증(백색증)이 있는 경우에는 결국 일부나 전체 깃털에서 색소가 결핍된다. 이런 경우에 깃털은 흰색을 띠게 되지만, 깃털을 형성하는 케라틴 단백질이 투명해지므로, 색소가 결핍된 깃털에서 우리가 관측하는 흰색은 결과적으로 깃털의 기본 구조 방식에 따라 빛을 산란한다.

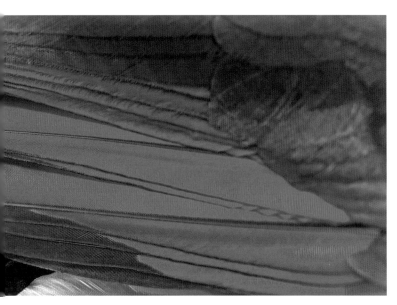

피셔의 투라코 사진에서 보여주듯이 독특한 색소에서 나온 녹색과 자홍색은 주로 부채머리과에서 발견된다. 아래쪽 사진은 근접 촬영한 자홍색 깃털을 나타낸다.

겨울이 되면 사할린뇌조는 깃털에 색소가 결핍되어 빛을 산란해 흰색을 띠게 된다. 여름이 되면 사할린뇌조는 위장과 같은 목표를 달성하는 색소를 이용해 빨간색, 갈색, 검은색으로 뒤덮일 것이다.

구조

밝은 파란색 깃털, 빛을 받아 아른아른 희미하게 빛나는 깃털, 보는 각도에 따라 색채가 달리 보이는 깃털은 결과적으로 깃털에 함유된 색소가 없어도 깃털의 기본 구조로 인해 깃털 색채(구조색)가 생겨난다. 깃털은 깃털을 형성하는 케라틴 분자(미세 구조)의 배열과 밀도에 따라 결국 빛을 반사하고 산란시킬 수 있다. 이런 현상 덕분에, 깃털은 부분적으로 밝은 색채를 드러내거나, 빛을 받아 아른아른 희미하게 빛나게 된다.

보는 각도에 따라 달리 보이는 깃털 색채

멜라닌 과립이 깃털 구조 곳곳으로 분산되지 않고 규칙적인 층으로 배열되어 있을 때, 빛은 프리즘(분광기)을 통해 굴절될 수 있다.(간섭성 산란으로 알려짐) 유난히 두드러진 깃털 색채는 깃털을 형성하는 케라틴 분자 배열에 영향을 받는다. 하지만 관찰자 눈에 보이는 깃털 색채는 관찰자가 보는 각도에 따라 달리 보이기도 한다. 수컷 붉은가슴벌새의 깃털 색채와 마찬가지로, 보는 각도에 따라 달리 보이는 깃털 색채는 관찰자가 적절한 각도에서 관측한다면 희미하게 반짝이며 밝게 빛나는 붉은 진주색으로 보일 수 있다. 그런데 관찰자가 또 다른 각도에서 관측한다면, 깃털 색채는 멜라닌 과립의 기본 구조 때문에 어두운 검은색으로 보인다.

자외선 영역에 가까운 파란색

깃털은 간섭성 산란으로 인해 대부분 파란색으로 나타나기도 한다. 하지만 깃털에 체계적인 멜라닌 과립이 결핍되면, 깃털은 결국 관찰자가 보는

⬆
두 사진을 살펴보면, 붉은가슴벌새의 깃털 색채는 관찰자가 보는 각도에 따라 달리 보인다는 사실을 알 수 있다.

동부 파랑새의 깃털에서 나타나는 파란색
은 인간과 달리 다른 조류 종들이 볼 수 있
는 자외선 파장을 포함하고 빛을 산란해 생
겨난다.

이 수컷 자색무당새 사진은 카로티노이드
색소가 띠게 해 준 빨간색과 구조색인 파란
색이 어떻게 혼합되어 자주색을 나타낼 수
있는지를 보여준다.

각도와 상관없이 빛을 산란시킬 것이다. 깃털에서 나타나는 파란색은 케
라틴 분자 배열에 영향을 받아 오로지 전자기 스펙트럼 가운데 파란색 영
역에서만 빛을 반사한다. 수컷 동부 파랑새의 밝은 파란색 깃털과 암컷
동부 파랑새의 어두운 파란색 깃털과 같이, 깃털에서 나타나는 파란색은
케라틴 층의 두께에 따라 색채가 다양해진다.

녹색과 자주색

깃털에서 나타나는 녹색과 자주색은 오로지 깃털에 함유된 색소로만 생
겨나거나, 깃털에 함유된 색소와 구조색(깃털의 구조에 의해 나타나는 색)이 합
성되어 생겨날 수 있다. 야생 사랑앵무는 깃털에서 노란 색소(프시타코풀빈)
와 구조색인 파란색이 합성되어 녹색이 생겨난다. 억류된 사랑앵무는 유
전적 돌연변이로 인해 색채 변이가 일어나 각양각색으로 폭넓고 다양한
깃털 색채가 생겨난다. 이때 유전적 돌연변이는 프시타코풀빈(노란 색소)이
축적되지 못하도록 막는 돌연변이 하나와 오로지 구조색인 파란색만 나
타내는 돌연변이와 혼합된 돌연변이들이 존재한다. 다른 돌연변이들은
멜라닌 색소가 축적되지 못하도록 막고 빛 산란을 방해해 노란색을 나타
낸다. 결과적으로 사랑앵무는 대략 30여 종류의 돌연변이들이 혼합되어
흰색(선천성 색소 결핍증, 백색증)에서부터 회색, 녹색, 노란색, 파란색에 이르
기까지 각양각색으로 폭넓고 다양한 깃털 색채가 생겨난다.

만약 구조색인 파란색이 빨간 색소와 혼합된다면, 결국 깃털 색채는
수컷 자색무당새의 깃털 색채와 같이 보라색이나 자주색으로 나타난다.

후각

조류의 해부학적이고 생리학적인 감각 기관에 맞춰져 있는 의사소통 채널에서 체계적으로 잘 파악되지 않고 있는 감각 하나는 바로 후각이다. 후각은 비교적 새로운 연구 분야에 속하면서도, 조류의 노랫소리나 깃털 색채만큼이나 쉽게 관찰 연구할 수 있는 분야가 아니다. 실제로 대부분 조류는 냄새를 내뿜지 않으므로, 우리는 조류에서 나는 냄새를 감지하지 못할 가능성이 높을 것이다. 하지만 예외적으로 한 가지 흥미로운 경우가 존재한다. 이를테면 뿔바다쇠오리(크레스티드 오클리트, 태평양 연안 북서부에서 서식하는 도요목 바다오리과의 조류)가 내뿜는 탄제린(오렌지의 변종) 냄새는 누구든지 뿔바다쇠오리의 서식지 1km 이내에서 감지할 수 있다.

게다가 조류는 포유류처럼 적극적으로 코를 킁킁거리며 '냄새'를 맡지 않아서, 우리는 조류가 시각(색채)과 청각(소리)을 이용해 의사소통할 때와 같은 방식으로 후각(냄새)을 이용해 의사소통하는 모습을 관측하지 못할 가능성이 높다. 최근까지도 대부분 사람은 조류가 후각 발달이 저조한 편이라고 생각하므로, 많은 연구원은 후각 능력이 뛰어난 키위, 독수리, 해조

류(바닷새), 특히 집게제비갈매기, 슴새, 알바트로스(신천옹) 등등 주목할 만한 몇 종의 조류를 제외한 대다수 조류가 후각을 이용해 의사소통할 가능성이 없다고 판단했다. 하지만 최근 관찰 연구한 결과에 따르면, 대부분 조류는 후각이 예리할 뿐 아니라 후각을 이용해 의사소통할 가능성이 높다는 사실이 드러났다. 일부 연구원들은 조류가 흔히 미선(조류의 피부선, 꽁지기름샘)에서 분비하는 기름을 부리로 날개 깃털 표면에 문질러 번지르르하게 잔뜩 펴 발라 후각 기능을 작용해 화학적 의사소통하는 모습을 관찰했다고 밝혔다.

조류의 해부학적인 후각은 후각 능력이 대단히 뛰어난 다른 지구상 척추동물들에게서 발견된 해부학적인 후각과 유사하다. 이런 면에서 조류는 후각 능력이 대단히 뛰어난 다른 지구상 척추동물들과 마찬가지로, 감각 기관에서 받아들인 후각 자극을 대뇌피질로 전달하는 뉴런과 더불어 화학 물질 자극에 민감하게 반응하는 특정 감각 수용기를 갖추고 있다. 하지만 모든 조류 종에 따라 냄새를 감지할 수 있는 후각 능력 정도가 상당히 많이 차이 난다는 점에서, 조류의 해부학적인 후각은 폭넓고 다양하게 연구해야 할 부분들이 여전히 많이 존재한다. 그럼에도 불구하고 대부분 조류는 최소한 어느 정도 후각 능력이 뛰어날 가능성이 높다. 많은 관찰 연구 결과에 따르면, 조류의 후각은 냄새 발원지를 찾아내고 먹이를 발견하는 데 매우 중요하며, 같은 서식지에서 함께 모여 생활하는 바닷새들 다수가 큰 무리를 이뤄 서식지와 은신처를 이동하는 경우에도 대단히 중요한 역할을 한다는 사실이 밝혀지고 있다. 또한 조류는 종류가 같은 조류 종들이 감지할 수 있는 화학적 신호를 내보내 조류 종간에 서로서로 의사소통하는 데 이용할 수 있다는 연구 결과들이 서서히 늘어나는 추세다.

포유류처럼 화학적 의사소통 능력이 뛰어난 다른 척추동물들과 비교했을 때, 조류가 화학적 의사소통하는 방법은 척추동물들과 기본적으로 다를 가능성이 높다. 특히 개과 동물, 고양이과 동물, 영장류 동물을 포함한 포유류는 보습코기관(많은 동물에서 발견되는 보조적인 후각 기관)의 특정 감각 수용기로 동종의 동물들끼리 의사소통하는 데 이용되는 화학적 신호(페로몬)를 감지한다. 종류가 같은 종(동종)의 동물들은 페로몬이라는 화학적 신호를 감지해 개체의 특성, 건강 상태, 번식 상태, 영역 경계 위치 등과 같은 중요한 정보를 파악할 수 있다. 하지만 현재 연구 결과에 따르면, 조류가 기능적인 보습코기관을 갖추고 있어서 오히려 후각을 이용해 화학적 의사소통할 가능성이 크다는 과학적 증거는 아직 발견된 바가 없다.

조류가 내뿜는 냄새의 주된 근원지는 꽁지 죽지의 배부(등 쪽)에 있는 미선이다. 조류는 미선에서 분비되는 기름을 이용해 날개를 다듬고 한껏 치장하며 멋을 부린다. 일반적으로 이렇게 치장을 할 때는 조류가 부리로

↑
뿔바다쇠오리(크레스티드 오클리트)는 청각적 신호, 시각적 신호, 화학적 신호, 후각적 신호를 통해 의사소통한다.

미선에서 분비하는 기름을 약간씩 한데 모아 날개 깃털 표면에 문질러 번지르르하게 잔뜩 펴 바른다. 이와 동시에 깃가지와 작은 깃가지를 '힘 있게 쓸어 올려' 날개 깃털이 나뉘지 않고 구조적으로 완전한 상태를 유지하도록 한다. 이처럼 조류가 기름을 날개 깃털에 잔뜩 펴 바르며 깔끔하고 부드럽고 탄력 있고 무엇보다 구조적으로 완전한 날개 깃털 상태를 유지하는 상황은 특히 조류가 비행하고 수영하는 데 매우 중요하고, 결과적으로 무엇보다 생존하는 데 훨씬 더 중요하다.

←
불러의 슴새와 같은 해조류(바닷새)는 비행할 때와 먹이를 발견할 때 모두 후각을 이용할 수 있다.

수적으로 늘어나는 조류 종에 관한 화학 분석 연구 결과에 따르면, 기름(지방산)을 형성하는 화학 물질은 조류의 종과 성별, 계절에 따라 화학적 특성이 달라진다는 사실이 드러난다. 따라서 적어도 미선에서 분비되는 기름은 조류 종의 특성, 성별, 번식 단계에 관한 정보를 함유할 가능성이 크다. 청동오리를 실험 연구한 연구원들은 일부 수컷의 후각 신경을 수술하며 수컷이 냄새를 감지하지 못하도록 했다. 후각 신경 수술은 아니지만 마찬가지로 이와 유사한 수술을 진행한 다른 수컷들과 비교했을 때, 후각 신경을 수술해 냄새를 감지하지 못한 수컷들은 일반적으로 암컷 등에 올라타 암컷과 짝짓기를 하는 행위처럼 번식과 관련된 사회적 행위들을 제대로 실행하지 못했다. 또한 후각 신경을 수술한 수컷들은 보통 다른 수컷들 주변에서 공격적으로 행동하는 모습을 보이지만, 흔히 암컷 주변에서는 공격적인 행동을 드러내 보이지 않았다. 결과적으로 후각 신경을 수술한 수컷들은 정상적인 생식 행동을 끌어내려는 암컷의 후각적 신호를 감지할 수 있는 능력에 악영향을 받게 되었다.

유럽 쇠바다제비(무리 지어 서식지를 이동하지만 본거지로 돌아가려는 경향이 높은 조류 종)를 대상으로 실험 연구한 결과에 따르면, 성체는 조류 종들 사이에서 자신과 종류가 같은 종(동종)과 다른 종(이종)을 식별할 수 있다는 사실이 밝혀졌다. 이런 이유로 성체 유럽 쇠바다제비는 동종 번식과 유전자형의 적응도에 발생할 수 있는 부정적인 결과를 피하게 되는 바람직한 현상이 발생할 것이다. 최근 들어 캐롤라이나박새와 쇠박새 사이에 존재한 잡종형성지대를 연구한 결과에 따르면, 성체들은 후각을 이용해 상태가 불완전한 종의 박새와 짝짓기를 하는 상황을 피할 수 있다는 사실이 발견되었다. 잡종 자손이 순종 자손보다 생존율이 훨씬 더 낮기 때문에, 잡종형성지대 연구 결과에 따라 박새가 서로 밀접하게 관련된 동종들과 짝짓기를 하는 실수를 피할 수 있다는 사실은 매우 중요하다.

대부분 조류가 내뿜는 냄새 물질은 미선에서 분비되지만, 뿔바다쇠오리(크레스티드 오클리트)가 내뿜는 탄제린 냄새는 미선에서 분비되지 않는다. 뿔바다쇠오리 암수 모두가 내뿜는 탄제린 냄새는 번식기 동안 목 깃털에서 분비될 것이다. 탄제린 냄새는 성체 암수 한 쌍이 서로서로 상대의 목을 맞비비면서 짝짓기를 위한 구애 행위를 하는 데 매우 중요한 역할을 할 수 있다. 이때 서로서로 상대의 목을 맞비비면서 구애 행위를 하는 성체 암수 한 쌍은 자신들의 부리를 상대의 목 깃털 깊숙이 파묻으며 서로서로 상대의 목에서 나는 '탄제린 냄새'를 적극적으로 맡을 것이다. 또한 일부 연구 결과에 따르면, 목 깃털에서 분비되는 화학 물질들은 방충제와 같은 역할을 할 수도 있다는 과학적 증거도 드러난다. 따라서 성체는 목 깃털에서 냄새 물질이 많이 분비될수록 외부 기생충(진드기 따위)이 접근하지 못하도록 막을 수 있는 능력을 제대로 발휘할 수 있다. 번식하는 성체에 관해 한층 더 세부적으로 연구한 결과에 따르면, 냄새 물질의 양은 성체 수컷의 깃털 크기와 관련이 있고, 성체 암수 모두의 면역 기능과도 관련돼 있다. 결과적으로 성체 뿔바다쇠오리 암수 한 쌍은 서로가 상대의 목에서 나는 탄제린 냄새를 맡으면서 상대의 면역 능력에 관한 정보를 파악할 수 있다. 면역 능력은 최소한 부분적으로 유전되기 때문에, 면역 체계가 훨씬 더 건강한 성체는 확실히 건강한 자손을 낳을 가능성이 더더욱 높을 수 있다.

↪

유럽 쇠바다제비는 자신과 관련 없는 비친족 조류 종들의 냄새에 더 많은 매력을 느낀다.

↪

청동오리의 후각은 분명히 성적 행위에 중요한 역할을 하는 듯하지만, 짐작건대 성적으로 매력적인 냄새의 발원지는 아직 알려진 바가 없다.

표출 행동

조류는 지금까지 논의했던 모든 의사소통 방식에 춤과 다른 표출 행동으로 관심을 끌어내는 조직화된 동작을 추가적으로 혼합해 의견을 더욱 다양하게 표현할 수 있다. 표출 행동은 전형적으로 한 동작에서 다음 동작까지 온전히 그대로 반복된, 의식화된 일련의 행동들을 말한다. 예를 들어 조류가 비행하는 동안 깃털을 이용해 만들어 내는 비발성음들 대부분은 표출 행동으로 관심을 끌어내는 조직화된 비행 동작과 혼합되어 사용된다.

수컷 빨간 모자 마나킨은 특정 깃털을 이용해 갑자기 크게 탁탁거리는 소리와 휘파람 소리와 같은 비발성음을 표출하지만, 이와 동시에 바로 가까운 거리에 있는 암컷 빨간 모자 마나킨들의 관심을 끌어내기 위해 문워크 같은 춤을 출 것이다. 수컷 공작은 암컷 공작들이 있는 곳에서 최대한 자신을 쉽게 알아볼 수 있도록 크고 밝게 빛나는 깃털을 가늘게 떨며 흔들 것이다. 수컷 조류 종들은 혼자서 단독으로 춤을 추거나, 번식기에 암컷에게 구애 행위를 하는 장소에 모두 모여 다 함께 춤을 출 수 있다. 때때로 수컷 조류 종들은 암컷 조류의 관심을 끌어내기 위해 조직화된 표출 행동을 하기도 한다. 창꼬리 마나킨을 살펴보면, 수컷 두 종은 자신들 가운데 한 종이 짝짓기 상대로 선택될 수 있도록 암컷 한 종 앞에서 조직화된 표출 행동을 한다.

어떤 조류 종들은 암수가 모여 다 함께 노랫소리를 발성하고 춤을 추고 조직화된 표출 행동을 한다. 서부논병아리를 살펴보면, 암수가 혼자서 단독으로 춤을 추거나, 수컷과 수컷 한 쌍이 함께 춤을 추거나, 수컷과 암컷 한 쌍이 함께 춤을 추거나, 암수 다수가 무리 지어 다 함께 춤을 추면서 상대의 관심을 끌어내기 위한 표출 행동들을 한다. 서부논병아리 한 쌍이 드러내는 조직화된 표출 행동은 안정된 정지 자세에서 몸을 핵 굽혀 물 위로 펄쩍 뛰어오르며 날개 깃털을 위로 높이 들어 올리는 행동에서부터 날개 깃털을 높이 들어 올리고 목을 곡선으로 구부린 자세를 취하면서 고속으로 물 위를 가로질러 달리는 행동까지 매우 다양하다. 이런 표출 행동은 발성음과 함께 동반되며, 공격적인 행위, 짝짓기, 암수 한 쌍의 결합을 포함한 여러 가지 복합적인 기능들을 한다. 대부분 조류 종들은 깃털, 신체 부위의 움직임, 발성음과 관련된 표출 행동들을 하지만, 우리가 잘 알고 있는 딱 한 가지 뿔바다쇠오리 종은 모든 의사소통 방식에 추가적으로 후각 작용을 혼합해 표출 행동을 한다.

➡️
서부논병아리 암수 한 쌍이 연기하는 싱크로나이즈드 스위밍(수중 발레)은 암수 한 쌍의 결합을 강화하는 데 도움이 될 수 있다.

조류
암수 간의 의사소통

조류 암수는 동물 중에서도 상황에 따라 가장 정교하게 표출 행동을 하며 의사소통한다. 조류는 다채로운 깃털 색채, 복잡한 발성음, 활기찬 표출 행동들이 진화한 덕분에 각자 건강한 파트너를 교묘하게 획득할 수 있다. 따라서 조류의 이런 특성들이 주는 의미는 조류 암수가 번식 성공률을 최대한 높이기 위해 반드시 필요한 정보를 의사소통한다는 뜻이기도 하다.

조류가 선호하는 특성

생물학자 찰스 다윈은 조류가 주로 다채로운 깃털 색채를 드러내고 선율이 아름다운 노랫소리를 발성할 수 있는 주된 힘을 헤아려 맨 먼저 성 선택론을 제시했고, 그때부터 대부분 연구원은 다윈이 제시한 성 선택론을 지지했다. 찰스 다윈은 조류가 질적으로나 양적으로 번식 가능성을 향상시키기 위해 각자 선호하는 특성들이 존재한다는 점에서 성 선택론을 제안했다. 성 선택론에 따르면, 수컷 조류가 선호하는 특성들은 예를 들어 수컷 공작이 깃털 색채를 정교하게 드러내며 암컷 공작 종들에게 자신을 간접적으로 알리거나, 수컷 야생 칠면조가 다리에 쇠발톱을 드러내며 다른 수컷 종들과 직접적으로 경쟁하는 데 이용되는 특성으로서 형태적으로나 행동적으로 지나치게 과장되는 경향이 있다.

성 선택론에 따르면, 가끔은 암컷 조류도 선호하는 특성들이 있어서 형태적으로 과장된 자신의 모습을 과도하게 표출하기도 한다. 하지만 성 선택론에 따라 흔히 암컷 조류가 가장 선호하는 특성은 암컷 조류가 짝짓기 상대로 선호하는 수컷 조류 종들에게 진화적으로 지나치게 과장된 특성들을 끌어낼 수 있도록 강력한 힘을 발휘하는 경우가 많다. 성 선택론에 따라 결과적으로 조류는 모든 동물에게서 발견된 모습들 가운데 가장 극단적으로 과장된 모습을 다소 표출한다. 무엇보다도 특히 조류는 밝고 화려한 깃털 색채와 더불어, 선율이 복잡하고 아름다운 노랫소리를 포함해 광범위한 범주의 발성음을 표출한다고도 잘 알려져 있다. 밝은 깃털 색채와 아름다운 노랫소리는 수컷 조류가 다른 수컷 조류 종들과 직접적으로 경쟁하거나, 암컷 조류 종들의 관심을 끌어낼 수 있도록 가장 매력적인 모습을 드러내며 짝짓기 상대로 암컷 조류 종들에게 선택받는 데 이득을 주는 특성들이다.

수컷 인도공작은 표출 행동을 하는 동안 암컷 인도공작의 관심을 끌어내기 위해 정교하고 화려한 색채를 띤 깃털을 가늘게 떨며 흔들 것이다.

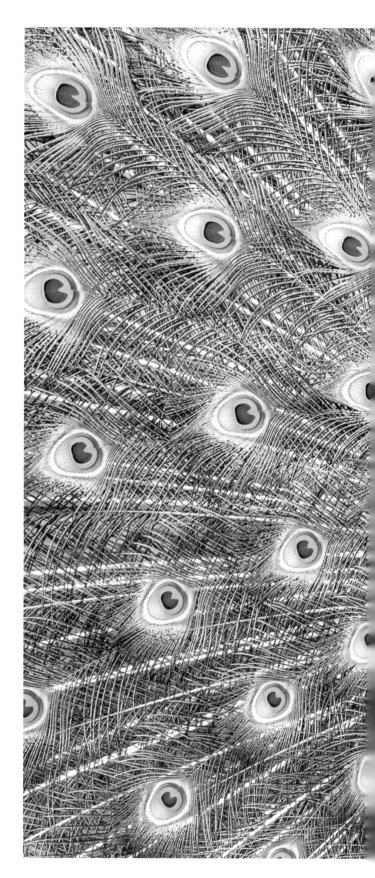

암컷 조류가 선호하는 짝짓기 상대

수컷 조류는 암컷 조류보다 자손을 낳는 데 생리학적으로 제약을 덜 받으면서도 짝짓기하기 위해 되도록 많은 암컷 조류 종들의 관심을 끌어내야만 번식 성공률을 최대한 향상시킬 수 있으므로, 성 선택론은 암컷 조류보다 수컷 조류에게 훨씬 더 들어맞을 가능성이 크다. 따라서 수컷 조류는 짝짓기 상대로 암컷 조류에게 선택받기 위해 수컷 조류 종들끼리 서로 경쟁하는 경향이 있으나, 이에 반해 암컷 조류는 수컷 조류보다 짝짓기 상대를 좀 더 까다롭게 선택하는 편이지만 암컷 조류 종들끼리 서로 경쟁을 덜 하는 경향이 있다. 수컷 조류는 짝짓기 상대로 암컷 조류에게 선택받기 위해 흔히 수컷 조류 종간에 폭력적으로 난폭한 행동들을 서로서로 드러내며 직접적으로 경쟁할 수 있다.

수컷 조류가 다른 수컷 조류 종들과 직접적으로 경쟁하는 상황에서 암컷 조류에게 독점적으로 선택받는 데 혜택을 주는 특성들은 성 선택론에 딱 들어맞는다. 수컷 조류는 수컷 조류 종들끼리 서로 경쟁하는 상황에서 암컷 조류의 관심을 독차지할 수 없을 때, 암컷 조류에게 단독으로 선택받을 수 있도록 자신의 매력적인 모습들을 드러낸다. 또한 우리가 이성의 관심을 끌기 위해 의도적으로 대단히 화려하고 매력이 넘치는 모습들을 드러내는 상황과 거의 마찬가지로, 수컷 조류도 암컷 조류의 관심을 끌어내기 위해 암컷 조류가 선호하는 매력적인 노랫소리를 발성하고 매우 화려하고 아름다운 깃털 색채를 드러낼 것이다. 암컷 조류에게 가장 매력적인 모습을 드러낼 수 있는 수컷 조류는 무엇보다 최대한으로 자손을 번식할 기회를 가장 많이 얻는 혜택을 누릴 것이다. 따라서 암컷 조류의 관심을 끌어낼 수 있도록 이득을 주는 수컷 조류의 과장된 특성들은 성 선택론에 정확히 들어맞는다.

과장된 특성들을 표출하는 수컷 조류는 암컷 조류에게 매력 있는 모습들을 드러낸 덕분에 암컷 조류와 짝짓기 할 기회를 획득하는 혜택을 누리게 된다. 그렇지만 특히 암컷 조류가 선호하는 짝짓기 상대를 따로 유심히 살펴보고 있을 때 수컷 조류가 그때 하필 과장된 특성들을 표출한다면 괜히 시간을 낭비할 수도 있고, 수컷 조류가 과장된 특성들을 표출하면서 포식자와 질병에 노출될 위험성이 증가할 수도 있고, 수컷 조류가 아무리 과장된 특성들을 표출한다 해도 결국 암컷 조류가 선호하는 짝짓기 상대를 찾지 못할 때도 있을 텐데, 왜 암컷 조류가 선호하는 특성들을 과장되게 표출하는 수컷 조류는 앞서 언급했듯이 암컷 조류와 짝짓기 할 기회를 획득할 가능성이 클까?

성 선택론은 암컷 조류가 선호하는 특성들이 암컷 조류에게 유익하므로 암컷 조류도 혜택을 받는다고 예측한다. 일반적으로 암컷 조류는 얼마나 많은 자손을 낳을 수 있을지에 관해서 신체적으로나 생리학적으로

한계가 있기에 짝짓기 상대를 까다롭게 선택하는 경향이 있다. 암컷 조류가 번식 성공률을 최대한으로 높이는 가장 좋은 방법은 암컷 조류가 매우 건강한 자손을 낳을 수 있도록 가능하면 본질적으로 가장 우수한 수컷 조류와 짝짓기를 하는 것이다. 암컷 조류는 건강한 자손을 낳기 위해 번식에 성공적으로 유익한 유전자와 훌륭한 재능을 갖추면서도 어린 자손을 양육하는 데 도움을 줄 만큼 본질적으로 가장 우수한 수컷 조류와 짝짓기를 한다면 번식 성공률을 높이는 혜택을 누릴 수 있다. 결과적으로 이처럼 암컷 조류가 자신이 선호하는 특성에 따라 본질적으로 가장 우수한 수컷 조류와 짝짓기를 하는 경우는 성 선택론에 정확히 들어맞을 것이다. 하지만 암컷 조류가 자신이 선호하는 특성에 따라 본질적으로 우수한 수컷 조류를 직접적으로 파악하기가 어렵고 힘들다면, 성 선택론은 형태적으로나 행동적으로 지나치게 과장되는 수컷 조류의 특성처럼 본질적으로 가장 우수한 수컷 조류가 선호하는 특성들을 제시해야 한다.

수컷 조류의 과장된 특성들이 점점 더 진화하는 상황에서 암컷 조류가 선호하는 짝짓기 상대를 선택하는 데 받는 영향을 입증하는 부분은 이론적으로도 중요하지만 실험적으로도 다소 도전해 볼 만하다. 그렇다면 어떻게 연구원들은 암컷 조류가 선호하는 수컷 조류들이나 수컷 조류의 특성들을 밝혀낼 수 있을까? 실제로 이와 상호 관련된 분야들을 꾸준히 연구한다면 대단히 중요한 사실들을 이해하고 통찰할 수 있다. 수컷 조류 종들이 선호한다고 추정되는 특성들은 세력권(텃세권)을 주장하는 암컷 조류 종들의 관심을 한층 더 쉽게 끌어낼 수 있다. 하지만 우리는 일반적으로 암컷 조류의 관심을 끌어내려고 표출하는 수컷 조류의 특성을 과연 암컷 조류가 선호하는지 확실하게 파악할 수 없다. 예를 들어 만약 수컷 조류가 표출하는 특성이 최적화된 세력권을 방어하는 능력에 영향을 미친다면, 전형적으로 서식지와 둥지의 세력권을 주장하는 암컷 조류 종들은 수컷 조류 자체에 관심을 두지 않더라도 세력권을 최대한 방어할 수 있는

↑

수컷 웨스턴캐퍼케일리(큰뇌조, 큰들꿩)는 동시에 수많은 암컷 웨스턴캐퍼케일리에게 구애 행동을 표출한다. 웨스턴캐퍼케일리는 암컷이 수컷보다 몸집이 훨씬 더 작은 편이고, 현존하는 조류 종들 중에서도 예를 들어 성적 이형성(암수에 따라 외부 형질이 다른 현상)이 좀 더 극단적으로 나타난다.

능력에 매력을 느껴 짝짓기 상대로 적합한지 곰곰이 생각할 수 있다. 따라서 이런 분야와 상호 관련된 연구와 실험을 겸비한 과학적 실험 연구들은 암컷 조류가 선호하는 짝짓기 상대를 평가하고 더욱 직접적으로 입증할 만한 증거를 제시하는 데 도움이 될 수 있다. 이때 훌륭한 실험 연구는 혼란에 빠뜨리는 변수들을 줄이거나 제거하면서 암컷 조류가 선호하는 짝짓기 상대를 평가할 것이다.

노랫소리

암컷 조류는 자신들 앞에서 번식 활동을 자극하는 수컷의 노랫소리에 매력을 느낀다. 1960년대에 산비둘기를 대상으로 실험 연구한 결과에 따르면, 녹음한 수컷 산비둘기의 노랫소리는 암컷 산비둘기의 번식 행동(예를 들어 둥지를 틀고 알을 낳는 행동)을 유발한다는 사실이 드러났다. 유럽찌르레기, 집굴뚝새, 유럽알락딱새, 목도리딱새(움푹한 곳에 둥지를 트는 모든 조류)를 대상으로 실험 연구한 연구원들은 일부 특정한 둥지 상자에만 녹음한 수컷의 노랫소리를 들려주는 실험을 진행한 다음, 수컷의 노랫소리가 들리거나 들리지 않는 둥지 상자에서 둥지를 트는 암컷의 행동을 관찰했다. 그 결과 암컷은 수컷의 노랫소리가 들리지 않는 둥지 상자에서보다 수컷의 노랫소리가 들리는 둥지 상자에서 더욱 빠르게 둥지를 틀고 수컷의 노랫소리에 매력을 느끼는 반응을 보였다.

분명히 암컷 조류는 수컷 조류의 노랫소리에 매력을 느낀다. 하지만 우리는 암컷 조류가 반응하는 수컷 조류의 노랫소리 특성을 어떻게 발견할 수 있을까? 무엇보다 암컷 조류가 수컷의 어떤 노랫소리 방식이나 노랫소리에 더욱 매력을 느낄까? 현재 살아 있는 수컷의 생생한 노랫소리는 연구원들이 실험 연구하는 동안 쉽게 다룰 수 없으므로, 암컷 조류가 선호하는 수컷 조류의 노랫소리 연구 대부분은 현재 살아 있는 수컷의 노랫소리가 아닌 녹음한 수컷의 노랫소리를 이용한다. 1977년에 진행한 실험 연구에 따르면, 연구원들이 사육하는 암컷 갈색머리흑조는 실험실에서 수컷의 노랫소리에 반응하며 유혹 행동을 표출한다는 사실이 발견되었다. 이를테면 야생 암컷 조류는 짝짓기하려고 시도하는 수컷 조류를 선뜻 받아들일 때 유혹 행동을 표출한다. 하지만 그다음 곧바로 진행된 실험 연구들은 실험실에서 야생 성체 암컷 조류가 유혹 행동을 표출하는 모습을 관찰하지 못했다. 1981년에 연구원들은 실험실에서 암컷 명금류가 수컷의 노랫소리에 반응하며 에스트라디올을 분비하면서 유혹 행동을 표출한다는 사실을 발견했다. 이때 에스트라디올은 암컷 조류가 번식기에 번식 활동 정도를 한층 높이는 데 중요한 역할을 하는 발정 호르몬의 일종이다.

암컷 조류의 유혹 행동 표출을 실험 연구하는 과정에서, 녹음한 수컷의 노랫소리가 들리는 동안 암컷 조류가 선택적으로 짝짓기 상대에게 표출하는 유혹 행동을 수적과 질적으로 평가했다. 다시 말해 유혹 행동은 야생 암컷 조류가 선택적으로 짝짓기 상대에게 표출하는 명백한 몸짓이

⬆

집굴뚝새는 성적 단형성(암수의 차이가 전혀 없거나 거의 존재하지 않는 현상)이 나타난다. 하지만 수컷은 수많은 나무 구멍을 나뭇가지로 가득 채워 둥지를 틀고, 암컷은 수많은 구멍 가운데 하나를 선택해서 그곳에 둥지를 튼다.

⬈

갈색머리흑조는 의무적으로 알을 품어 부화한 새끼를 직접 양육하지 않는 조류로 유명하다. 암컷은 자신이 직접 둥지를 틀지 않고 다른 조류 종의 둥지에 알을 낳는다.

⬅

수컷 유럽알락딱새는 검은색과 흰색 깃털 색채가 굉장히 매력적으로 드러난다. 날개와 이마에 두드러진 흰색 부분의 크기는 성 선택론에 딱 들어맞는다는 증거를 암시한다.

다. 하지만 암컷 조류의 유혹 행동 표출에 관한 실험 연구들은 간단한 시술로 암컷 조류에게 발정 호르몬인 에스트로겐을 주입해야 하는데, 이런 실험 연구 방식은 모든 조류 종에게 항상 효과가 있는 것은 아니다.

다른 실험 연구들은 암컷 조류가 선호하는 수컷 조류의 노랫소리 평가 방법을 개발했다. 자발적 행동 조건 방법을 이용한 실험 연구에서, 암컷 조류는 실험실에서 나뭇가지 끝에 걸터앉아 녹음된 수컷의 노랫소리를 들으며 이때 반응을 일으키는 노랫소리 하나를 명확하게 발성하는 훈련을 받는다. 이런 실험 연구 방법은 흔히 암컷 조류가 자신이 가장 선호하는 수컷의 노랫소리에 반응을 일으키는 경우가 많을 거라는 관념에서 고안된 것이다. 무엇보다 중요한 사실은 암컷 조류가 선호하는 수컷 조류

의 노랫소리 평가 방법을 개발한 실험 연구 덕분에 암컷 조류가 짝짓기 상대를 선택할 때 수컷의 어떤 노랫소리 특성에 반응해 의미 있는 유혹 행동을 표출하는지를 충분히 파악하게 되었다.

본질적인 신호를 보내는 노랫소리

실험 연구 결과에 따르면, 수컷 명금류가 발성하는 노랫소리는 특히 암컷 명금류에게 매력적으로 다가간다는 증거가 드러났다. 수컷 조류는 대부분 암컷 조류의 번식력이 최고조에 다다른 시기인 번식기에 노랫소리를 최고로 가장 많이 발성한다. 수컷 조류의 노랫소리는 수컷 조류의 본질에 관한 정보를 제공하므로, 우리는 수컷 조류의 노랫소리가 암컷 조류에게 매력적으로 다가간다고 생각한다. 하지만 실험 연구 결과에 따르면, 수컷 조류는 특히 노랫소리를 무조건 지나치게 많이 발성하지 않는다는 사실이 밝혀졌다. 또한 노랫소리를 발성하는 수컷 조류의 산소 소비량에 관한 연구들은 수컷 조류가 노랫소리를 발성하는 동안 신진대사 작용이 상당히 많이 촉진된다는 사실을 조금도 드러낸 바가 없다. 그렇다면 어떻게 수컷 조류는 노랫소리를 발성해 암컷 조류에게 본질적인 신호를 보낼까? 수컷 조류의 노랫소리는 단 하나가 아닌 여러 가지 다양한 특성들을 담고 있다. 따라서 수컷 조류는 노랫소리를 다양하게 가지각색으로 발성해 암컷 조류에게 믿을 만한 확실한 정보를 제공할 가능성이 크다. 게다가 수컷 조류 종들은 각자 자신만의 방식으로 자신의 본질에 관한 정보를 드러낸 노랫소리들을 엄청나게 많이 발성하는데, 흔히 그런 상황에서 본질적으로 가장 우수한 수컷 조류 종들만이 최고로 과장된 방식으로 노랫소리를 발성할 수 있다.

노랫소리의 양

수컷 조류가 노랫소리를 발성하는 동안 신진대사 작용이 매우 미미하게 촉진된다고 하더라도, 수컷 조류는 노랫소리를 발성하는 시간에 예를 들어 스스로 직접 어린 새끼 조류를 보살피거나 양육하는 등 다른 활동들에 전혀 참여하지 않을 수 있다. 노랫소리의 지속시간과 속도를 포함한 노랫소리의 양은 암컷 조류가 수컷 조류의 본질을 평가하는 데 이용되는 특성으로서 그동안 계속 연구되어 왔다. 자유롭게 생활하며 나무 구멍에 둥지를 트는 조류 종인 유럽찌르레기를 대상으로 실험 연구하는 과정에서, 연구원들은 둥지 상자에 수컷과 녹음한 수컷의 노랫소리를 마련한다. 그리고 실험 연구 결과, 수컷이 노랫소리를 한바탕 길게 발성할수록 수컷의 둥지 상자를 방문하는 암컷 종들이 더더욱 많아지고, 한층 더 어린 암컷과 예상보다 일찍 짝짓기 한다는 사실이 드러났다. 비록 연구원들은 이런 암컷 종들의 반응을 직접적으로 평가하지 못했지만, 이와 같은 연구들은 수컷 조류가 노랫소리를 한차례 길게 발성할수록 암컷 조류에게 더더욱 매력적으로 다가간다는 사실을 넌지시 내비친다.

뒤이어 자발적 행동 조건 방법을 이용한 실험 연구에서, 연구원들은 암컷 조류가 한바탕 길게 발성하는 수컷 조류의 노랫소리를 선호한다는 실험적 증거를 발견했다. 게다가 연구원들은 노랫소리를 한차례 길게 발성하는 수컷 조류 종들이 또한 면역 체계도 훨씬 더 강하게 활성화되었다고 밝혔다. 어린 새끼 조류가 아직 날지 못하고 둥지에서만 생활하는 성

장기 동안 영양적 스트레스를 얼마나 능숙하게 잘 다루는지에 관한 또 다른 실험 연구 결과에 따르면, 어린 새끼 조류는 스트레스를 많이 받을수록 면역 생성 능력이 점점 더 떨어지고 성체가 되어서도 노랫소리를 일시적으로 짧게 발성한다는 사실이 드러났다. 그래서 암컷 조류 종들은 노랫소리를 한바탕 길게 발성하는 수컷 조류를 짝짓기 상대로 선호하는 편이며, 둥지에서 성장하는 동안에 스트레스를 덜 받거나 면역 체계가 강하게 활성화된 수컷 조류 종들과 짝짓기를 하는 경향이 있다. 면역력은 최소한 부분적으로 유전자 산물에 속하므로, 암컷 조류가 면역력이 뛰어난 수컷 조류와 짝짓기를 한다면, 확실히 이들이 낳은 자손은 질병을 이겨낼 준비가 되어 있어서 무엇보다 오래 생존할 가능성이 클 것이다.

수컷 유럽찌르레기는 둥지를 틀고 짝짓기 상대의 관심을 끌어내기 위해 복잡하고 다양한 노랫소리를 발성한다.

가마새는 암컷 조류가 숲 바닥에서 작은 가마(솥) 모양처럼 보이는 반구형 둥지를 틀기 때문에 붙여진 이름이다.

대부분 조류 종들과 달리, 나이팅게
일은 낮뿐만 아니라 밤에도 노랫소
리를 발성한다.

수컷 풀쇠개개비는 서식지에 도착한
지 불과 몇 시간 만에 노랫소리를 발
성하기 시작한다.

노랫소리의 본질
레퍼토리

노랫소리의 본질은 노랫소리의 양보다 특징적으로 약간 더 애매모호하
게 규정된다. 노랫소리의 특징 가운데 하나는 일반적으로 노랫소리의 복
잡성이 노랫소리의 본질로 비춰진다는 점이다. 또한 더욱 복잡하게 발성
하는 노랫소리는 꽁지에 다양한 눈꼴 무늬(눈알 모양의 반점)가 있는 공작새
모양을 한 악기처럼 훨씬 더 극단적인 방식으로 발성된다고들 생각한다.
노랫소리의 복잡성은 전형적으로 수컷 조류가 여러 가지 다양한 방식으
로 발성하는 노랫소리(노랫소리 레퍼토리)의 수나 수컷 조류가 노랫소리를
가지각색으로 만들어 내는 데 이용하는 갖가지 색다른 요소(요소 레퍼토리)
의 수로 표현된다.

　　노랫소리 레퍼토리는 가마새처럼 주로 한 종류의 노랫소리를 발성
하는 방식에서부터 나이팅게일처럼 수백 종류가 넘는 노랫소리를 발성
하는 방식, 갈색지빠귀처럼 수백 종류가 넘는 노랫소리를 대부분 다시 한
번 더 반복해서 발성하는 방식까지 다양할 수 있다. 요소 레퍼토리는 노
랫소리 레퍼토리와 마찬가지로 조류 종들에 걸쳐 변화 범위가 다양하다.
박새와 같은 일부 조류 종들은 요소 레퍼토리의 규모가 작은 편이다. 또
한 풀쇠개개비와 같은 다른 조류 종들은 요소가 75개 정도로 요소 레퍼토
리의 규모가 큰 편이어서, 잠재적으로 무한하게 다양한 방식으로 노랫소
리를 다시 혼합해 새롭게 만들어 낸다. 하지만 어떻게 조류 종들이 레퍼
토리의 규모에 따라 본질적인 신호를 보내는 노랫소리를 다양하게 만들
어 낼 수 있는지는 우리가 더욱 중요하게 논의해야 할 부분이다.

예를 들어 수컷 멧종다리의 노랫소리 레퍼토리는 규모에 따라 5종류에서 15종류 정도 되는 노랫소리를 발성하는 방식이다. 일반적으로 레퍼토리 방식을 살펴보면, 규모가 큰 노랫소리 레퍼토리나 요소 레퍼토리를 이용한 수컷 조류는 규모가 작은 노랫소리 레퍼토리나 요소 레퍼토리를 이용한 수컷 조류보다 훨씬 더 복잡하고 다양한 노랫소리를 발성하므로 본질적으로도 훨씬 더 우수한 노랫소리를 표현해 낸다. 또한 실험 연구 대상이었던 많은 다른 조류 종들과 마찬가지로, 암컷 멧종다리는 규모가 큰 레퍼토리를 이용한 수컷 조류의 노랫소리를 선호한다는 사실을 명백히 보여준다. 이를테면 실험실에서, 암컷 멧종다리는 수컷 조류의 노랫소리를 4종류 들을 때보다 8종류를 들을 때 훨씬 더 적극적으로 짝짓기

상대를 향해 유혹 행동을 표출한다. 게다가 야생에서, 규모가 큰 레퍼토리를 이용한 수컷 멧종다리는 평생 한층 더 많은 자손을 생산한다. 하지만 암컷 조류는 더욱 복잡하고 다양한 노랫소리를 발성하는 수컷 조류와 짝짓기를 하면 어떤 이득이 생길까?

금화조

노랫소리 레퍼토리 규모와 두뇌 비교

그림은 금화조의 두뇌 횡단면도를 나타내며, 일부 밝게 표시한 부분들은 노랫소리와 관련된 영역을 강조한 것이다. 수컷 금화조는 노랫소리를 학습하는데, 노랫소리 학습과 노랫소리 발성은 두뇌의 여러 중심핵(신경핵)에서 담당한다. 노랫소리 학습과 노랫소리 발성에 관련된 일부 영역들은 암컷 금화조에게도 존재하지만, 수컷 금화조보다 훨씬 더 작거나 아예 존재하지 않을 수도 있다(X영역). 연구원들은 수컷 금화조의 노랫소리 학습과 발달을 살펴보면 수컷 금화조가 성장기 동안 스트레스를 얼마나 잘 견뎌 낼 수 있는지를 파악할 수 있다고 제안한다. 따라서 수컷은 노랫소리를 발성하면서 암컷에게 본질적인 신호를 보낼 수 있다. 레퍼토리와 같은 노랫소리의 본질을 평가한 실험 연구 결과에 따르면, 노랫소리의 본질은 확실히 노랫소리와 관련된 두뇌 영역의 부피와 연관되어 있다는 사실이 드러났다(HVC). 또한 실험 연구 결과에 따르면, 수컷 금화조는 성장기 동안 스트레스를 많이 받을수록 노랫소리와 관련된 일부 두뇌 영역의 부피가 더욱 감소된다는 사실이 밝혀졌다(HVC와 RA).

조류 두뇌의 노랫소리 조절 중심핵(신경핵):

HVC: 고음역 중심핵

MAN: 니도팔륨의 외측 대세포 중심핵

RA: 원시선조의 부리 쪽 중심핵

X: X영역

ICo: 둔덕 사이 중심핵

nXIIts: 설하신경핵

신경 경로

화살표는 조류의 두뇌에서 노랫소리 학습과 노랫소리 발성에 관련된 신경 경로를 나타낸다. 일부 신경 경로들은 노랫소리 발성과 관련된 신호를 울대로 전달하는 데 중요한 역할을 한다(운동 신경 경로). 다른 신경 경로들은 노랫소리 학습에 중요한 역할을 한다.

HVC
MAN
RA

수컷 금화조
ICo   X

nXIIts

울대

HVC
MAN
RA

암컷 금화조   ICo

nXIIts

↑ ↗
사육되는 조류 종(왼쪽의 카나리아)뿐 아니라 야생 조류 종들(가운데의 유럽 개개비, 오른쪽의 북아메리카 흰줄무늬 참새)을 대상으로 진행한 실험 연구들은 어떻게 조류가 노랫소리를 이용해 의사소통하는지를 파악하는 데 상당한 도움을 준다.

수컷 명금류는 본질적인 신호를 보내는 노랫소리를 학습해야 하므로 노랫소리 레퍼토리와 요소 레퍼토리의 규모에 영향을 받는다. 또한 수컷 명금류는 규모가 큰 레퍼토리를 학습하려면 노랫소리 학습과 노랫소리 발성에 관련된 두뇌 구조와 능력을 갖추고 있어야 한다. 조류는 흔히 임계기 동안 노랫소리를 학습한다. 이를테면 임계기는 최근에 날 수 있게된 어린 조류가 잠시 동안 독립적인 방식으로 노랫소리를 학습하며, 전형적으로 스트레스를 많이 받는 시기에 해당한다. 따라서 수컷 조류는 본질적인 신호를 보내는 노랫소리를 학습하기 위해 스트레스를 많이 받는 임계기를 제대로 잘 견뎌낼 수 있는 유전적 능력뿐 아니라 전반적으로 우수한 조건을 갖추어야 할 것이다.

스트레스에 따른 조류 두뇌의 성장과 발달에 관한 실험 연구 결과에 따르면, 영양적 스트레스를 많이 받은 멧종다리, 유럽찌르레기, 금화조는 노랫소리 조절보다 노랫소리 발성과 관련된 두뇌 중심핵(HVC와 RA)의 부피가 훨씬 더 작고, 노랫소리 발성에 부정적인 영향을 받는다는 사실이 드러났다. 또한 스트레스를 많이 받은 멧종다리는 노랫소리를 학습하고 모방하는 능력이 떨어졌고, 스트레스를 많이 받은 금화조는 조금 더 단순한 노랫소리를 발성했다.

스트레스의 여러 가지 다양한 원인을 실험 연구한 결과에 따르면, 노랫소리를 학습하는 동안 말라리아에 감염된 성체 카나리아는 말라리아에 감염되지 않은 성체 카나리아보다 규모가 훨씬 더 작은 레퍼토리를 이용해 노랫소리를 발성했다. 결과적으로 스트레스를 많이 받은 멧종다리, 금화조, 카나리아가 본질적인 신호를 보내는 노랫소리를 발성하는 경우,

실험실에서 암컷 조류 종들은 스트레스를 많이 받은 수컷 조류 종들이 발성하는 노랫소리를 확실하게 식별해 냈다. 개개비를 대상으로 실험 연구하는 동안, 연구원들은 수없이 많은 연구 과정을 통해 암컷 개개비가 조금 더 복잡하고 다양한 노랫소리 레퍼토리를 선호하고, 더욱 복잡하고 다양한 노랫소리 레퍼토리를 이용한 수컷 개개비가 자손 번식 성공률을 한층 더 높인다는 사실을 입증하는 승거늘을 조금씩 끌어 모았다. 따라서 암컷 개개비는 본질적으로 우수하고 더욱 복잡하고 다양한 노랫소리를 발성하는 수컷 개개비를 짝짓기 상대로 선택한다면 자손 번식 성공률도 높이고 어린 새끼 조류들의 생존 가능성도 높일 수 있다.

특정 지방의 노랫소리 유형
조류의 노랫소리 학습 연구는 조류의 본질적인 노랫소리 연구를 통해 또 다른 흥미로운 결과를 가져온다. 또한 조류의 노랫소리 학습 연구는 지역적으로 뚜렷하게 구별된 노랫소리의 구조나 표현 방식에 따라 확률적으로 오차가 발생할 수 있다. 흔히 조류 종들의 노랫소리는 지역마다 미묘하게 서로 각기 다를 것이다. 앞으로 관찰 실험 연구에서 암컷 흰줄무늬 참새는 특정 지방의 노랫소리 유형을 선호한다는 사실을 입증하겠지만, 조류의 노랫소리는 뜻밖에도 경계선을 기준으로 따로따로 분리된 지역마다 지리적으로 어느 정도 차이가 난다. 게다가 멧종다리의 노랫소리에서 관찰했듯이, 노랫소리 구조는 공간상 거리에 따라 점차 달라질 수도 있다. 노랫소리 구조는 공간상 거리에 따라 미묘하게 조금씩 차이가 발생하지만, 암컷 멧종다리는 공간상 34km 정도 가까운 거리에서부터 녹음된 수컷의 노랫소리들을 식별하기 시작할 것이다. 하지만 수컷 멧종다리는 공간상 거리가 최소 540km 정도 떨어져 있어야 녹음된 수컷의 노랫소리들을 식별할 수 있다. 따라서 암컷 조류는 수컷 조류보다 지리적으로 차이가 나는 노랫소리에 훨씬 더 민감한 편이며, 또한 이러한 덕분에 암컷 조류는 레퍼토리를 이용해 본질적인 노랫소리를 발성하는 수컷 조류를 제대로 평가할 수 있다.

멧종다리의 노랫소리 학습을 실험 연구한 결과에 따르면, 영양적 스트레스를 많이 받은 어린 수컷 멧종다리는 영양적 스트레스를 제대로 잘 이겨 낸 어린 수컷 멧종다리보다 특정 지방의 노랫소리를 발성하는 방식에서 정확도와 정밀도가 떨어진다는 사실이 밝혀졌다. 또한 야생 포획된 성체 암컷 멧종다리는 스트레스를 많이 받은 수컷 멧종다리보다 스트레스를 제대로 잘 이겨낸 수컷 멧종다리가 발성한 노랫소리를 선호한다는 증거도 드러났다. 따라서 암컷 멧종다리는 복잡하고 다양한 노랫소리와 정확하고 정밀하게 발성한 특정 지방의 노랫소리 유형에 따라 본질적인 신호를 보내는 노랫소리를 확실히 평가할 수 있다. 이와 더불어 수컷 멧종다리는 특정 지방의 노랫소리를 학습하고 발성할 수 있는 능력을 충분히 갖추고 있으므로, 암컷 멧종다리는 이처럼 본질적인 신호를 보내는 수컷 멧종다리의 노랫소리를 은연중에 감지하고 평가할 가능성이 클 수도 있다.

노랫소리 발성

수컷 조류는 본질적인 신호를 보내는 노랫소리를 발성하며 자신의 또 다른 본질을 간접적으로 내비칠 수 있기에, 암컷 조류는 특히 자신이 선호하는 방식으로 매우 훌륭하게 발성하는 수컷 조류의 노랫소리를 감지해 수컷 조류의 또 다른 본질적인 특징을 인식하게 된다. 비록 수컷 조류가 신체적인 한계에 부딪혀 노랫소리를 매우 강력하게 발성하지 못한다고 하더라도, 노랫소리를 발성하는 동안 발성음과 호흡기관의 움직임을 정밀하게 조정하거나, 노랫소리에서 높은 진폭(소리 크기)을 유지한다면 특정 신호를 정확하게 보내는 노랫소리 발성을 당연히 도전해 볼 만하다. 마치 관객을 대상으로 오페라 공연을 하듯이, 수컷 조류는 어떤 유형의 노랫소리를 발성할 때 신체적으로나 생리적인 한계를 극복해야 한다. 다만 일부 수컷 조류 종들은 신체적인 한계를 견뎌 내야만 노랫소리를 발성할 수 있다. 따라서 본질적으로 가장 우수한 수컷 조류만이 오로지 도전적으로 암컷 조류의 관심을 가장 잘 끌어내는 노랫소리 유형을 발성할 수 있을 것이다.

⊙

명금류가 노랫소리를 본능적으로 '인지'하기보다 '학습'한다는 사실을 최초로 밝혀낸 획기적인 연구를 포함해 미국에서 진행하는 조류의 노랫소리 연구들 대부분이 늪 참새를 연구 대상으로 삼을 정도로, 늪 참새는 조류의 노랫소리 연구 대상으로 적합하다.

⊙

참새 노랫소리의 발성음 속도와 주파수 대역폭

참새 32종의 노랫소리 연구는 (높고 낮게 지저귀는) 발성음 속도와 주파수 대역폭에 따라 나타나는 참새 32종의 노랫소리를 그래프에서 점으로 표시했다. 그래프에 표시된 점들을 살펴보면 가장 빠른 발성음 속도와 가장 폭넓은 주파수 대역폭에서 수컷 참새가 발성하는 노랫소리를 관찰할 수 없으므로, 결과적으로 조류는 신체적인 발성 조건에 따라 노랫소리를 발성한다는 개념이 입증되었다. 따라서 (신체적 발성 조건의 경계선을 따라) 최고치의 신체적 조건에서 발성된 노랫소리는 신체적 발성 조건의 경계선에서 훨씬 더 멀리 떨어진 신체적 조건으로 노랫소리를 (낮게) 발성하는 수컷 조류보다 (높게) 발성하는 수컷 조류가 조금 더 힘들고 어려운 경향이 있다. 또한 1997년에 연구원 포도스가 다시 새롭게 실험 연구한 결과에 따르면, 암컷 조류는 높게 발성하는 노랫소리를 선호한다는 사실이 드러났다.

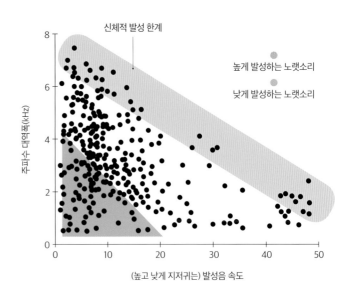

실험 연구 결과에 따르면, 암컷 늪 참새와 카나리아는 빠른 발성음 속도와 폭넓은 주파수 대역폭에서 동시에 높고 낮게 발성하는 노랫소리를 선호한다는 사실이 밝혀졌다. 따라서 수컷 조류는 이러한 특성을 고려해 빠른 발성음 속도와 폭넓은 주파수 대역폭에서 노랫소리를 높고 낮게 발성하려면 신체적인 한계를 극복해야 한다. 암컷 솔새사촌은 노랫소리를 발성하는 동안 높은 진폭을 유지할 수 있는 수컷 솔새사촌을 선호한다. 게다가 노랫소리를 높고 길게 발성하는 수컷 솔새사촌도 선호한다. 노랫소리를 높게 발성하는 수컷 솔새사촌을 선호하는 암컷 솔새사촌은 자손 번식 성공률이 높고 어린 조류의 생존 기간이 오래도록 향상될 수 있을 만큼 본질적으로 우수한 유전자를 제공받을 가능성이 클 것이다.

만약 여러분이 노랫소리를 발성하는 조류를 관찰한다면, 여러분은 조류가 발성하는 노랫소리의 주파수에 맞춰 부리를 움직이는 모습을 인지할 것이다. 노랫소리를 발성하는 동안, 조류는 호흡과 동시에 부리의 움직임을 신속하게 조정한다. 또한 조류는 신체적인 한계를 극복하면서 울음소리를 포함해 높고 낮은 노랫소리들을 연속적으로 반복해서 발성한다. 조류는 울대(20-21쪽 참조)라는 특정 발성 기관을 통해 발성음을 표출한다. 이를테면 울대는 양쪽 측면에 얇은 막이 있어서 특정 주파수에서 진동되어 생성되는 발성음을 조절하는 발성 기관이다. 일단 기관 아랫부분에 자리 잡은 울대에서 발성음을 표출하면, 조류는 기관과 부리를 이용해 지나치게 짙은 고음을 걸러 낸 다음 깨끗하고 맑고 아름다운 노랫소리와 울음소리를 발성한다. 수컷 조류는 암컷 조류가 선호하는 고주파 발성음을 표출할 때 부리를 가장 많이 벌리고, 암컷 조류가 선호하는 저주파

↑
솔새사촌은 북극에서 서식하며 동남아시아에서 겨울을 나는 유라시아의 철새이다. 이곳에서 수컷 솔새사촌은 깨끗하고 맑고 아름다운 노랫소리를 크고 높고 낮게 발성하며 자신들의 세력권을 보호한다.

발성음을 표출할 때 부리를 가장 많이 오므린다. 따라서 수컷 조류는 암컷 조류가 선호하는 노랫소리를 높고 낮고 신속하게 발성하는 동안 무리하게 가장 폭넓은 주파수 대역폭으로까지 도달하고, 가장 폭넓은 주파수 대역폭에서 가장 빠르게 높고 낮은 노랫소리를 마지못해 발성한다.

신체적 발성 조건의 경계선에 가장 밀접한 노랫소리는 신체적 발성 조건의 경계선에서 훨씬 더 멀리 떨어진 신체적 조건으로 노랫소리를 발성하는 수컷 조류보다 신체적 한계를 극복해 노랫소리를 발성하는 수컷 조류가 훨씬 더 많이 발성한다. 늪 참새를 자세히 살펴보면, 수컷은 몸집 크기와 연령에 따라 암컷이 선호하는 노랫소리를 발성하는 정도가 달라진다. 따라서 높게 발성하는 노랫소리를 선호하는 암컷 늪 참새는 몸집이 큰 수컷 늪 참새에게 매력을 느끼므로, 자손 번식 성공률이 높고 어린 조류의 생존 기간이 오래도록 향상될 수 있을 만큼 본질적으로 우수한 유전자를 제공받을 수 있고, 장점이 탁월한 세력권을 획득할 가능성이 크다.

깃털

1990년 암컷 멕시코양지니가 선호하는 짝짓기 상대에 관한 종합적인 실험 연구 결과에 따르면, 암컷 멕시코양지니는 포괄적으로 연한 노란색에서부터 밝은 빨간색에 이르기까지 넓은 범위의 깃털 색채를 띠는 수컷 멕시코양지니들 가운데 가장 밝은 빨간색 깃털 색채를 띤 수컷 멕시코양지니를 짝짓기 상대로 강렬하게 선호한다는 사실이 밝혀졌다. 또한 실험 연구 결과에 따르면, 암컷 멕시코양지니는 야생에서 자연적으로 변화하는 깃털 색채 범위를 가지각색으로 교묘하게 모방해 여러 가지 다양한 깃털 색채를 띤 수컷 멕시코양지니를 짝짓기 상대로 선호한다는 사실도 드러났다. 이러한 실험 연구는 암컷 멕시코양지니가 수컷 멕시코양지니와 충분히 어울려 선택적으로 짝짓기 상대를 제대로 평가할 수 있도록 많은 시간 동안 진행되었다.

수컷 조류의 깃털 색채를 다루는 실험은 암컷 조류가 선호할 수도 있는 수컷 조류의 다른 특성들을 통제한 상태에서 밝은 빨간색 깃털 색채를 띤 수컷 조류와 충분히 어울릴 수 있도록 진행되어야 한다. 한 가지 실험에서는 머리 염색제를 이용해 포획된 수컷 조류의 깃털 색채를 밝은 빨간색으로 처리하고, 또 다른 실험에서는 밝은 빨간색을 띠게 해 주는 카로티노이드 색소를 이용해 포획된 수컷 조류의 깃털 색채를 밝은 빨간색으로 바꿔 놓았다. 수컷 조류의 깃털 색채를 자연적으로 처리한 실험 방식이든, 인공적으로 조작한 실험 방식이든 상관없이 무리 지어 있는 암컷 조류 종들에게 각각 밝은 빨간색 깃털 색채를 띤 수컷 조류 종들의 모습을 내비치는 실험에서, 암컷 조류 종들은 언제든 밝은 빨간색 깃털 색채를 띤 수컷 조류 종들을 선호한다는 사실이 입증되었다.

이처럼 멕시코양지니를 대상으로 획기적인 실험 연구를 진행한 이후, 대부분 실험 연구는 비교적 다루기 쉬운 살아 있는 수컷 조류의 깃털을 이용해 암컷 조류가 짝짓기 상대로 선호하는 수컷 조류의 깃털 특성을 파악하며, 수컷 조류가 드러내 보이는 깃털 특성들을 선호하는 암컷 조류의 특성들을 평가했다. 이렇듯 암컷 조류가 짝짓기 상대로 선호하는 수컷 조류의 깃털 색채를 실험 연구하는 방식은 실험실에서 포획된 수컷 조류 종들과 자유롭게 생활하는 수컷 조류 종들을 대상으로 진행할 수 있다. 이때 자유롭게 생활하는 수컷 조류 종들을 대상으로 진행한 실험 연구는 수컷 조류 종들의 깃털 특징들을 교묘하게 잘 다룰 수 있으며, 일부다처를 하는(한 마리의 수컷 조류와 많은 암컷 조류가 짝짓기를 하는) 종으로서 특정 영역에 정착해 짝짓기 상대로 자신들이 선호하는 수컷 조류를 선택하는 수많은 암컷 조류 종들의 특성을 비교적 충분한 시간 동안 평가할 수 있다.

자유롭게 생활하는 붉은 칼라 과부 새를 대상으로 실험 연구한 연구원들은 암컷이 짝짓기 상대로서 꽁지 길이를 능숙하게 잘 다뤄 꽁지 깃털이 긴 수컷을 선호한다고 주장하며, 꽁지 길이가 각기 다른 수컷 종들의 영역에서 각각 둥지를 튼 암컷 종들이 수적으로 얼마나 많은지를 평가했다. 실험 연구 결과에 따르면, 꽁지 길이를 능숙하게 잘 다뤄 꽁지 깃털이 긴 수컷 종들은 꽁지 길이를 능숙하게 다루지 못해 꽁지 깃털이 짧은 수컷 종들보다 자신들의 세력권에서 둥지를 튼 암컷 종들이 수적으로 훨씬

파장도 감지할 수 있으므로, 수컷 조류는 자외선과 가시광선 영역에 속하는 깃털 색채를 표출하며 암컷 조류에게 시각적 신호를 보낸다. 하지만 모든 깃털 색채를 동시에 균일하게 표출하지는 않는다! 어떤 깃털 색채들은 다른 깃털 색채들보다 표출하거나 유지하기가 훨씬 더 어렵고 힘들 수 있으며, 우리가 관측하는 이런 깃털 색채들은 흔히 수컷 조류가 암컷 조류의 관심을 끌어내는 데 이용되는 경향이 있다. 예를 들어 멜라닌 색소는 내생적으로 조류의 내부에서 생기거나 발생하는 색소로서 검은색, 갈색, 적갈색의 깃털 색채를 띠게 해 주며, 카로티노이드 색소보다 비교적 덜 어렵고 힘든 깃털 색채들을 만들어 낸다. 카로티노이드 색소는 노란색, 주황색, 빨간색의 깃털 색채를 띠게 해 주며 흔히 자연적으로 동식물에 널리 분포된 색소인데, 반드시 조류가 환경적으로 섭취하는 먹이를 통해서 획득해야만 하므로 이러한 깃털 색채를 표출하거나 유지하기가 어렵고 힘들다. 이처럼 수컷 조류가 깃털 색채를 어렵고 힘들게 표출해서 보내는 시각적 신호들은 암컷 조류에게 최고로 신뢰도가 높은 수컷 조류의 본질에 관한 정보를 제공해 준다. 그렇다고 해서 모든 수컷 조류가 이처럼 어렵고 힘든 깃털 색채들을 표출해서 보내는 시각적 신호들 속에서 암컷 조류에게 자신의 본질에 관한 정보를 확실하게 제공할 수는 없을 것이다.

수컷 멕시코양지니의 밝은 빨간색 깃털 색채는 영양 상태에 따라 폭넓고 다양하게 달라진다. 명백하게도 암컷 멕시코양지니는 가장 밝은 빨간색 깃털 색채를 띤 수컷 멕시코양지니를 선호한다.

수컷 붉은 칼라 과부 새는 암컷 붉은 칼라 과부 새의 관심을 끌기 위해 자신의 세력권에서 두드러지게 비행하는 표출 행동을 한다.

수컷 야생 칠면조는 암컷 야생 칠면조의 관심을 확실히 끌어내기 위해 깃털을 불룩하게 부풀리고 꽁지 깃털을 둥근 부채모양으로 펼치며 뽐내면서 서서히 걷는 표출 행동을 한다.

더 많다는 사실이 드러났다. 이 실험 연구에서 드러난 또 다른 중요한 연구 결과는 꽁지 깃털이 긴 수컷 종들뿐만 아니라 꽁지 깃털이 짧은 수컷 종들도 세력권을 방어할 수 있는 능력을 갖추고 있다는 사실이었다. 따라서 연구원들은 암컷 조류가 수컷 조류 종들끼리 경쟁하지 않는 상황에서 짝짓기 상대로 꽁지 깃털이 긴 수컷 조류를 선호한다는 결론을 내렸다.

본질적인 신호를 보내는 깃털 색채

가장 기본적인 수준에서, 만약 수컷 조류가 시각적 신호를 이용해 암컷 조류에게 자신을 알리고 싶어 한다면, 수컷 조류는 암컷 조류가 쉽게 감지하고 인식할 수 있는 신호들을 표출해야 한다. 마치 수컷 야생 칠면조가 깃털을 불룩하게 부풀리고 꽁지 깃털을 둥근 부채모양으로 펼치며 과장된 표출 행동을 하듯이, 수컷 조류는 일단 암컷 조류에게 두드러지게 눈에 띠면서 자신을 더더욱 쉽게 알릴 수 있도록 의도적으로 특정 깃털을 매우 높이 치켜들거나 더욱더 과장되게 부풀리는 표출 행동을 할 수 있다. 또한 수컷 조류는 암컷 조류에게 쉽게 눈에 띠는 깃털 색채를 훨씬 더 다채롭게 표출할 수도 있다. 암컷 조류는 자외선(UV) 파장뿐만 아니라 가시광선

카로티노이드 색소

멕시코양지니를 대상으로 철저하고 광범위하게 실험 연구한 결과에 따르면, 수컷 멕시코양지니의 깃털 색채에서 빨간색이 표출되는 정도는 결국 카로티노이드 색소와 우수한 영양 상태에 따라 달라진다는 사실이 드러났다. 비단 그뿐만 아니라 수컷 멕시코양지니는 섭취하는 먹이를 통해서 카로티노이드 색소를 어렵고 힘들게 획득해 필요에 따라 가장 우수한 영양 상태에서 자신에게 더욱 적합한 카로티노이드 색소들로 바꿔 발달하는 깃털에 서서히 축적할 수 있다는 사실도 밝혀졌다.

미국 황금방울새를 대상으로 진행한 실험 연구 결과에 따르면, 깃털을 상하게 하는 내장기생충(균)에 감염된 수컷 미국 황금방울새는 깃털 관리가 잘된 조류 종들보다 카로티노이드 색소를 바탕으로 표출된 깃털 색채가 훨씬 덜 밝다는 사실이 드러났다. 또한 멕시코양지니를 대상으로 질병 발생에 따른 깃털 색채를 관찰 연구한 결과에 따르면, 질병 발생에 불균형적으로 영향을 받은 수컷 멕시코양지니들 가운데 생존한 수컷 멕시코양지니는 카로티노이드 색소를 바탕으로 더욱 빨간 깃털 색채를 표출했다. 하지만 이와 똑같은 관찰 연구 방식에서 멜라닌 색소를 바탕으로 깃털 색채를 표출한 조류 종들은 질병 감염에 영향을 받지 않았다. 따라서 빨간색, 주황색, 노란색의 깃털 색채와 같이 (34쪽 참조) 섭취하는 먹이를 통해서 획득한 카로티노이드 색소로 표출해 낸 깃털 색채들은 흔히 영양 상태에 따라 달라지는 경우가 많으므로 암컷 조류가 짝짓기 상대로 수컷 조류를 선택하는 데 깊이 관련된다.

암컷 멕시코양지니가 카로티노이드 색소로 표출한 빨간 깃털 색채를 바탕으로 수컷 멕시코양지니를 선택한다면, 암컷 멕시코양지니는 영양 상태가 우수하고 질병에 더욱 저항력이 강한 수컷 멕시코양지니와 짝짓기를 할 수 있을 것이다. 그에 반해서 멜라닌 색소로 표출해 낸 깃털 색채들은 영양 상태에 따라 달라지는 정도가 덜하므로 환경적인 상황을 알리는 신호와 관련되는 경우가 훨씬 더 많다. 하지만 동부 파랑새를 대상으로 실험 연구한 결과에 따르면, 유멜라닌 색소로 깃털 색채를 표출한 경우에 다른 깃털 색채와 달리 훨씬 더 밝게 표출한 깃털 색채 부분의 면적이 큰 수컷 동부 파랑새는 더욱더 밝게 표출한 깃털 색채 부분의 면적이 작은 수컷 동부 파랑새보다 훨씬 더 젊다는 사실이 입증되었다. 또한 유멜라닌 색소는 적갈색(밤색)과 같은 어두운 깃털 색채를 띠게 해 주는 색소이며, 장점이 탁월한 세력권을 획득하기 위해 수컷 조류 종들끼리 경쟁하는 데 이용될 수도 있다.

미국 황금방울새는 묘하게 굉장히 매력적인 작은 새이다. 또한 미국 황금방울새는 엉겅퀴와 밀크위드(유액을 분비하는 식물)에서 씨앗이 생성될 때까지 시기적으로 기다려 번식하므로 북아메리카 대륙에서 번식기가 여느 때보다 늦은 명금류에 속한다.

⬆
검푸른등딱새는 본래 남아메리카와 중앙아메리카에서 서식하며, 일반적으로 탁 트인 초원과 벌판에서 발견된다.

➡
청밀화부리는 북아메리카에서 서식하며, 몸집이 크고 멋지게 잘생긴 홍관조과 조류에 속한다. 또한 미국 남부를 가로지르는 탁 트인 벌판과 대평원에서 번식한다. 성체 수컷 청밀화부리는 두 번째 번식기가 지나고 나서야 깃털이 완전히 다 자란다.

구조색

보는 각도에 따라 달리 보이는 깃털 색채뿐만 아니라 흰색, 녹색, 파란색을 포함한 일부 깃털 색채들은 색소(38-39쪽 참조)와 특정 먹이 섭취보다는 깃털의 구조(깃털을 형성하는 케라틴 분자 배열)에 영향을 받는다. 하지만 보는 각도에 따라 달리 보이는 색채나 파란색, 녹색의 깃털 색채는 정밀한 생체 분자(케라틴 분자) 배열에 영향을 받으나, 결과적으로 이런 색채를 띤 깃털은 영양 상태에 따라 발달 과정이 달라진다.

또한 깃털은 구조에 따라 전자기 스펙트럼의 자외선(UV) 영역에서 반사되는 색채를 표출할 수도 있다. 게다가 최근까지도, 연구원들은 조류의 깃털 색채가 깃털의 무늬를 가리고 있다는 사실을 파악하지 못했다. 최초로 진행한 조류의 자외선 인식에 관한 일부 실험 연구 결과에 따르면, 조류 종들이 각각 자연광 조건에서 관측되는 조류와 자외선 차단 필터를 통해 관측되는 조류 종들 사이에서 자신이 선호하는 조류를 선택했을 때, 암컷 조류 종들과 수컷 조류 종들 모두가 자외선을 반사하는 자연광 조건에서 관측되는 조류를 선호한다는 사실이 드러났다. 이와 더불어 조류 종들은 자신들이 선호하는 조류를 선택하려면, 자외선을 반사하는 자연광 조건에서 깃털 색채에 가려진 깃털의 무늬를 관찰할 수 있어야 한다는 연구 결과도 밝혀졌다. 광학 분광계를 이용해 자외선 영역에서 반사되는 깃털 색채를 파악할 수 있는 이러한 실험 연구 결과 덕분에, 대부분 조류가 자외선 영역에서 반사되는 깃털 색채를 표출한다는 사실이 확인되었다.

청밀화부리와 검푸른등딱새를 대상으로 진행한 실험 연구에서 청밀화부리와 검푸른등딱새가 털갈이를 하는 동안 영양 상태에 따른 깃털의 전반적인 특징을 살펴봤을 때, 청밀화부리와 검푸른등딱새는 영양 상태에 따라 깃털 성장률이 달라지고, 파란 깃털 색채와 밝은 깃털 색채의 정도도 달라진다는 사실이 드러났다. 이를테면 수컷 청밀화부리와 수컷 검푸른등딱새는 영양 상태가 우수할수록 깃털 성장률이 높아지고, 깃털 색채가 더욱 밝아지며, (자외선 영역에 가까운) 훨씬 더 파란 깃털 색채를 표출할 수 있다. 또한 청밀화부리를 대상으로 관찰 연구한 결과에 따르면, 깃털 색채가 더욱더 밝은 수컷은 깃털 색채가 덜 밝은 수컷보다 자신의 새끼들에게 훨씬 더 많은 먹이를 공급해 준다는 사실이 밝혀졌다. 이와 마찬가지로 동부 파랑새를 대상으로 실험 연구한 결과에 따르면, 수컷 동부 파랑새 종들은 깃털 색채가 밝을수록 둥지를 훨씬 더 크게 틀고, 자신들의 새끼에게 더욱더 많은 먹이를 공급해 주며, 새끼들이 훨씬 더 어린 상태에서 날 수 있게 된다는 사실도 밝혀졌다. 일부 암컷 종들은 이처럼 명백하게 드러난 이점들을 고려해 더욱더 파란 깃털 색채를 표출한 수컷 조류를 짝짓기 상대로 선택하고, 암컷 조류는 자외선을 반사하는 자연광 조건에서 짝짓기 상대로 수컷 조류를 선택하는 것이 무엇보다 중요하다는 실험 연구 결과가 존재하지만, 대부분 실험 연구들은 암컷 조류 종들이 자연적으로 표출된 파란 깃털 색채를 얼마나 가지각색으로 다양하게 선호하는지를 아직도 확실히 입증할 수가 없다.

수컷 공작은 흔히 짝짓기 상대로 선택받기 위해 상징적으로 자신만의 뛰어난 특정 방법을 이용하는 경우가 많다. 이를테면 수컷 공작은 오랫동안 학습된 방법으로 보는 각도에 따라 색깔이 달리 보이는 '안점'의

수를 늘리며, 최대한 자신을 알아볼 수 있도록 암컷 공작 종들이 있는 곳에서 크고 밝게 빛나는 깃털을 가늘게 떨며 과장되게 흔든다. 실험 연구 결과에 따르면, 수컷 조류 종들이 번식기에 암컷 조류에게 구애 행위를 하는 장소에서 짝짓기에 성공할 가능성은 보는 각도에 따라 색깔이 달리 보이는 안점의 수에 따라 달라진다는 사실이 드러났다. 또한 다른 실험 연구 결과에 따르면, 수컷 조류는 안점의 수가 많을수록 노련하고 성숙한 경향이 있으므로, 암컷 조류는 안점의 수가 가장 많고 노련하고 성숙한 수컷 조류를 짝짓기 상대로 선호한다는 사실이 밝혀졌다. 암컷 조류는 알을 많이 낳고 자손이 생존할 가능성을 높이기 위해 안점의 수가 가장 많은 수컷 조류와 짝짓기를 한다. 따라서 수컷 조류는 보는 각도에 따라 색깔이 달리 보이는 안점의 수를 최대한 많이 늘릴수록 암컷 조류와 짝짓기를 할 수 있는 기회를 더욱 많이 획득하고, 이로 인해 결국 번식 성공률을 더더욱 높이게 된다. 또한 암컷 조류는 보는 각도에 따라 색깔이 달리 보이는 '안점'의 수가 가장 많은 수컷 조류를 짝짓기 상대로 선호할수록 번식 성공률을 높여 더욱더 많은 알을 낳게 되고 어린 자손이 생존할 확률을 더더욱 높일 수 있다.

흰색 깃털

조류 암수 간에 시각적 신호로 나타나는 흰색 깃털에 관한 연구가 다른 깃털 색채들에 관한 연구보다 뒤처진 이유는 아마도 깃털에 색소가 결핍되어서 흰색 깃털이 생겨난다는 가설과 다채로운 깃털 색채를 만들어 내는 멜라닌 색소나 깃털을 형성하는 케라틴 분자 배열이 결핍되어 흰색 깃털이 생겨난다는 가설 때문일 것이다. 하지만 최근 실험 연구들에 따르면, 흰색 깃털 부분들은 조류의 영양 상태에 따라 달라지고, 조류 암수 간의 의사소통에 대단히 중요한 시각적 신호를 나타낼 수 있다는 사실이 드

러난다. 영양상으로 풍부한 환경과 영양적 스트레스를 많이 받은 환경에서 새로운 꽁지 깃털이 성장하게 되는 검은눈방울새 종들을 대상으로 실험 연구한 결과에 따르면, 영양적 스트레스를 많이 받는 환경에서 서식하는 검은눈방울새 종들은 영양상으로 풍부한 환경에서 서식하는 검은눈방울새 종들보다 훨씬 더 윤기 없고 칙칙한 흰색 부분들이 표출된 채로 꽁지 깃털이 성장한다는 사실이 드러났다. 이처럼 검은눈방울새를 대상으로 진행한 실험 연구 결과는 결국 흰색 깃털 부분의 밝기가 영양 상태에 따라 달라진다는 사실을 보여준다.

하지만 꽁지 깃털의 밝기는 검은눈방울새 암수 간에 의사소통하는 데 이용된다는 명백한 증거가 존재하며, 흰색 깃털 부분의 밝기는 검은머리박새 암수 간에 의사소통하는 데 대단히 중요한 시각적 신호를 나타낸다는 증거도 존재한다. 관찰 연구 결과에 따르면, 흰색 깃털 부분이 밝은 수컷 조류는 자신의 둥지에서 충분한 먹이를 공급받아 영양적 스트레스를 덜 받으므로 흰색 깃털 부분이 윤기 없고 칙칙한 수컷 조류보다 번식 성공률이 훨씬 더 높다는 사실이 밝혀졌다. 따라서 흰색 깃털 부분은 조류의 영양 상태에 따라 달라질 수 있으며, 암컷 조류가 자신이 선호하는 짝짓기 상대로 수컷 조류를 결정할 때 이용되기도 한다.

◐ 검은눈방울새는 북아메리카 곳곳에서 서식하는데, 북아메리카 북부에서 번식하고, 북아메리카 남부에서 겨울을 난다. 또한 검은눈방울새는 지리적으로 엄청나게 다채로운 깃털 색채를 드러내지만, 언제든지 흰색 바깥 꽁지 깃털로 자신의 본질을 나타내는 시각적 신호를 표출할 수 있다.

◓ 검은머리박새는 암수 모두 깃털이 유사하므로, 실제로 성별을 구별하기가 어렵고 힘들다. 또한 검은머리박새는 암수 모두 '칙-카-디-디-디'라고 울음소리를 발성하지만, 노랫소리는 오로지 수컷만 발성한다.

표출 행동과 춤

수컷 조류는 암컷 조류가 자신의 모습을 뚜렷하게 매우 잘 알아볼 수 있도록 표출 행동을 하고 춤을 추며, 청각적 신호와 깃털 색채의 시각적 신호를 강하게 표출할 수 있다. 또한 수컷 조류는 이러한 표출 행동으로 암컷 조류에게 자신의 본질적인 신호들을 내보낼 수도 있다. 암컷 조류에게 더욱 두드러지게 눈에 띄기 위해 수컷 조류가 여러 가지로 다양하게 표출하는 행동들은 특히 일반적으로 수컷 조류들이 모두 다 같이 한데 모여 암컷 조류에게 구애 행위를 하는 짝짓기 방식에 효과가 있다. 게다가 이러한 표출 행동들은 일부 조류 종들에게서 발생하고, 흔히 수컷 조류 종들이 표출 행동을 하며 암컷 조류에게 청각적 신호와 시각적 신호들을 내보낸다.

⬇

산쑥들꿩은 북아메리카 대륙에서 몸집이 가장 큰 들꿩이다. 또한 현재 산쑥들꿩의 서식지인 미국 서부의 산쑥 대초원 지대가 심각하게 위협받고 있으므로, 이와 관련해 산쑥들꿩은 보호 대상 조류에 속한다.

수컷 조류 종들은 번식기에 구애 행위를 하는 장소에서 다 같이 한데 모여 암컷 조류에게 짝짓기 상대로 선택받을 수 있도록 표출 행동을 한다. 또한 수컷 조류 종들은 구애 행위를 하는 장소에 다 같이 한데 모이면, 보통 다른 수컷 조류 종들이 명백하게 보는 앞에서 조그맣게 자신의 세력권을 뚜렷하게 표시하며 암컷 조류의 마음을 확실하게 사로잡을 수 있는 표출 행동을 시작한다. 암컷 조류는 구애 행위를 하는 장소에서 다 같이 한데 모여 표출 행동을 하는 수컷 조류 종들을 자세히 관찰하면서 이때 표출 행동하는 모습이 가장 두드러지게 뛰어난 수컷 조류와 짝짓기를 한 다음, 짝짓기 상대였던 수컷 조류에게 어떠한 대가도 치르지 않고 자손 번식 성공률을 높이기 위해 곧바로 그 자리를 떠나 자신의 세력권으로 가버린다. 예를 들어 수컷 산쑥들꿩은 번식기에 북아메리카 대륙의 산쑥 대초원 지대에서 다 같이 한데 모여 각자 목구멍을 주머니처럼 상당히 부풀려 만들어 낸 아름답고 청명한 타악기 소리와 발성음을 표출하고, 깃털 색채를 드러내며 춤을 춘다. 번식기에 구애 행위를 하는 장소에 다 같이 한데 모인 수컷 조류 종들은 시각적 신호와 청각적 신호를 뚜렷하게 내보내고, 암컷 조류는 여럿이 한꺼번에 표출 행동하는 많은 수컷 조류를 동시에 자

세히 관찰할 것이다.

번식기 동안 구애 장소에 다 같이 한데 모여 구애 행위를 하는 일부 수컷 조류 종들은 본질적으로 더욱더 우수한 시각적 신호를 표출하기 위해 서식지를 구애 장소 주변으로 바꿀 것이다. 동아프리카의 대초원 지대에서 번식하는 수컷 잭슨 천인조 종들은 번식기에 암컷 잭슨 천인조에게 특별히 구애 행위를 하기 위해 넓고 평평한 대초원 지대에서 다 같이 한데 모여 둥근 원형 모양으로 중앙 무대를 만든다. 일단 중앙 무대가 마련되면, 수컷 잭슨 천인조는 각자 발성음을 표출하면서 기다란 꽁지 깃털을 두드러지게 강조하며 매우 활기차게 펄쩍펄쩍 뛰어오르는 표출 행동을 할 것이다. 이때 암컷 잭슨 천인조는 흔히 꽁지 깃털이 가장 길고 가장 높이 뛰어오르는 수컷 잭슨 천인조를 선택해 짝짓기를 할 것이다. 구애 장소에 다 같이 한데 모인 수컷 잭슨 천인조 종들은 각자 암컷 잭슨 천인조의 마음을 더욱더 확실하게 사로잡기 위해 표출 행동을 더더욱 뚜렷하게 드러내는데, 이때 꽁지 깃털이 가장 길고 가장 높이 뛰어오르는 수컷 잭슨 천인조가 암컷 잭슨 천인조와 짝짓기를 할 가능성이 크다. 꽁지 깃털 길이는 수컷 잭슨 천인조의 영양 상태에 따라 달라진다. 따라서 암컷 잭슨 천인조는 구애 장소에서 표출 행동을 하는 수컷 조류 종들을 주의 깊게 자세히 관찰한다면, 본질적으로 가장 우수한 수컷 잭슨 천인조와 짝짓기를 할 수 있다.

예를 들어 수컷 조류 종들 가운데 정성 들여 마련한 무대에서 놀랄 만큼 가장 색다르고 독특하게 표출 행동을 하는 수컷 조류는 바우어새이다. 바우어새는 오스트레일리아와 뉴기니에서 서식하는 참새목 바우어새과에 속하며, 수컷 바우어새는 암컷 바우어새의 관심을 끌기 위해 마른 풀이나 나뭇잎 등으로 화려하게 둥지를 틀거나 장식하는 구조적 표출 행동을 하므로 정원사새라고도 불린다. 중앙 무대에서 표출 행동을 하는 수컷 잭슨 천인조와 마찬가지로, 수컷 바우어새는 화려하게 둥지를 트는 표출 행동에서부터 요구르트 뚜껑이나 병뚜껑과 같은 인간의 쓰레기뿐만 아니라 깃털, 벌레와 비슷한 형태인 제물낚시 바늘, 산딸기류 열매 등 다채로운 물품들로 둥지를 정교하게 구조적으로 장식하는 표출 행동까지 다양하게 표현한다. 일부 연구 결과에 따르면, 수컷 바우어새는 표출 행동을 하는 동안 자신의 몸집이 훨씬 더 크게 보이도록 착시 현상을 일으키는 방법으로 장식품들을 구조적으로 가지런하게 배치한다는 사실이 드러났다. 수컷 바우어새는 표출 행동을 할 수 있는 무대를 각자 마련하는데, 이때 마련된 무대는 암컷 바우어새가 방문해 표출 행동을 히는 수컷 바우어새를 주의 깊게 자세히 관찰할 수 있고 다른 수컷 바우어새 종들이 성가시게 괴롭히거나 방해하지 못하도록 방어할 가능성이 크다.

수컷 잭슨 천인조는 표출 행동을 하기 위해 대초원 지대에 둥근 원형 모양으로 중앙 무대를 마련한다. 그런 다음 이 무대에서 매우 활기차게 펄쩍펄쩍 뛰어오르는 표출 행동을 하며, 발을 세차게 구르면서 재즈 춤을 춘다.

새틴 바우어새(비단 정원사새)의 경우를 살펴보면, 짝짓기 성공률은 화려하게 튼 둥지의 구조와 장식에 따라 달라진다. 마른 풀이나 나뭇잎을 사이사이 빈틈없이 매우 촘촘하게 배치해서 둥지를 굉장히 멋지고 깔끔하게 튼 수컷은 암컷의 마음을 사로잡아 더욱더 많은 암컷과 찍짓기를 할 가능성이 크다. 또한 실험 연구 결과에 따르면, 수많은 파란색 깃털로 둥지를 아름답게 장식한 수컷도 역시 짝짓기 성공률이 높다는 사실이 드러났다. 새틴 바우어새를 대상으로 진행한 대다수 실험 연구 결과에 따르면, 암컷은 결국 근본적으로 둥지를 독특하게 틀고 아름답게 장식한 수컷을 짝짓기 상대로 선택한다는 사실이 입증되었다. 둥지의 품질은 새틴 바우어새의 연령에 따라 달라지므로, 특히 장수하는 조류 종을 원하는 암컷 새틴 바우어새에게는 둥지의 품질이 대단히 중요할 수 있다. 암컷 새틴 바우어새는 둥지를 가장 멋지고 훌륭하게 튼 수컷 새틴 바우어새와 짝짓기를 한다면 어린 자손이 오래오래 생존할 확률을 높일 수 있는 유전자를

↑

수컷 새틴 바우어새는 삼림 지대에서 발견한 다양한 물품으로 둥지를 틀고 장식한다. 또한 수컷 새틴 바우어새는 때때로 다른 수컷이 튼 둥지를 무너뜨리거나, 다른 수컷이 튼 둥지에서 장식품들을 몰래 훔치기도 할 것이다.

→

수컷 큰거문고새는 일상적으로 노랫소리와 춤을 조화롭게 표현한다. 규모가 큰 노랫소리 레퍼토리를 이용한 큰거문고새는 흔히 자연적이고 인위적으로 생성된 소리들을 정확히 모방하는 경우가 많다.

선택할 가능성이 크다. 게다가 수컷 새틴 바우어새는 아버지로서 어린 새끼를 돌보는 데 기여하지 않으므로, 암컷 새틴 바우어새는 오로지 본질적으로 우수한 유전자를 가진 수컷 새틴 바우어새를 짝짓기 상대로 선택해야만 자신이 원하는 혜택을 누릴 수 있다.

조류는 다양하고 복잡한 춤과 다른 표출 행동들을 표현하는 동안 흔히 대부분 여러 가지 의사소통 채널을 이용하는 경우가 많다. 가장 기본적인 수준에서, 수컷 조류는 암컷 조류가 있는 곳에서 노랫소리를 발성하며 이와 동시에 다채로운 색채를 띤 깃털을 이용해 눈에 띄게 아름다운 표출 행동들을 다양하게 펼친다. 하지만 일반적으로 수컷 조류는 표출 행동을 하면서 청각적 신호와 시각적 신호를 조화롭게 내보내는 경우가 많다.

연구원들은 수컷 큰거문고새가 자신이 발성하는 특정 노랫소리에 맞춰 요리조리 움직이며 춤을 조화롭게 표출하는 상황을 자세히 설명했다. 수컷 큰거문고새들은 표출 행동을 드러내는 무대에서 각자 단독으로 멋지게 춤을 추고, 이때 이곳에 모여든 암컷 큰거문고새 종들은 가장 아름답게 춤을 추는 수컷 큰거문고새를 짝짓기 상대로 선택한다. 수컷 큰거문고새는 복잡하게 춤을 추면서 이와 동시에 발성음과 깃털 색채, 움직임

을 표출한다. 수컷 큰거문고새가 춤을 추는 동안 발생하는 사건들을 연속적으로 주의 깊게 실험 연구한 결과에 따르면, 수컷 큰거문고새는 결정적으로 자신이 발성하는 노랫소리에 맞춰 요리조리 움직여 완전히 조화롭게 춤을 출 수 있다는 사실이 드러났다. 또한 수컷 큰거문고새는 규모가 큰 노랫소리 레퍼토리를 이용하지만, 춤을 추는 동안에는 오로지 몇 가지 노랫소리 레퍼토리만을 이용한다. 게다가 수컷 큰거문고새가 특정 레퍼토리를 이용해 발성하는 노랫소리는 언제나 춤 하나하나에 따라 달라진다. 이처럼 수컷 큰거문고새는 특정 레퍼토리를 이용해 발성하는 노랫소리에 따라 각각 구성적으로 조화롭게 춤을 표현하는 방식을 학습으로 습득할 수도 있다. 하지만 노랫소리와 춤은 각각 특성상 엄청난 학습을 통해 습득할 수 있으나, 노랫소리와 춤을 조화롭게 표현하지 못하는 수컷 큰거문고새는 다른 조류 종들 사이에서 본질적으로 우수하다고 볼 수 없다. 따라서 오로지 본질적으로 가장 우수한 수컷 큰거문고새만이 노랫소리와 춤을 조화롭게 표현할 수 있는 능력을 갖추고 있으므로, 암컷 큰거문고새는 노랫소리에 따라 춤을 가장 조화롭게 표현하는 수컷 큰거문고새를 짝짓기 상대로 선택할 가능성이 크다.

수컷 큰거문고새는 노랫소리에 따라 조화롭게 요리조리 움직여 춤을 훌륭하게 표현할 수 있는 능력을 갖추고 있지만, 노랫소리에 맞춰 가장 신비로우면서도 인상적으로 조화롭게 춤을 표현하는 조류는 아마도 긴꼬리마나킨일 것이다. 수컷 긴꼬리마나킨 종들은 번식기 동안 구애 장소에 다 같이 한데 모여 구애 행위를 하지만, 각자 다른 구애 장소에서 표출 행동을 하듯이 단독으로 춤을 추지 않고, 마치 공연단처럼 서로서로 다 같이 조화롭고 멋지게 춤을 출 것이다. 다시 말해서 수컷 긴꼬리마나킨 종들은 암컷 긴꼬리마나킨이 있는 곳에서 팀을 이뤄 다 함께 환상적으로 춤을 춘다. 이를테면 수컷 긴꼬리마나킨 종들은 노랫소리를 발성하는 동안 높이가 낮은 나뭇가지 위에서 균형을 잡은 채로 나뭇가지를 따라 미끄러지듯 양쪽으로 이동하는 춤을 추거나, 날개를 파닥이며 빠르고 가볍게 높이 뛰어올라 서로서로 뛰어넘는 춤을 출 것이다. 이때 일반적으로 서열이 높은 알파 수컷과 베타 수컷은 단둘이서 공연단을 이뤄 춤을 추지만, 흔히 서열이 낮은 보조 수컷 종들은 이보다 수를 조금 더 늘려 대규모로 수컷 15마리까지 한데 모여 공연단을 이루는 경우가 많을 것이다! 다 함께 공연단을 이뤄 춤을 추고 나면, 베타 수컷과 다른 모든 보조 수컷 종들은 서열이 가장 높은 알파 수컷이 단독으로 춤을 출 수 있도록 자리를 비켜 독무대를 마련해 주고, 결국 독무대에서 단독으로 춤을 추는 알파 수컷은 암컷과 짝짓기를 하게 된다. 이처럼 춤을 추며 공연하는 정도에 따라 짝짓기 성공률이 달라진다. 결과적으로 무대를 독차지한 알파 수컷은 울음소리와 노랫소리를 발성하면서 날개를 파닥이며 빠르고 가볍게 가장 높이 뛰어올라 멋지게 춤을 추는 동안 무엇보다 암컷의 마음을 확실히 사로잡아 짝짓기에 성공할 가능성이 매우 크다.

그런데 베타 수컷과 다른 모든 보조 수컷 종들은 알파 수컷이 단독으로 춤을 추는 그 순간 무엇을 하고 있을까? 몇 가지 가능성을 설명하자면, 베타 수컷과 보조 수컷 종들은 서로서로 경쟁해야만 하는 공연단 속에서 독특한 방식으로 노랫소리와 춤을 조화롭게 표현할 것이고, 이때 서로가 협력하며 잘 어울릴 수도 있을 것이다. 따라서 서로서로 도와 협력

◀
수컷 긴꼬리마나킨은 몸통 중앙에서부터 가늘고 길쭉하게 올라
와 있는 꽁지 깃털 한 쌍을 가지고 있다. 대부분 참새목 조류 종은
(다소 정도의 차이는 있지만) 꽁지 깃털이 12개 정도 된다.

환경에서 생존하는 수컷 긴꼬리마나킨의 인생사와 관련될 가능성이 크
다. 긴꼬리마나킨은 가장 희귀하고 장수하는 참새목 조류 종이며, 특이하
게도 오랜 시간(최소 4년)이 지나서야 깃털이 완전히 다 자란다. 대부분 수
컷 긴꼬리마나킨은 다 같이 한데 모여 모두 함께 춤을 추는 공연단 속에
서 알파 수컷이 되는 기회를 얻지 못한다. 오로지 알파 수컷만 암컷과 짝
짓기를 해 번식하고, 그저 베타 수컷은 알파 수컷처럼 번식하는 기회를
좀처럼 얻지 못한다. 암컷 긴꼬리마나킨은 번식기 동안 수컷 종들이 다
같이 한데 모여 춤을 추는 공연단 속에서 확실히 매력적으로 춤을 추는
수컷을 짝짓기 상대로 선택할 것이므로, 독무대에서 단독으로 춤을 추는
혜택은 암컷과 짝짓기하려는 수컷에게 매우 유리하다. 베타 수컷이 번식
성공률을 높일 유일한 기회는 베타 수컷 본인이 그토록 원하는 독무대를
차지하기 위해서 알파 수컷이 사망할 때까지 기다리면 된다. 하지만 베타
수컷이 알파 수컷으로 되려면 10년 이상이 걸릴 수도 있다. 따라서 깃털
이 완전히 다 자라는 성숙기가 지연될수록 베타 수컷에게는 유리할 것이
다. 베타 수컷은 시간이 흘러 서열상 알파 수컷에 가까이 다가갈 때까지
굳이 힘들게 깃털에 투자할 필요가 없기 때문이다. 수컷은 서열상 보조
수컷으로 공연단에 합류할 수 있지만, 그 사이에 결국 베타 수컷으로 될
수도 있다. 알파 수컷은 베타 수컷과 함께 오랫동안 공연단을 형성할수록
춤을 추는 데 유리하며, 암컷 긴꼬리마나킨은 노랫소리와 춤을 가장 조화
롭게 표현하는 알파 수컷을 짝짓기 상대로 선호한다. 알파 수컷은 깃털이
완전히 다 자라는 성숙기가 지연되고 공연단이 오랫동안 지속될수록 덜
성숙한 상태에서 전략적으로 장기간 독무대를 차지할 기회가 늘어난다.

　게다가 조류는 조류 암수 간에 의사소통하는 동안 과장된 신호들을
표출하지만, 흔히 우세한 세력권을 주장하며 경쟁 상대를 물리치듯이 완
전히 다른 상황에서도 조류 암수의 의사소통과 마찬가지로 과장된 신호
들을 표출하는 경우가 많다. 수컷 조류가 암컷 조류에게 구애하려고 노
력하는 방법과 유사한 방법으로, 암컷 조류는 경쟁 상대를 애써 위협하
며 암컷 조류 종간에 서로로 경쟁하는 상황에서 수컷 조류의 본질을 나
타내는 신호들을 감지하며 혜택을 누릴 수도 있고, 힘들고 위험한 상황에
닥치기 전에 경쟁 상대를 강하게 자극하는 방법을 파악하며 혜택을 누릴
수도 있다. 다음 3장에서는 조류가 거친 싸움을 중재하기 위해 어떤 방법
으로 의사소통하는지를 살펴볼 것이다.

하는 베타 수컷과 보조 수컷 종들은 알파 수컷이 짝짓기에 성공하는 상황
을 통해 결과적으로 자신들의 유전자를 간접적으로 퍼뜨리게 된다. 또한
때때로 서열상에서 베타 수컷은 알파 수컷이 될 수도 있고, 보조 수컷은
베타 수컷이 될 수도 있으므로, 베타 수컷과 다른 모든 보조 수컷 종들은
알파 수컷이 독무대에서 단독으로 춤을 출 수 있도록 도와주며, 나중에라
도 각자 독무대에서 단독으로 춤을 추는 데 다른 수컷 종들의 도움을 받
을 수도 있을 것이다.

　하지만 이러한 가설들을 지지하는 과학적 증거는 어디에도 존재하
지 않는다. 알파 수컷과 베타 수컷은 대규모로 공연단을 이루는 다른 모
든 보조 수컷 종들보다 서로서로 도와주며 협력하지 않는다. 또한 베타
수컷은 알파 수컷이 사망한 후에만 그저 알파 수컷이 될 수 있다. 그야말
로 베타 수컷이 알파 수컷을 도와준다고 해서 자신이 원하는 혜택을 누리
거나, 베타 수컷이 알파 수컷을 도와준 대가로 서열이 알파 수컷으로 올
라가는 상황은 발생하지 않는다. 결정적으로 이런 특이한 상황들은 극한

3

세력권과
관계적 우위

조류의 깃털 색채와 노랫소리는 자연적으로 발생하는 가장 아름다
운 시각적 신호와 청각적 신호에 속하며, 오랫동안 음악가와 시인
에게 예술적 창조를 가능하게 하는 영감을 주고 있다. 또한 조류의
깃털 색채와 노랫소리는 조류 관찰자에게 아름답고 멋지게 보일
수도 있고, 잠재적인 짝짓기 상대에게 매력적으로 비춰질 수도 있
다. 하지만 이처럼 조류가 깃털 색채와 노랫소리로 표출하는 시각
적 신호와 청각적 신호의 주요한 기능들 가운데 하나는 신호 발신
조류가 관계적 우위를 확보하든, 세력권을 방어하든 간에 경쟁자
를 위협하고 협박하는 역할을 한다.

경쟁과 세력권 방어

모든 동물은 먹이, 서식지, 세력권 표시, 짝짓기 등등 제한된 자원과 권리를 얻기 위해 서로 경쟁하고, 일부 동물들은 자신들이 소유한 자원과 권리를 방어하거나 경쟁자가 소유한 자원과 권리를 획득하기 위해 거칠게 싸울 것이다.

동물들은 거의 같은 공간에서 관계적 우위를 차지하려고 서로 경쟁하는데, 흔히 결과적으로 관계적 우위를 차지한 동물들이 제한된 자원과 권리를 우선적으로 획득하는 경우가 많다. 또한 동물들은 자신만 이용할 수 있는 세력권을 독점하기 위해 세력권을 두고 서로 경쟁한다. 하지만 싸움은 심지어 가장 강한 경쟁자에게도 위험할 수 있다. 그래서 대부분 동물은 자신만의 관계적 우위나 세력권을 독차지하기 위해 경쟁자와 노골적으로 치열하게 싸우기보다 관계적 우위나 세력권을 두고 벌이는 분쟁을 원만히 해결하기 위해 신호를 보내며 의사소통할 것이다.

　시각적 신호와 노랫소리는 모두 관계적 우위나 세력권을 두고 의사소통하는 데 이용될 수 있지만, 대부분 조류가 기본적으로 세력권을 방어할 때는 노랫소리나 다른 발성음 신호들을 이용한다. 노랫소리는 삼림 지대와 같이 서식지가 빽빽하게 밀집되어 시각적 신호를 제대로 이용할 수 없는 장소에서도 아주 먼 곳까지 널리 알릴 수 있다. 비발성음으로 표출하는 청각적 신호는 딱따구리가 표면을 부리로 북을 치듯 계속 세게 두드려 비발성음을 표출하듯이, 이와 유사한 방법으로 작용할 수 있다. 시각적 신호는 번식기에 수컷 산쑥들꿩 대다수가 다 같이 한데 모여 암컷 산쑥들꿩에게 표출 행동을 하며 구애 행위를 하는 장소와 마찬가지로, 활동 영역이 극도로 작은 장소에서 세력권을 방어하는 경우에 가장 많이 이용된다. 또한 시각적 신호는 아주 먼 거리로 떨어진 수컷 조류 종들 사이에서 각자 신호를 보내며 관계적 우위나 세력권을 두고 벌이는 분쟁을 원만히 해결할 수 없고 결국 서로에게 가까이 다가가야만 할 때 이용될 수도 있다. 세력권을 방어하는 노랫소리의 기능은 최소 1789년 셀본의 유물로 가장 잘 알려진 조류학자 길버트 화이트 시대로까지 거슬러 올라가 수백 년 동안 인정받아왔지만, 흔히 실험 연구 분야에서 '녹음 재생 실험'(92쪽 '녹음 재생 실험' 참조) 방법으로 조류의 노랫소리를 녹음하고 녹음한 노랫소리를 재생할 수 있는 능력을 갖출 때까지는 특히 직접적으로 증거를 들어 확인된 사실임을 보여주지 못했다. 세력권을 주장하는 조류에게 녹음한 노랫소리를 바로 가까이에서 직접 들려주면, 확실히 같은 조류 종의 노랫소리는 흔히 선택권을 차지한 조류에게 적대감을 불러일으키는 경우가

세력권 지도
각각 점으로 연결된 부분들은 노랫소리를 발성하는 수컷 조류의 장소에 해당한다. 전형적으로 수컷 조류는 각자 아주 특별하고 독특하게 노랫소리를 발성하는데, 특이하게도 점들이 서로 겹치는 부분이 전혀 존재하지 않는다. 또한 녹음 재생 실험 결과에 따르면, 수컷 조류는 각각 오로지 자신이 속한 공간 내에서만 녹음이 재생된 노랫소리에 대단히 적극적으로 반응한다는 사실이 드러났다.

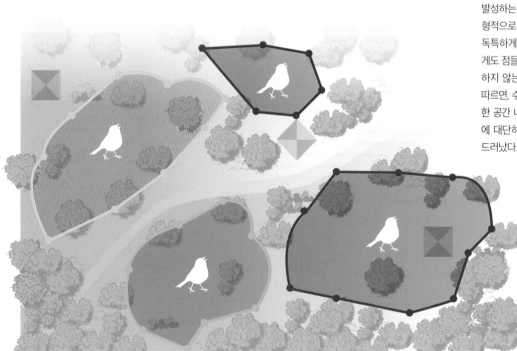

페루의 뒤틀린 개미잡이새는 자신들과 다른 조류 종들을 상대로 세력권을 방어할 때 노랫소리를 이용하지만, 특이하게도 노란 가슴 뒤틀린 개미잡이새와 같이 자신들과 같은 또 다른 조류 종들을 상대로 세력권을 방어할 때도 노랫소리를 이용한다.

많지만, 불법 침입자가 있는지 여기저기 열심히 수색해 내는 조류에게는 언제나 그렇지 않다. 선택권을 차지한 조류는 녹음 재생된 노랫소리를 듣고도 유령 같은 불법 침입자를 찾아낼 수 없다면, 자신이 선택권을 차지하고 있다는 사실을 다시 한 번 분명하게 보여주듯이 노랫소리를 전투적으로 한바탕 길게 발성하는 경우가 많다. 이처럼 녹음 재생 실험을 이용한다면, 우리는 같은 조류 종의 노랫소리, 또 다른 조류 종의 노랫소리, 인접한 조류 종의 노랫소리, 낯선 조류 종의 노랫소리, 여러 가지 다른 방식으로 변형한 같은 노랫소리 등등에 반응하는 조류를 평가하며, 노랫소리의 기능에 관한 여러 의문점을 완전히 모두 다 연구할 수 있다.

이때 대부분 조류 관찰자는 조류 종마다 각자 독특한 노랫소리나 일련의 노랫소리를 발성한다는 사실을 인식힌디. 일반적으로 조류는 같은 조류 종들과 세력권을 두고 의사소통하는 상황에서 오로지 자신들이 발성하는 노랫소리만을 이용해 같은 조류 종들에게 세력권을 강하게 주장하고, 녹음 재생된 노랫소리 가운데 오로지 같은 조류 종들의 노랫소리에만 반응할 것이다. 하지만 주목할 만한 예외적인 사항도 존재하는데, 특히 밀접하게 관련된 조류 종들 사이에서 자신들이 발성하는 노랫소리 범위가 부분적으로 유사한 조류 종들은 서식지를 어느 정도 공유한다. 예

를 들어 일부 북아메리카 휘파람새 종들은 자신들과 밀접하게 관련되어 서식지를 부분적으로 공유하는 조류 종들과 같은 조류 종들을 상대로 자신들이 차지한 세력권을 방어하는 이종 간 선택권(조류 두 종을 상대로 주장하는 선택권)을 제시한다. 또한 일반적으로 고도가 낮은 산악 지대에서 서식하는 조류 종은 자신들과 매우 밀접하게 인접한 상태에서 고도가 더욱 높은 산악 지대에서 서식하는 조류 종을 상대로 세력권을 주장하는 경우도 세계적으로 많이 발생한다.

흥미롭게도 최근에는 남아메리카의 개미잡이새, 페루의 뒤틀린 개미잡이새와 노란 가슴 뒤틀린 개미잡이새도 이와 같은 경우가 발생했다. 이런 조류 두 종은 자신들의 서식지와 부분적으로 겹치는 또 다른 조류 종을 상대로 세력권을 주장하고, 수컷 조류의 노랫소리는 자신들의 서식지와 겹치지 않는 조류 종들보다 자신들의 서식지와 부분적으로 겹치는 조류 종들과 더욱 유사하다. 이처럼 조류 두 종은 아마도 불필요한 싸움을 피하는 것이 서로에게 훨씬 더 이득이 많을 수 있으므로, 자신들의 노랫소리가 서로 유사한 덕분에 세력권을 두고 집중적으로 함께 의사소통할 수 있는 것 같다.

노랫소리의 세력권을 방어하는 기능

노랫소리는 아주 멀리 떨어진 곳까지 널리 퍼지므로 세력권 방어에 매우 효과적인 신호가 될 수 있지만, 어떻게 이러한 노랫소리가 효과적으로 경쟁자를 위협할 수 있는지에 관한 의문점들은 점차 늘어나는 추세다. 만약 또 다른 조류가 세력권을 침입하고 싶어 한다면, 세력권을 차지한 조류는 자신의 위치에서 노랫소리를 발성해 잠재적인 불법 침입자에게 간접적으로 위협을 가할 뿐이지 반드시 직접 물리적으로 위협을 가할 필요가 없다. 또한 이때 잠재적인 불법 침입자는 세력권을 차지한 조류의 노랫소리를 듣고도 세력권을 차지한 조류가 얼마나 몸집이 크고, 강력하고, 공격적인 성향을 갖추고 있는지를 즉시 파악할 수 없다. 그렇다면 세력권을 차지한 조류는 실제로 어떻게 노랫소리 하나만으로 잠재적인 불법 침입자가 자신의 세력권을 침입하지 못하도록 방어할 수 있을까?

조류가 녹음 재생된 노랫소리들 가운데 같은 조류 종의 노랫소리에 반응한다는 사실은 세력권을 차지한 조류가 노랫소리로 청각적 신호를 보내며 자신의 세력권을 침입하고 싶어 하는 잠재적인 불법 침입자를 애써 막으려고 노력한다는 사실을 직접적으로 확실하게 보여준다. 하지만 세력권을 차지한 조류의 노랫소리가 세력권을 침입하려고 계속 틈틈이 염탐하는 다른 조류 종들에게까지 자동적으로 청각적 신호를 보낸다는 의미는 아니다. 그렇다면 이 같은 사실을 입증할 수 있는 가장 좋은 방법은 아마도 세력권을 차지한 조류를 세력권에서 제거하거나 노랫소리를 발성하는 조류를 교체하는 노랫소리 발성 조류 교체 실험일 것이다. 이때 노랫소리 발성 조류 교체 실험은 수컷 조류가 세력권에서 제거되었지만 노랫소리를 전혀 발성하지 않는 장소와 수컷 조류가 세력권을 차지한 상태에서 노랫소리를 발성하는 장소에서 잠재적인 불법 침입자의 세력권 침입률을 비교할 가능성이 크다. 노랫소리 발성 조류 교체 실험은 그만큼 시간이 많이 소요되므로 진행하기가 어렵고 힘들지만, 물론 세력권에서 제거된 조류의 삶에 극도로 지장을 줄 수 있으므로 너무 지나치게 여러 번 시도하지 않아야 한다.

하지만 노랫소리 발성 조류 교체 실험은 다음과 같은 효과가 있다. 이를테면 붉은날개검은새 종들을 대상으로 실험 연구한 결과에 따르면, 수컷 조류가 세력권에서 제거되었지만 노랫소리를 발성하는 조류가 교체된 장소는 수컷 조류가 세력권을 차지한 상태에서 노랫소리를 발성하는 장소보다 불법 침입자의 세력권 침입률이 훨씬 더 낮았다. 심지어 규모가 큰 레퍼토리를 이용한 노랫소리(붉은날개검은새의 경우에는 8가지 노랫소리를 발성한다.)는 세력권을 침입하려고 계속 틈틈이 염탐하는 잠재적인 불법 침입자를 방어하는 데에도 좋은 역할을 한다. 특히 이러한 붉은날개검은새 종들은 흔히 비교적 작은 세력권에서 빽빽하게 밀집되어 인접한 상태로 생활하는 경우가 많고, 또한 많은 시각적 신호를 이용하면서도 오로지 노랫소리 하나만으로 일부 잠재적인 불법 침입자들을 충분히 방어할 수 있으므로, 노랫소리 발성 조류 교체 실험은 대단히 흥미롭다.

◐
수컷 붉은날개검은새는 다른 수컷 조류 종들을 대상으로 자신이 서식하는 습지 지대를 어느 정도 방어하기 위해 깃털 색채와 노랫소리를 이용한다.

◑
노란목초록숲때까치는 암수가 함께 듀엣으로 발성하는 노랫소리 때문에 붙여진 이름이다. 또한 이러한 노랫소리는 암수가 합동으로 세력권을 방어하는 기능을 할 수도 있다.

노란엉덩이꾀꼬리와 붉은가슴검은새는 미국 참새목 검은새과에 속하며, 조류 종의 몸집이 클수록 저주파 노랫소리를 발성하는 경향이 있다.

노랫소리의 경쟁자를 위협하는 기능

붉은날개검은새는 더욱 효과적으로 경쟁자를 위협하기 위해 규모가 작은 레퍼토리보다 규모가 큰 레퍼토리를 이용해 노랫소리를 발성한다. 만약 노랫소리의 기능이 '세력권 방어'에 효과적인 신호 역할을 한다면, 잠재적인 불법 침입자는 세력권을 차지한 조류가 세력권을 방어하기 위해 기꺼이 싸울 수 있다는 의지와 능력을 노랫소리로 솔직하게 표현한다는 사실을 확실하게 인식해야 한다. 다시 말해서, 조류의 노랫소리는 노랫소리를 발성하는 조류가 자신의 본질과 세력권을 방어하려는 의지에 관한 일부 특정 정보를 경쟁자에게 넌지시 내비치는 신호라고 볼 수 있다.

조류의 몸집 크기는 관계적 우위와 싸움 능력에 거대한 영향을 미치는 특성일 가능성이 크지만, 어떤 경우에는 조류가 노랫소리를 발성하면서 자신의 몸집 크기에 관한 정보를 솔직하게 표현할 수 있다는 사실이 드러난다. 정확히 말하면 조류의 몸집 크기와 노랫소리의 주파수가 서로 밀접하게 연관된 이유는 명백하지 않지만, 조류의 몸집 크기가 클수록 발성 기관이 커서 결국 저주파 노랫소리를 발성하게 될 수도 있다. 따라서 조류의 큰 몸집과 저주파 노랫소리 간의 상관관계는 일반적으로 서로 광범위하게 영향을 미치게 된다. 신세계 검은새(큰검은찌르레기) 조류 종과 신세계 비둘기 조류 종을 대상으로 비교 실험 연구한 결과에 따르면, 조류 종의 몸집이 클수록 저주파 노랫소리를 발성한다는 사실이 드러났다. 또한 흰눈썹코칼 암수가 모두 발성하는 노랫소리를 실험 연구한 결과에 따르면, 흰눈썹코칼 암수 모두 몸집이 클수록 최소한 저주파 노랫소리를 발성한다는 사실이 밝혀졌다. 이런 현상과 마찬가지로 긴부리소라(번식기 동안 수컷 종들이 구애 행위를 하는 장소에 다 같이 한데 모여 암컷에게 구애 행위를 하는 벌새) 종들을 대상으로 실험 연구한 결과에 따르면, 수컷 긴부리소라는 몸집이 클수록 저주파 노랫소리를 발성한다는 사실이 알려졌다.

위 조류 종들에서 나타난 현상과 마찬가지로 조류의 몸집 크기와 노랫소리의 주파수 간의 상관관계는 비둘기목 비둘기과를 이루는 비둘기 종들에서도 드러난다. (그림은 흰날개 비둘기를 나타낸다.)

(뻐꾸기과에 속하는) 흰눈썹코칼 암수가 모두 발성하는 노랫소리는 실제로 대부분 사람이 발성하는 노랫소리보다 훨씬 더 일반적으로 정형화된 형식을 갖추고 있다. 또한 노랫소리의 주파수는 노랫소리를 발성하는 흰눈썹코칼 종의 몸집 크기에 관한 정보를 제공할 것이다.

←
유럽울새는 종마다 세력권을 침입하려고 하는 잠재적인 불법 침입자와 공격적으로 격렬하게 싸우는 방법이 각각 다르다. 전형적으로 세력권을 차지한 유럽울새는 경쟁자와 다투는 싸움에서 승리하는 편인데, 아마도 세력권을 방어하기 위해 치열하게 싸우는 데 필요한 능력과 의지를 더더욱 많이 갖추고 있기 때문일 것이다.

↓
수컷 늪 참새는 노랫소리를 발성하는 동안 머리를 뒤로 젖히고 부리를 크게 벌리는데, 이런 방법은 수컷 늪 참새가 신체적인 한계를 어느 정도 극복해서 본질적으로 우수한 노랫소리를 발성한다는 사실을 분명히 보여준다.

조류의 몸집 크기는 노랫소리의 다른 특징들도 나타낼 수 있다. 이를테면 몸집이 큰 수컷 나이팅게일은 규모가 큰 레퍼토리를 이용해 노랫소리를 발성한다. 또한 몸집이 큰 수컷 늪 참새는 신체적으로 표현하기 어렵고 힘든 고품질의 노랫소리를 더욱 많이 발성한다. 하지만 이런 경우만으로는 조류의 몸집 크기에 따라 청각적 신호인 노랫소리의 본질이 달라지는 이유를 더더욱 명확하게 설명할 수 없다. 간단히 말하면, 조류의 몸집 크기는 전반적으로 조류의 건강 상태나 유전적 본질을 나타낼 수 있으므로, 어떤 이유로든 건강 상태가 우수한 수컷 조류 종들은 더욱더 많은 노랫소리를 학습하거나 한층 더 탁월한 기술을 이용해 노랫소리를 발성할 수 있다.

비발성음을 이용한 청각적 신호와 시각적 신호들은 유사한 방법으로 작용할 수 있다. 수컷 검은뇌조 종들은 번식기 동안 대다수가 다 함께 한데 모인 장소에서 암컷 검은뇌조에게 구애 행위를 하는데, 이때 대다수 수컷 검은뇌조가 표현하는 구애 행위들은 오로지 암컷 검은뇌조의 마음을 사로잡기 위해 의도적으로 표출한 신호라고 생각될 수 있다. 하지만 수컷 검은뇌조 종들은 대다수가 다 함께 한데 모이더라도 주로 구애 장소 한가운데에서 표출 행동을 하려고 서로 격렬하게 싸운다. 실험 연구 결과에 따르면, 수컷 조류의 두드러지게 매력적인 특성(예를 들어 선홍색 눈과 볏)은 몸집 크기에 따라 달라지고, 수컷 조류는 몸집이 클수록 볏이 커다랗다는 사실이 드러났다. 대체로 이런 경우에, 조류는 노랫소리를 귀담아듣거나, 경쟁자의 시각적 신호들을 평가하거나, 경쟁자와 싸울지 말지 결정하는 데 영향을 줄 수 있는 소중한 정보를 얻을 수 있다.

번식기 동안에 구애 장소 한가운데
를 차지하려고 싸우는 수컷 검은뇌
조 두 종은 두드러지게 매력적으로
보이는 선홍색 눈과 볏을 이용해 명
확한 시각적 신호를 보낸다.

수컷 긴부리소라는 몸집이 클수록 낮
은 음역의 저주파 노랫소리를 발성하
고, 번식기 동안에 암컷 긴부리소라
에게 구애 행위를 표출하는 구애 장
소에서 주로 짝짓기 상대로 선택될
가능성이 큰 한가운데를 차지한다.

폭넓고 다양한 조류 종들을 대상으로 진행한 많은 실험 연구 결과에 따르면, 조류의 몸집이 클수록 경쟁자와 싸우는 데 혜택을 누리는 경향이 있지만, 그렇다고 해서 이런 경우가 항상 발생하는 것은 아니다.

수컷 긴부리소라는 몸집이 클수록 세력권을 획득할 가능성이 훨씬 더 크지만, 수컷 검은뇌조는 볏의 크기에 따라 싸움에서 승리할 가능성을 예측할 수 없을 것 같다. 그래도 자연적인 현상에 따라 수컷 검은뇌조는 볏의 크기가 클수록 더욱더 많은 신호를 정확하게 감지하고 싸움에서 승리할 가능성이 훨씬 더 클 것이다. 하지만 누구든 그저 논리적으로 타당하게 예측할 수 있으므로, 이런 예측이 실험 연구 자료를 통해 충분히 입증될 거라는 의미는 아니라는 점을 반드시 기억해야 한다.

많은 경우를 살펴보면, 조류가 표출하는 신호는 일부 생리적인 기능이 아닌 사회적인 기능에 따라 달라지므로, 솔직히 세력권과 관계적 우위에 따라 표출되는 신호가 달라진다는 사실은 확실히 신뢰할 수 있을 것이다. 세력권을 차지한 조류가 발성하는 노랫소리는 싸움 능력을 표출하는 신호가 아니라 세력권을 방어하기 위해 적극적으로 싸울 수 있다는 의지와 욕구를 명확하게 표출하는 신호일 수 있다.

하지만 싸움은 위험하다. 그래서 세력권을 차지한 조류는 세력권에 가까이 인접한 조류나 잠재적인 불법 침입자를 향해 노랫소리를 발성하며 세력권을 방어하기 위해서라면 현재 기꺼이 싸울 준비가 되어 있다는 신호를 넌지시 내비친다. 또한 세력권을 차지한 조류는 이런 신호를 표출하는 것만으로도 어떤 경우든 세력권을 침입하려고 어딘가 특정한 다른

곳에서 계속 틈틈이 염탐하는 잠재적인 불법 침입자를 충분히 설득할 수 있을 것이다. 게다가 신호를 표출하는 조류(세력권을 차지한 조류)는 '신호를 받는 조류에게 보복 대가'를 그만큼 지불할 준비도 되어 있어야 한다. 세력권을 차지한 조류는 이미 자신만의 공간에 엄청나게 많은 투자를 한 상태이므로, 세력권을 방어하기 위해서라면 더더욱 공격적으로 강렬하게 싸울 의지와 능력을 갖춰야 한다. 만약 세력권을 차지한 조류와 잠재적인 불법 침입자 간에 싸움 능력이 별 차이가 없다면, 아마도 세력권을 차지한 조류는 공격적으로 강렬하게 싸울 의지와 능력을 더욱더 많이 갖춰야 할 것이고, 잠재적인 불법 침입자는 세력권을 침입하려는 시도를 재빨리 포기해야 할 것이다. 실제로 유럽울새와 같은 많은 조류 종들을 대상으로 진행한 실험 연구 결과에 따르면, 이미 세력권을 차지한 조류는 심지어 몸집이 크거나 힘이 강해 보이지 않더라도 '우선 결과적으로 서식지가 튼튼하고 크고 웅장하므로' 경쟁자에게 관계적 우위를 보여주는 경향이 있다는 사실이 드러났다.

단계적 강화 현상

대부분 조류는 서로서로 아주 멀리 떨어진 곳에서 노랫소리를 발성해도 세력권 싸움을 완전히 해결할 수 없을 때 점점 더 공격적인 신호를 내비치는 듯한 행동들을 계속해서 표출하는데, 이러한 현상을 단계적 강화 현상이라고 한다. 조류는 특정 상황에 따라 각 단계별로 표출하는 신호들을 바꿔 의사소통할 기회를 마련한다. 또한 이때 만약 조류가 경쟁자에게 싸움 능력과 공격적으로 강력하게 싸울 의지를 확실하게 충분히 알린다면, 결국 경쟁자는 후퇴하고, 세력권 싸움은 완전히 끝날 것이다. 그런데 만약 그렇지 않다면, 세력권 싸움은 실제로 신체적인 싸움으로까지 이어질 수도 있다.

정확하고 정밀한 순서로 점점 더 격렬해지는 단계적 강화 현상은 조류 종들에 따라 다르지만, 아래 도표는 단계적 강화 현상에서 예상되는 조류의 행동들을 조리 있게 정리해서 보여준다.

세력권을 차지한 채로 1년 내내 함께 생활하는 캐롤라이나 굴뚝새 암수 한 쌍은 외모가 서로 유사하고, 암수 한 쌍 모두가 세력권을 방어하기 위해 노랫소리를 발성하지만, 북아메리카 동부의 삼림 지대 곳곳으로 크게 울려 퍼지는 수컷의 노랫소리가 경쟁자에게 훨씬 더 허물없이 친숙하게 들린다.

단계적 강화 현상
멧종다리는 세력권 싸움을 할 때 노랫소리를 발성하기 시작한 다음, (곧바로 경쟁자에게 접근해서) 날개를 펄럭이며 부드럽게 노랫소리를 발성하고, 결국 공격적으로 격렬하게 신체적인 싸움으로까지 이어지는 단계적 강화 현상이 명백하게 드러날 수 있다.

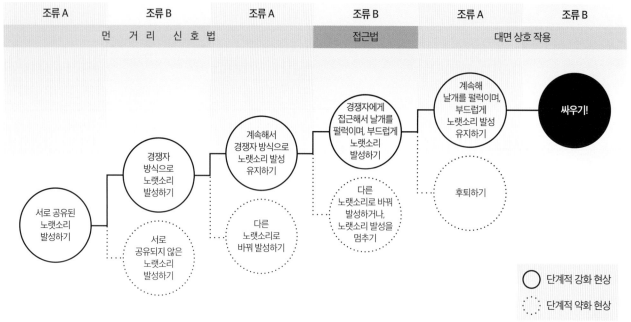

대응해 노랫소리 발성하기

대응해 노랫소리 발성하기는 흔히 단계적 강화 현상 과정에서 첫 번째 단계에 속한다. 간단히 말해서, 세력권을 차지한 조류 한 종이 노랫소리를 발성하기 시작하면 세력권을 차지한 또 다른 조류 종이 이에 대응해서 노랫소리를 발성하기 시작하므로, 결국 두 조류 종들이 일시적으로 한바탕 서로 발성하는 노랫소리가 대체로 겹치는 현상을 의미이다. 또한 대응해 노랫소리 발성하기는 일반적으로 캐롤라이나 굴뚝새와 같은 조류 종들에게서 관찰될 수 있는 현상이다. 캐롤라이나 굴뚝새에게 인접한 조류 종들은 꽤 많을 수도 있지만, 수컷 조류 한 종이 노랫소리를 발성하기 시작하면 다른 수컷 조류 종들이 이에 대응해서 각자 노랫소리를 발성하기 시작하는데, 이때 수컷 조류마다 서로 인접한 수컷 조류 송늘의 노랫소리에 대응해서 각자 노랫소리를 발성하기 시작하므로 머지않아 삼림 지대 곳곳으로 수컷 조류 종들의 노랫소리가 물밀 듯이 울려 퍼지게 된다.

겹치게 노랫소리 발성하기

겹치게 노랫소리 발성하기는 대응해 노랫소리 발성하기보다 한층 더 정밀하게 형성되는데, 수컷 조류 한 종이 노랫소리를 발성하면 서로 인접한 수컷 조류 종들이 일시적으로 겹치게 노랫소리를 발성하는 현상이다. 대부분 연구원은 이런 현상에서 수컷 조류가 경쟁자에게 본질적인 신호를 보내거나, 공격적으로 싸울 의지를 의도적으로 강하게 표출한다고 주장하지만, 이런 현상이 사실이든 아니든 간에 그래도 여하튼 이런 주장에 동의하지 않는 연구원들도 상당히 많다. 겹치게 노랫소리 발성하기는 수컷 조류 종들이 발성하는 노랫소리가 서로 겹치면서 마치 의사소통이 일시

적으로 완전히 중단되는 모습으로 비춰질 수 있으므로, 조류 관찰사 입장에서는 수컷 조류가 경쟁자에게 공격적인 신호를 보낼 가능성이 크다고 생각할 수 있다. 만약 누군가 상대방에게 계속해서 단호하게 말을 하면서도 상대방이 자신에게 보내는 신호를 의도적으로 가로막아 버린다면, 이런 행동은 대부분 사람을 화나게 만드는 경향이 있다. 하지만 만약 서로 인접한 수컷 명금류 두 종이 점점 더 빠른 속도로 노랫소리를 발성하기 시작한다면, 특히 수컷 명금류 두 종이 서로 겹치게 노랫소리를 발성하는 상황을 애써 피하려고 노력하지 않는 한, 명금류 두 종이 서로 겹치게 노랫소리를 발성할 기회는 점점 더 증가할 가능성이 클 것이다.

경쟁자에게 대응해 노랫소리 발성하기

레퍼토리를 이용해 노랫소리를 발성하는 조류 종들의 경우에, 경쟁자에게 대응해 노랫소리 발성하기는 단계적 강화 현상에서 공격적인 상호작용 단계로 나타날 수 있다. 수컷 조류 종들이 각자 레퍼토리를 이용해 노랫소리를 발성할 때, 지리적으로 같은 지역에서 서로 인접한 수컷 조류 종들은 노랫소리를 발성하는 방법을 서로 공유할 수도 있다. 인접한 수컷 조류 한 종(조류 1)이 노랫소리 레퍼토리를 (A, B, C, D, E) 방법으로 이용하고, 인접한 또 다른 수컷 조류 종(조류 2)이 노랫소리 레퍼토리를 (A, B, D, F, G) 방법으로 이용한다고 상상해 보자. 만약 조류 1이 A 방법으로 노랫소리를 발성한다면, 조류 2는 조류 1의 노랫소리 레퍼토리 가운데 (A나 B나 D) 방법으로 노랫소리를 발성하며 조류 1과 경쟁할 수도 있거나, 조류 2는 조류 1의 노랫소리 레퍼토리가 아닌 (F나 G) 방법으로 노랫소리를 발성하며 조류 1과 경쟁하는 상황을 피할 수도 있다. 경쟁자에게 대응해 노랫소리 발성하기

수컷 북부홍관조 종들은 서로 평화롭게 공존하는 것 같지만, 경쟁자에게 대응해 노랫소리를 일시적으로 한바탕 발성하기도 한다. 이때 지리적으로 인접한 수컷 북부홍관조 종들은 서로 같은 방법으로 노랫소리를 발성하며 특정 상대에게 노랫소리를 발성해 자신의 의견을 드러내 보인다.

북부흉내지빠귀는 세력권 싸움에서 노랫소리를 이용한다고 잘 알려져 있지만, 또한 깃털 색채를 바탕으로 한 시각적 신호와 서로 얼굴을 맞대고 날개를 재빠르게 펄럭이며 춤을 추는 표출 행동을 이용하기도 한다.

다른 수컷 조류 종과 동시에 노랫소리를 발성하는 수컷 조류 종들은 흔히 같은 방법으로 노랫소리를 발성하는 경우가 많을 것이고, 이때 노랫소리는 인접한 지역 곳곳으로 메아리치듯이 울려 퍼지는 것처럼 들릴 수 있다.

만약 단계적 강화 현상이 계속된다면, 세력권을 두고 싸우는 수컷 조류 종들은 서로에게 접근할 것이고, 세력권을 차지한 수컷 조류가 매우 크게 발성하는 노랫소리와 다른 신호들을 이용하는 식으로 방법을 바꿀 수도 있다. 수컷 조류 종들이 서로서로 가까운 거리에서 신호를 보내는 동안에는 표출 행동이 특히 중요한 영향력을 미칠 수 있다. 북부흉내지빠귀는 흔히 세력권을 차지하기 위해 경계선을 넘는 춤(경계 춤)을 추며 표출 행동을 하는 경우가 많다. 이를테면 경계 춤은 지리적으로 인접한 조류 종들이 서로 세력권 싸움에 정면으로 대항하려고 갑자기 펄쩍 뛰어오르거나 한 발로 짧게 좌우로 깡충깡충 뛰는 표출 행동을 말한다. 이처럼 가까운 거리에서 표출 행동을 할 때는 조류 두 종이 그야말로 경쟁자를 평가하고, 싸움 능력에 관한 좋은 정보를 얻는다고 생각하기 쉽지만, 특별히 이런 표출 행동이 나타내는 의미를 명확하게 연구한 바는 아직 없다.

멧종다리(노래 참새)와 늪 참새는 세력권 싸움에서 날개를 펄럭이는 표출 행동을 하는데, 이때 세력권을 차지한 조류는 몹시 격앙된 상태로 한쪽 날개나 양쪽 날개를 자신의 머리 위로 높이 들어 올려 격렬하게 마구 펄럭일 것이다. 멧종다리 종과 늪 참새 종의 경우에, 날개를 펄럭이는 표출 행동은 경쟁자에게 공격적으로 대항한다는 신호로 알려져 있다. 일반적으로 야생에서 벌어지는 조류의 싸움들은 직접 관찰하기가 어려울 수 있다. 그래서 대부분 실험 연구는 유인용 조류나 박제 표본을 이용해 조류의 공격성을 다소 어렵게 끌어낸다. 실험 연구 결과에 따르면, 날개를 펄럭이는 표출 행동을 더더욱 자주 드러내는 수컷 조류는 박제 표본을 공격할 가능성이 훨씬 더 크고, 날개를 자동적으로 펄럭이게 만들어진 로봇 늪 참새는 상대 조류에게 더욱더 높은 수준의 공격성을 끌어낸다는 사실이 드러났다.

는 흔히 단계적 강화 현상에서 경쟁자에게 약간 공격적으로 대항하는 경우가 많고, 특정 경쟁자를 상대로 노랫소리를 발성하며 공격적으로 싸울 의지를 의도적으로 강하게 표출하는 방식에 해당할 수 있다.

이 발성하기는 박새, 댕기박새, 북부홍관조와 같이 일반적으로 규모가 작은 레퍼토리를 이용해 노랫소리를 발성하는 뒷마당 조류 종들에게서 확실히 뚜렷하게 나타날 수 있다. 지리적으로 인접한 지역에서 또

부드럽게 노랫소리 발성하기

만약 춤을 추고 날개를 격하게 펄럭이면서도 세력권 싸움이 끝나지 않는다면, 조류는 사실상 최후의 수단으로 부드럽게 노랫소리를 발성하며 가장 공격적이고 위협적인 신호들을 보낼 것이다. 부드럽게 노랫소리 발성하기는 흔히 세력권을 차지하기 위해 전형적으로 노랫소리를 매우 크게 발성하는 청각적 체계(어떤 경우에는 이런 체계가 유일하게 적합할 수 있다.)와 유사한 경우가 많지만, 이와 반대로 음량을 상당히 낮춰 노랫소리를 매우 작게 발성하는 청각적 체계도 존재한다. 이때 일반적으로 노랫소리를 매우 작게 발성하는 조류는 부리가 거의 움직이지 않는 것처럼 보일 수도 있고, 이런 노랫소리는 몇 미터 이상 떨어진 조류 관찰자에게 전혀 들리지 않을 수도 있다. 세력권을 차지한 조류를 박제 표본과 함께 놓아둔 실험 연구 결과에 따르면, 이 발성하기는 세력권을 차지한 조류가 멧종다리, 늪 참새, 검은목푸른솔새, 갈색측면휘파람새, 메추라기뜸부기 등 다양한 조류 종들에게 공격성을 가장 정확하게 예보하는 신호라는 사실이 드러났다.

부드럽게 노랫소리 발성하기는 강렬하게 공격성을 미리 알리는 신호로서 놀라운 방법처럼 보일 것이다. 만약 세력권을 차지한 조류가 표출하는 신호들이 싸움 능력이나 공격성 의지를 의도적으로 알리려는 의미가 있다면, 어떻게 그리고 왜 부드럽게 노랫소리 발성하기가 결국 최후의 수단으로 경쟁자에게 보내는 신호 역할을 할까? 부드럽게 노랫소리 발성하기는 노랫소리를 매우 크게 발성하는 것보다 훨씬 더 그만큼 강력해 보이지 않지만, 보기와는 달리 이 발성하기는 조류의 몸집 크기나 건강 상태, 싸움 능력에 관한 정보를 가장 정확하게 제공한다. 21세기 초 무렵부터 점점 더 늘어나는 많은 실험 연구 결과에 따르면, 폭넓게 다양한 조류 종들이 부드럽게 노랫소리 발성하기를 이용하고, 이 발성하기는 단계적 강화 현상에서 경쟁자에게 최후의 수단으로 이용된다는 사실이 밝혀졌다. 지금 바로 이 순간에도 세력권을 차지한 조류 종들은 잠재적인 불법 침입자들에게 보복할 대가로 부드럽게 노랫소리 발성하기를 무엇보다 가장 훌륭하게 만들고 있다는 과학적 증거가 드러나고 있지만, 왜 부드럽게 노랫소리 발성하기가 싱생자에게 보내는 최후의 수단이 되는지는 아직도 이해하기 힘들고 이유를 확실하게 설명할 수도 없다. 따라서 부드럽게 노랫소리 발성하기는 지금도 여전히 매우 신비로운 신호 단계로 남아 있다.

싸우기

만약 공격성을 알리는 신호를 표출해도 세력권 싸움을 완전히 해결할 수 없다면, 결국에는 실제로 싸우는 수단으로 이어질 수 있다. 본질적으로 공격성이 강한 목도리도요(라틴명: 칼리드리스 푸낙스)처럼 번식기 동안 구애 장소에서 다 같이 한데 모여 암컷 조류에게 구애 행동을 표출하는 수컷 조류 종들과 사육용 수탉 등등 일부 수컷 조류 종들은 싸움에 능하다

⬆

암탉이 관계적 우위를 차지한 수탉을 짝짓기 상대로 항상 선호하지는 않지만, 그래도 수탉들은 무리 지어 있는 암탉들에게 짝짓기 상대로 선택받기 위해 몹시 격렬하게 싸울 것이다.

고 널리 알려져 있다. 또한 참새, 휘파람새처럼 겉보기에 매우 연약해 보이는 조류와 벌새도 공격적으로 싸울 수 있으며, 이런 조류 종들은 싸울 때 굉장히 놀라울 정도로 몹시 포악해질 수도 있다. 벌새 종 가운데 긴 부리 소라는 수컷이 암컷보다 부리가 훨씬 더 길고 뾰족하며, 수컷 긴 부리 소라는 싸우는 동안 무기로 날카로운 부리를 이용해 경쟁자의 목을 잽싸게 찌른다. 만약 여러분이 노랫소리 하나만을 이용해 녹음 재생 실험을 한다면, 세력권을 차지한 조류는 잠재적인 불법 침입자를 찾아내기 위해 대소동을 벌이며 정신없이 여기저기 바쁘게 날아다닐 것이다. 또한 만약 여러분이 세력권을 차지한 조류와 경쟁상대로 박제 표본을 함께 놓아둔다면, 여러분은 그저 세력권을 차지한 조류가 얼마나 석렬하게 싸울 수 있는지를 관찰하게 될 것이다. 이를테면 세력권을 차지한 조류는 박제 표본의 맨 꼭대기로 갑자기 높이 뛰어오르고, 박제 표본을 물어뜯고, '잠재적인 불법 침입자'라고 생각하는 박제 표본의 머리 뒷부분과 두 눈을 부리로 몹시 격렬하게 쪼아댄다. 실험 연구에 이용된 박제 표본은 무방비한 상태에서 세력권을 차지한 조류에게 무자비하게 공격받아 머리 부분의 깃털들이 즉각적으로 지체 없이 떨어져 나갈 것이다. 멧종다리나 늪 참새와 같은 일부 조류 종들을 살펴보면, 성체 수컷은 흔히 머리 꼭대기 부분에 깃털이 없는 경우가 많은데, 이런 현상은 아마도 오랜 기간 동안 격렬하고 난폭하게 싸운 결과일 수도 있다.

이웃 조류와 낯선 조류

초기 녹음 재생 실험 결과에 따르면, 세력권을 차지한 조류 종들은 각자 공격적인 상호작용을 나타내는 신호로써 노랫소리를 이용한다는 사실이 명백하게 밝혀졌지만, 이런 녹음 재생 실험들은 또한 세력권을 차지한 조류 종들이 지리적으로 인접한 이웃 조류 종들에게, 심지어 공격적인 낯선 조류 종들에게 대응할 때도 놀라울 정도로 긴장을 완화하거나 강한 적대 행동을 중단한 상태에서 세력권을 두고 의사소통한다는 사실을 입증했다.

세력권을 차지한 가마새가 지리적으로 인접한 곳에서 세력권을 차지한 이웃 조류의 노랫소리와 지리적으로 인접하지 않은 곳에서 세력권을 차지한 낯선 조류의 노랫소리에 대응하는 방법을 비교한 실험 연구 결과에 따르면, 세력권을 차지한 가마새는 낯선 조류의 노랫소리에 훨씬 더 공격적으로 대응한다는 사실이 드러났다. 비록 모든 가마새 종의 노랫소리들은 다른 조류 종이나 조류 관찰자가 충분히 듣고 인식하더라도 매우 유사하게 들리지만, 세심히 주의 깊게 들어보면 가마새 종들이 발성하는 노랫소리들은 각각 다르고 가지각색으로 매우 다양하다. 세력권을 차지한 수컷 가마새는 이웃 조류의 노랫소리와 낯선 조류의 노랫소리에 따른 차이점을 명확히 파악할 수 있고, 오로지 노랫소리 하나만 듣고도 이웃 조류와 낯선 조류를 확실하게 구별할 수 있다. 이웃 조류 종들은 이웃 조류 종

간에 세력권 싸움을 중재할 수 있는 유사한 신호들을 서로 각자 인식하면서 공격적인 적대 행동들이 줄어들게 된다.

이웃 조류와 낯선 조류를 구별해 이웃 조류에게서 공격적인 적대 행동을 줄이는 현상(일반적으로 '적에게 가까이 다가가는 효과'라고 한다.)은 매우 일반적으로 검댕 뇌조, 오듀본의 슴새, 푸케코(뉴질랜드 자색쇠물닭), 금눈쇠올빼미, 버들솔딱새 등등 폭넓고 다양한 비명금류 종들뿐만 아니라 대부분 명금류 종들에서도 나타난다. 특히 비명금류는 선천적으로 그저 울음소리만 발성하는 조류로 분류되므로, 비명금류 종들 속에서도 이웃 조류의 울음소리와 낯선 조류의 울음소리를 특징적으로 확실하게 구별한다는 사실은 무엇보다도 유달리 흥미롭다. 또한 비명금류는 자신들이 발성하는 울음소리를 학습하지 않지만, 다른 조류 종들이 발성하는 울음소리를 인식하고 학습할 수 있다는 사실은 분명하다.

일부 조류 종들은 이웃 조류와 낯선 조류를 곧바로 구별하지 않고, 한 층 더 매우 정밀한 수준에서 이웃 조류 종들을 각각 인식할 수 있는 인지 능력을 보여준다. 이웃 조류 종들을 각각 인식할 수 있는 인지 능력은 몇 가지 실험 연구 방법으로 입증될 수 있지만, 일반적으로 다른 세력권 경계선(부정확한 경계선)과 이웃 조류 종들끼리 서로 공유된 세력권 경계선(정확한 경계선)에서 모두 이웃 조류의 노랫소리들을 각각 파악하는 녹음 재생 실험을 통해서도 입증된다. 만약 세력권을 차지한 조류가 정확한 경계선에서 보다 부정확한 경계선에서 이웃 조류에게 더욱더 강하게 대응한다면, 입증된 바에 따라 세력권을 차지한 조류는 이웃 조류와 낯선 조류를 그저 단순하게 인식하지 않을뿐더러 이웃 조류들 각각의 위치까지 정확하게 인식할 것이다.

두건 솔새는 예를 들어 이웃 조류 종들을 각각 인식하는 조류들 가운데 인지 능력이 가장 두드러지게 뛰어난 조류에 속한다. 실험 연구 결과에 따르면, 두건 솔새는 번식기 동안에 이웃 조류 종들을 각각 정확하게 인식할 수 있다. 하지만 수컷 두건 솔새 종들은 여름이 끝날 무렵에 번식지를 떠나서 겨울을 나기 위해 중앙아메리카로 이주한다. 이때 수컷 두건 솔새 종들은 다음 해 봄이 되면 다시 번식지로 되돌아오는데, 작년에 귀담아들었던 이웃 조류 종들 각각의 노랫소리를 여전히 그대로 기억하고 있어서 부정확한 장소에서 노랫소리를 발성하는 이웃 조류에게 훨씬 더 강하게 대응한다.

↶

수컷 두건 솔새는 한 해에서 다음 해까지도 이웃 조류 종들 각각의 노랫소리를 정확하게 기억하므로, 암컷 두건 솔새와 짝짓기에 성공하고 자손 번식률을 높이기 위해 세력권 경계선 너머에서 노랫소리를 발성하는 수컷 조류를 상대로 세력권 싸움에서 이길 수 있도록 재빠르게 레퍼토리를 바꿔 노랫소리를 공격적으로 발성할 수 있다.

위협 평가

그런데 왜 세력권을 차지한 조류는 이웃 조류보다 낯선 조류에게 더욱더 강하게 대응하거나, 정확한 장소보다 부정확한 장소에 있는 이웃 조류에게 더더욱 강하게 대응할까? 이런 현상을 설명하자면, 결과적으로 세력권을 차지한 조류는 일단 시간이 지날수록 자신이 가장 자주 듣는 노랫소리에 친숙해지거나 생리적으로 즉각 대응하는 정도가 줄어들 것이다. 하지만 세력권을 차지한 조류는 모든 조류의 노랫소리에 친숙해지기보다 특히 이웃 조류의 노랫소리에 친숙해진다.

세력권을 차지한 조류가 이웃 조류에게 공격성을 줄이는 현상은 주로 진화적으로 제안된 가설 두 가지로 설명할 수 있다. 첫 번째 가설(상대적 위협 가설)은 이웃 조류와 낯선 조류에게 제기된 상대적 위협을 바탕으로 하고, 낯선 조류보다 반복해서 여러 번 귀담아듣는 이웃 조류의 노랫소리가 세력권을 차지한 조류에게 위협을 덜 가한다는 사실을 제안한다. 어쨌든 낯선 조류는 또 다른 조류의 세력권을 침입하는 데 관심이 아주 많을 수도 있고 그렇지 않을 수도 있지만, 결국 이미 세력권을 차지한 조류는 이웃 조류가 가장 가까운 경쟁자임에도 불구하고 낯선 조류보다 이미 잘 알고 지내는 이웃 조류에게 공격성을 줄인다.

두 번째 가설(상대적 친숙 가설)은 어쩌면 세력권을 차지한 조류가 이웃 조류와 여러 번 세력권 싸움을 벌였을 수 있어도, 세력권을 차지한 조류는 낯선 조류보다 이웃 조류가 훨씬 더 친숙하고 이웃 조류와 허물없이 의사소통한다는 사실을 제안한다. 세력권을 차지한 조류는 이미 이웃 조류와 이전에 세력권 싸움을 벌여 봤고, 결과적으로 이웃 조류와 또 다른 방법으로 세력권 싸움을 마무리할 수 있다는 사실을 제대로 파악하고 있기 때문에, 낯선 조류와는 원만한 관계를 형성하지 않지만, 이미 잘 알고

지내는 이웃 조류와는 세력권 싸움을 벌이더라도 단계적 강화 현상에서 마지막 싸우기 단계로까지 가지 않을 것이다.

일반적으로 두 가지 가설에서 제안한 주제를 살펴보면, 세력권을 차지한 조류는 낯선 조류보다 이웃 조류와 불필요한 세력권 싸움을 피하면서 시간과 에너지를 절약하게 된다는 사실을 인식할 수 있다. 수컷 조류 종들은 모든 조류와 무조건 세력권 싸움을 벌이지 않고, 인식 능력을 이용해 경쟁자를 평가하며 가장 적절한 장소에서 자신의 공격성을 직접적으로 드러내므로, 이로 인해 짝짓기를 위해 암컷 조류의 마음을 끌어내려는 표출 행동이나 먹이를 찾는 활동 등 다른 중요한 활동에 그만큼 많은 시간과 에너지를 쏟아부을 수 있다.

일반적으로 대부분 경우에서는 세력권을 차지한 조류가 이웃 조류에게 공격성을 줄인다는 상대적 위협 가설이 대체로 한층 더 많은 지지를 받는 추세다. 하지만 세력권을 차지한 조류는 매우 친숙한 이웃 조류라 하더라도 세력권 싸움에서 이전과 똑같이 이웃 조류를 위협할 수도 있고, 공격성을 많이 또는 그 이상으로 드러내며 낯선 조류보다 더욱더 강하게

⊕

얼룩무늬 개미새 종들은 각자 독특한 노랫소리를 발성하지만, 이웃 조류의 노랫소리와 낯선 조류의 노랫소리에 따라 각기 다르게 대응하지 않는 모습을 드러낸다.

← 북부 가넷은 빽빽하게 밀집된 서식지에서 이웃 조류 종간에 발생할 수 있는 공격성을 분명히 보여준다.

→ 수컷 큰초원뇌조 종들은 번식기 동안 대다수가 다 같이 한데 모여 암컷 큰초원뇌조에게 구애 행동을 하는 상황에서 친숙한 이웃 조류와 친숙하지 않은 낯선 조류에게 모두 똑같이 공격성을 드러내며 매우 강렬하게 경쟁하는 모습을 보여준다.

↘ 담황색띠무늬뜸부기는 같은 종들끼리도 불안정한 상태에서 세력권 싸움을 극도로 격렬하게 펼칠 수 있기 때문에, 이웃 조류와 낯선 조류를 구별해서 각기 다르게 대응하지 않는다.

이웃 조류를 위협할 수도 있다. 예를 들어 번식기 동안 번식지나 공동으로 표출 행동을 하는 구애 장소에서 수컷 조류 종들이 다 같이 한데 모여 암컷 조류에게 구애 행동을 하며 서로 격렬하게 경쟁하듯이, 이웃 조류 종들은 서로 친숙하더라도 서로 간에 아주 근접한 장소에 있을 때면 세력권 싸움에서 낯선 조류에게 만큼이나 이웃 조류에게 매우 강하게 위협하며 격렬하게 경쟁할 수도 있다. 가넷 종은 서식지가 빽빽하게 밀집된 상태에서 이웃 조류 종들끼리 둥지 경계선을 두고 끊임없이 옥신각신 싸우고, 서로에게서 둥지 자재를 빈번히 훔친다. 이런 상황을 살펴보면, 왜 가넷 종이 낯선 조류에게 만큼이나 친숙한 이웃 조류에게도 공격성을 표출하는지는 쉽게 이해할 수 있을 것이다. 수컷 큰초원뇌조 종들은 암컷 큰초원뇌조에게 구애 행동을 하는 동안 각자 매우 다양한 울음소리를 발성하지만, 이웃 조류의 울음소리와 낯선 조류의 울음소리에 따라 각기 다르게 대응하지 않는다. 이를테면 수컷 큰초원뇌조 종들은 번식기 동안 다 같이 한데 모여 암컷 큰초원뇌조에게 구애 행동을 하는 상황에서 최고로 좋은 지점을 차지하기 위해서라면 경쟁 상대가 이웃 조류인지, 아니면 낯선 조류인지에 관심을 두지 않고서 모두에게 똑같이 공격성을 드러내며 매우 강렬하게 경쟁하는 모습을 보여준다.

세력권 싸움 체계에서도, 친숙한 적 효과는 일반적이지 않다. 얼룩무늬 개미새와 담황색띠무늬뜸부기와 같은 일부 조류 종들은 이웃 조류의 노랫소리와 낯선 조류의 노랫소리에 따라 각기 다르게 대응하지 않는

모습을 드러낸다. 다른 조류 종들은 이와 반대로 강력한 조류일수록 낯선 조류보다 이웃 조류에게 대응한다는 친숙한 적 효과(위험한 이웃 효과)를 보여준다. 암컷 뉴질랜드 방울새(정기적으로 노랫소리를 발성하는 조류 종)가 이웃 조류의 노랫소리와 낯선 조류의 노랫소리에 따라 각기 다르게 대응하는 실험 연구 결과에 따르면, 암컷 뉴질랜드 방울새는 같은 종들 속에서 암컷 낯선 조류보다 암컷 이웃 조류의 노랫소리에 한층 더 강하게 대응하고, 암컷 낯선 조류보다 암컷 이웃 조류를 훨씬 더 강하게 위협한다는 사실이 밝혀졌다.

각각 다른 이웃 조류 종들에게 표출하는 상대적 위협은 또한 상황에 따라 서로 각기 달라질 수도 있다. 어떤 경우에는 상대적 위협이 특정 성별에 따라 달라질 것이다. 베이 굴뚝새는 암수가 모두 노랫소리를 발성하는데, 암수가 각자 혼자서 단독으로 노랫소리를 발성하기도 하고, 다 같이 함께 긴밀히 협조해 듀엣으로 노랫소리를 발성하기도 한다. 또한 세력권 싸움에서 또 다른 암컷은 상대적 위협을 드러낼 수 있지만 이와 달리 수컷은 그렇지 않을 수 있으므로, 암컷 베이 굴뚝새는 수컷의 노랫소리보다 암컷의 노랫소리에 한층 더 공격적으로 대응한다. 다른 경우에는 상대적 위협이 이웃 조류 종들의 위협 정도에 따라 달라질 것이다. 멧종다리는 비공격적인 이웃 조류보다 공격적인 이웃 조류에게 훨씬 더 강하게 대응한다. 붉은날개검은새는 자신의 짝짓기 상대에게 자신보다 앞서 추가적으로 구애 행동을 표출하는 이웃 조류에게 더더욱 강하게 대응한다. 이런 상황은 일부 조류 종들이 모든 이웃 조류에게 모두 다 똑같이 대응하지 않는다는 사실을 명백히 보여준다.

게다가 상대적 위협은 친숙한 이웃 조류의 신뢰도에 따라 달라질 수도 있다. 신뢰도에 따라 이웃 조류를 인식하는 정도를 알아보는 모든 실험 연구 결과에 따르면, 친숙한 이웃 조류라 하더라도 부정확한 장소에서 노랫소리를 발성하는 이웃 조류는 자신들의 세력권 경계선을 바꾸거나 확장할 가능성이 커 보이고 지금 상황에서 신뢰할 수도 없으므로 낯선 조류로 인식된다는 사실이 드러났다. 또한 이웃 조류에게 표출하는 상대적 위협은 번식 주기(생식 주기)에 따라 달라질 수도 있다. 암컷 멧종다리는 둥지를 틀고 알을 낳는 동안에 가장 번식력(생식 능력)이 강하다. 많은 다른 조류 종들과 마찬가지로, 암컷 멧종다리는 다소 짝짓기를 별생각 없이 마음 내키는 대로 마구 하는 편이고, 세력권에서 지낸 어린 새끼들 가운데 평균적으로 대략 20% 정도가 세력권을 차지한 수컷이 아닌 다른 수컷과 짝짓기를 한 결과물이며, 추가적으로 가장 빈번히 짝짓기를 한 상대는 바로 수컷 이웃 조류이다. 번식력이 왕성한 시기에, 세력권을 차지하고 있지만 번식력을 잃을 가능성이 있으므로 본 서식지에서 방심하지 않고 자신의 세력권을 가장 주의 깊게 지키며 잠재적인 불법 침입자를 바짝 경계해야 하는 수컷 멧종다리를 대상으로 실험 연구한 결과에 따르면, 수컷 멧종다리는 짝짓기를 하고 번식력이 왕성한 시기를 전후로 친숙한 적 효과를 보이지만, 번식력이 왕성한 시기가 아닌 동안에도 친숙한 이웃 조류를 신뢰하지 못한다는 사실이 드러났다. 또한 멧종다리 종들은 각자 자신만의 인식 능력을 이용해 특히 공격성이 강한 경쟁자든, 이전에 자신의 세력권을 침입했던 경쟁자든 간에, 가장 위협적인 이웃 조류에게 직접적으로 공격성을 표출하는 모습을 보여준다. 상대적 위협 가설에 비추어볼 때, 친숙

한 적 효과는 우선적으로 협력 방식처럼 보인다. 이웃 조류 두 종은 상호 간에 둘 다 자신의 이웃 조류에게 공격성을 줄인다면 그만큼 혜택을 누릴 수 있지만, 오로지 서로에게 끊임없이 신뢰도가 높은 방식으로 행동할 때만 줄어든 공격성만큼 상호 간에 공통으로 혜택을 누릴 것이다. 이웃 조류 종들은 서로 친숙하더라도 상대방의 세력권을 침입하거나 공격적으로 행동한다면, 결국 상호 간에 신뢰가 깨져 친숙한 적 효과를 일으킬 수도 있고, 단계적으로 점점 더 강화된 세력권 싸움으로 이어질 수도 있다.

녹음 재생 실험

녹음 재생 실험은 어떻게 조류의 노랫소리가 세력권 방어에 이용되는지를 조사하는 연구원들에게 가장 주요한 핵심 기술이 된다. 대부분 이런 녹음 재생 실험들은 연구원이 예를 들어 이웃 조류와 낯선 조류, 정확한 장소에 위치한 조류와 부정확한 장소에 위치한 조류, 연구원이 비교하고 싶어 하는 다른 모든 조류 등등 모의실험에 이용될 수 있는 여러 가지 다양한 조류의 노랫소리를 녹음해야 한다. 또한 대부분 녹음 재생 실험은 연구원이 세력권 경계선에 위치한 경쟁자와 세력권 경계선 중심으로 침입을 시도하는 경쟁자, '정확한' 장소에 위치한 이웃 조류와 '부정확한' 장소에 위치한 이웃 조류 등등 특정 장소에 위치한 조류들의 노랫소리를 모의실험할 수 있도록 서로 인접한 조류 종들의 세력권 경계선 위치를 지도 위에 세심하게 나타내야 한다. 번식기 동안, 세력권 경계선 위치는 이동할 수 있고, 일부 수컷 조류 종들은 세력권 경계선 위치를 예기치 않게 변경할 수도 있지만, 대부분 조류 종들은 심지어 여러 해가 지나도 세력권 경계선 위치가 변함없이 안정적으로 고정된 경향이 있다.

→

베이 굴뚝새는 암컷과 수컷이 모두 노랫소리를 발성한다. 이때 암컷은 다른 암컷 종들을 상대로 공유된 세력권을 방어하는 모습을 보이지만, 수컷은 다른 수컷 종들을 상대로 세력권을 방어한다.

겉모습과 관계적 우위

깃털 색채로 표출하는 신호를 포함한 시각적 신호들은 또한 대부분 조류 종들이 세력권과 관계적 우위를 차지하는 데에도 매우 중요하다. 세력권을 차지하려는 표출 행동에서 깃털 색채에 기반한 신호들의 중요성은 대부분 조류가 표출하는 깃털 색채와 본질적인 세력권 간의 상관관계에서 나타날 수 있다.

예를 들어 북부홍관조의 경우, 깃털 색채가 훨씬 더 빨간 수컷은 번식기 동안에 초목으로 매우 빽빽하게 뒤덮여 있는 상태에서 본질적으로 우수한 세력권을 획득한다. 임금펭귄은 암수가 모두 머리 양쪽 측면에 부분적으로 노란 깃털 색채를 띠는데, 노란 깃털 색채 부분이 가장 넓은 암수 한 쌍은 커다란 번식지 내에서 한가운데를 차지하는 경향이 있다. 이때 번식지 내에서 한가운데를 차지한 암수 한 쌍은 가장자리 부분을 차지한 암수 한 쌍보다 포식자로부터 안전할 가능성이 크다. 미국 딱새는 카브리해 지역에서 겨울을 나는 시기와 번식기 동안에 세력권을 차지한다. 이를테면 겨울을 나는 시기에 세력권을 차지하며 본질적으로 우수한 검은 맹그로브 서식지에서 생활하는 수컷은 본질적으로 열악한 관목 서식지에서 생활하는 수컷보다 꽁지 깃털 색채가 훨씬 더 밝은 오렌지색을 띤다.

　　일부 실험 연구 결과에 따르면, 여러 가지로 다양한 깃털 색채는 또한 경쟁적으로 세력권 싸움을 벌이는 조류의 능력과도 관련된다는 사실

⬆
임금펭귄은 암수가 모두 경쟁적으로 세력권 싸움 능력을 표출할 수 있는 시각적 신호로써 부분적으로 밝은 깃털 색채를 드러낸다. 이때 임금펭귄 종은 밝은 깃털 색채 부분이 넓을수록 세력권 싸움 능력이 훨씬 더 탁월하므로, 빽빽하게 밀집된 번식지에서 본질적으로 우수한 가장 한가운데를 차지할 가능성이 크다.

수컷 종달새 멧새는 신체적으로 검은 깃털 색채가 많을수록 세력권 싸움에서 승리하는 경향이 있지만, 날개 부분이 클수록 세력권을 침입당한 경험이 훨씬 더 적다.

수컷 미국 딱새는 꽁지 깃털 색채가 훨씬 더 밝은 오렌지색을 띨수록 본질적으로 한층 더 우수한 서식지에서 겨울을 난다. 또한 수컷 미국 딱새는 본질적으로 우수한 서식지에서 겨울을 날수록 조금 더 이른 시기에 번식지로 이주해 짝짓기 상대의 마음을 더욱 많이 끌어내고 번식 성공률을 더더욱 높일 수 있다.

이 드러났다. 예를 들어 임금펭귄은 노란 깃털 색채 부분이 넓을수록 공격적으로 행동할 확률이 훨씬 더 높은 경향이 있다. 하지만 노란 깃털 색채 부분이 넓은 임금펭귄 종은 번식지 내에서 거의 한가운데를 차지하므로, 가장자리 부분을 차지한 다른 임금펭귄 종보다 오로지 세력권 싸움에서 훨씬 더 유리할 수 있다. 수컷 종달새 멧새는 검고 하얀 깃털 색채가 굉장히 매력적이다. 또한 야생에서 벌어지는 세력권 싸움을 자세히 관찰해 보면, 수컷 종달새 멧새 종은 검은색 깃털 색채 부분이 많을수록 상호작용을 하는 가운데 관계적 우위를 차지하는 경향이 있다.

많은 실험 연구들은 깃털 색채로 표출하는 시각적 신호와 세력권 싸움 능력이 서로 연관되어 있다는 한층 더 나은 과학적 증거들을 제공한다. 연구원들은 수컷 동부 파랑새의 자외선(UV) 영역에 가까운 파란색 깃털 색채와 둥지 상자를 획득할 수 있는 세력권 싸움 능력 사이의 관계를 실험했다. 이때 수컷 동부 파랑새는 인공적으로 만들어진 둥지 상자에 극도로 의존한 상태이므로, 연구원들은 본질적으로 세력권과 둥지 이용 가능성을 조종했다. 첫 번째 둥지 상자들은 이른 봄에 수컷 동부 파랑새가 이용할 수 있는 곳으로 내놓고 수컷 동부 파랑새의 관심을 끌어낸 다음, 두 번째 둥지 상자들은 추가적으로 실험 연구 장소에 놓아두었다. 첫 번째 둥지 상자를 획득한 수컷 동부 파랑새 종은 두 번째 둥지 상자를 획득한 수컷 동부 파랑새 종보다 자외선 영역에 훨씬 더 가까운 깃털 색채를 띠었다. 이런 실험 연구 결과에 따르면, 깃털 색채가 한층 더 다채로운 수컷 동부 파랑새 종은 맨 먼저 세력권을 차지하고, 깃털 색채가 덜 다채로운 수컷 동부 파랑새 종은 세력권을 차지하는 데 조금 더 기다려야 한다는 사실이 드러났다.

동부 파랑새는 둥지 상자를 획득하기 위해 격렬하게 경쟁한다. 동부 파랑새 종은 깃털 색채가 인간의 눈으로 관측할 수 없는 자외선 영역에 훨씬 더 가까울수록, 세력권 싸움에서 승리해 둥지를 더욱더 빨리 획득하고 번식 성공률과 자손 성장률이 더더욱 높아진다.

수컷 목도리딱새는 세력권 싸움에서 이마에 흰색 깃털 색채를 부분적으로 표출한다. 연구원들은 (또한 둥지 상자들을 이용해) 번식기 초기에 일찌 감치 세력권을 차지한 수컷 목도리딱새 종을 포획하고 몇 시간 동안 그대로 억류했다. 세력권을 차지한 수컷 목도리딱새 종이 계속 억류되는 동안, 다른 수컷 목도리딱새 종들은 현재 비어 있는 세력권을 차지하려고 시도하기 시작했다. 새로운 목도리딱새 종이 현재 비어 있는 세력권을 차지한 후에, 원래 세력권을 차지했던 목도리딱새 종이 풀려나면서 혼란이 발생했다. 세력권을 다시 획득한 수컷 목도리딱새 종은 세력권 획득에 실패한 수컷 목도리딱새 종보다 이마에 흰색 깃털 색채 부분이 훨씬 더 넓었다.

하지만 이때 주목해야 할 점이 있다. 다른 실험 연구 결과에 따르면, 깃털 색채를 표출한 시각적 신호들은 본질적인 세력권과 관련될 수도 있지만, 공격성과는 무관하다는 사실이 드러났다. 이러한 사례는 황금날개 휘파람새 종들을 대상으로 진행한 실험 연구에서 발견되었다. 수컷 황금 날개휘파람새 종들은 화려한 노란색 왕관을 갖추고 있는데, 이때 노란색 왕관 깃털 색채가 선명할수록 본질적으로 우수한 세력권을 차지하고 녹음 재생 실험에 이용된 노랫소리에 덜 공격적으로 대응한다. 또한 어떤 사례를 살펴보면, 본질적으로 우수한 깃털 색채를 드러내며 시각적 신호를 표출한 조류는 공격적으로 행동하지 않고도 세력권 싸움에서 승리할 수 있다는 사실을 설명할 수 있다. 아마도 잠재적인 불법 침입자는 거창하고 화려한 깃털 색채를 표출한 시각적 신호를 인지하자마자 세력권 침입을 포기하는 경향이 있을 것이다.

연구원들은 붉은 칼라 과부 새 종들을 대상으로 실험 연구를 계속 진행하는 동안 어떻게 깃털 색채 신호가 세력권 방어 기능을 할 수 있는지를 제대로 파악하기 위해 한층 더 완전한 그림을 제공할 것이다. 수컷 붉은 칼라 과부 새 종들은 새끼를 양육하는 역할을 전혀 하지 않지만, 암 컷 붉은 칼라 과부 새가 앞으로 둥지를 틀 세력권을 독점적으로 차지하기 위해 경쟁한다. 이때 일부 수컷 종들은 세력권을 차지하지 못하고 번식기 동안 '부유물'처럼 여기저기로 돌아다니면서 비어 있는 세력권이라도 찾아내고 싶어 한다. 세력권을 차지한 수컷 종들은 세력권을 차지하지 못하고 부유물처럼 여기저기로 돌아다니는 수컷 종들보다 훨씬 더 거창하고 선명한 빨간 칼라 깃털 색채를 표출하는데, 이처럼 빨간 칼라 깃털 색채는 세력권 싸움 능력을 표출한 신호라는 사실을 보여준다.

이런 개념은 조류의 깃털 색채를 교묘하게 조작한 실험 연구들을 통해 입증된다. 빨간 칼라 깃털 색채가 넓고 선명하게 물들여진 수컷 종은 빨간 칼라 깃털 색채가 좁고 흐릿하게 물들여진 수컷 종보다 한층 더 큰 세력권을 차지했고, 세력권을 침입당한 경험이 훨씬 더 적었으며, 세력권 싸움에서도 시간을 덜 소비했다. 수컷 붉은 칼라 과부 새 종들 가운데 세력권을 차지한 수컷 종을 박제 표본과 함께 놓아둔 실험 연구 결과에 따르면, 수컷 종은 빨간 칼라 깃털 색채가 넓고 선명할수록 박제 표본에 매

⬆ 황금날개휘파람새는 노란색 왕관 깃털 색채를 선명하게 드러내 보이며 시각적 신호를 명백하게 표출하는 듯하지만, 경쟁자는 시각적 신호를 받으면서도 그 신호가 표출하는 메시지를 전체적으로 확실하게 인지하지 못할 수도 있다.

➡ 붉은 칼라 과부 새는 각기 다른 대상들과 의사소통하기 위해 여러 가지 다양한 신호들을 표출한다. 이를테면 빨간 칼라 깃털 색채는 수컷과 수컷 간의 의사소통에 이용되고, 기다란 꽁지 깃털은 수컷과 암컷 간의 의사소통에 이용된다.

우 강하게 대응하지만, 또한 세력권을 차지한 수컷 종은 빨간 칼라 깃털 색채가 매우 넓고 선명한 박제 표본에게 공격성을 덜 드러내는 경향이 있다는 사실이 밝혀졌다. 결과적으로 수컷 종은 빨간 칼라 깃털 색채가 더욱더 넓고 선명할수록 본질적으로 우수한 세력권을 차지할 수 있지만, 경쟁자 수컷 종에게 매우 넓고 선명한 빨간 칼라 깃털 색채를 표출하며 싸움 능력을 솔직하고 명백하게 나타낸 시각적 신호들을 보내면서도 가장 강력한 수컷 종으로서 영향력을 확실하게 발휘할 수 있으므로, 세력권 싸움에서 시간을 덜 소비한다. 그런데 이와 다르게 얽힌 부분이 한 가지 존재한다. 이를테면 암컷 붉은 칼라 과부 새는 빨간 칼라 깃털 색채가 매우 넓고 선명한 수컷 종에게 전혀 관심이 없고, 꽁지 깃털이 가장 긴 수컷 종을 선호한다. 따라서 빨간 칼라 깃털 색채는 오로지 수컷 종간에 경쟁적으로 펼치는 세력권 싸움에서만 기능을 드러낸다.

↑
해리스의 참새는 번식기 동안에도 검은색 턱받이와 같은 선명한 깃털 색채를 드러내며 시각적 신호를 표출할 수 있다.

←
몸집 크기가 그다지 크지 않는데도 '귀' 줄무늬가 매우 커다란 흰 귀 벌새 종은 귀 줄무늬가 조그마한 흰 귀 벌새 종보다 관계적 우위를 차지할 수 있다.

→
검은 볏 박새(멕시코 박새)는 투쟁적인 상호작용을 하는 동안 볏을 높이 세운다. 여름철이 되면 개체 수 밀도가 높고 개체 수 간에 경쟁도 치열하므로, 수컷 검은 볏 박새 종들은 볏을 한층 더 높이 세울수록 먹이를 획득할 가능성이 크다.

대부분 조류 종들이 깃털 색채로 표출하는 시각적 신호(깃털 신호)들은 세력권 싸움 외에도, 관계적 우위를 다투는 상호작용에 특히 중요할 수 있다. 이러한 깃털 신호들은 흔히 '사회적 지위를 나타내는 배지'로 여겨지는 경우가 많다. 예를 들어 해리스의 참새 종들은 멜라닌 색소로 나타난 검은색 턱받이의 크기와 색채가 서로 각기 상당히 다르다. 특히 개체 수가 밀집되어 겨울을 나는 상황 속에서, 배지가 큰 조류 종들은 배지가 작은 조류 종들보다 행동적으로 관계적 우위를 차지하는 경향이 있다. 조류 종들은 스스로 관계적 우위를 인식하고 관계적 우위를 나타내는 시각적 신호를 표출해 관계적 열위에 두는 조류 종들을 굴복시킬 수 있다면, 이로 인해 분명히 패배할 가능성이 큰 세력권 싸움도 피하게 되는 혜택을 매우 많이 누릴 수도 있고, 또한 세력권 싸움에 시간을 덜 소비하면서 먹이 구하기 같은 자급자족 활동에 훨씬 더 많은 시간을 투자할 수도 있다.

예를 들어 우리가 관측할 수 있는 푸케코의 빨간색 부리 방패, 검은 볏 박새의 볏 높이, 흰 귀 벌새의 눈썹 줄무늬, 붉은 칼라 과부 새의 빨간 칼라 깃털 색채 부분 등등 이처럼 대부분 사회적 지위를 나타내는 배지들은 수년간 연구되어 왔다. 모든 실험 연구 결과에 따르면, 배지의 크기와 색채는 행동적으로 관계적 우위나 먹이 획득과 상관관계가 있다는 사실이 드러났다. 그렇다면 왜 배지가 사회적 지위를 나타내는 기능을 하고, 왜 다른 조류 종들이 배지가 큰 조류 종들에게 각자 관계적 열위 입장에서 굴복하는 행동을 할까? 명백한 가설을 제기하자면, 어떤 방식으로든 크기가 크거나 색채가 짙은 배치들은 조류의 싸움 능력과 관련성이 있을

것이다. 또한 때때로 연구원들은 이와 같은 실험 연구 결과들을 제시하기도 한다. 하지만 솔직히 말해서 사회적 지위를 나타내는 배지, 특히 멜라닌 색소로 드러난 짙은 색채의 배지들은 연구원들 사이에서도 주로 논쟁이 많이 벌어지는 쟁점에 속한다. 분명하지는 않지만 어떤 방식으로든 배지 생산은 매우 어렵고 힘들기 때문에, 배지는 관계적 우위와 상관관계가 있다고 볼 수 있다. 따라서 오로지 본질적으로 우수한 조류 종이나 건강 상태가 양호한 조류 종만이 배지를 생산할 수 있다. 또한 경우에 따라 배지가 큰 조류 종은 공격적으로 행동하는 경향이 있으므로, 오로지 본질적으로 우수한 조류 종만이 여유롭게 배지를 붙일 수 있을 것이다.

사회적 지위를 나타내는 배지에 관한 실험 연구들은 결국 이따금 쟁점을 혼란스럽게 만드는 결과들을 초래할 때도 있다. 배지 크기가 여러 가지로 각기 다른 박제 표본들과 폭넓고 다양한 조류 종들을 함께 놓아두는 실험 연구 결과에 따르면, 마치 박제 표본들이 관계적 우위를 차지하고 위협적으로 행동하는 것처럼 보일 경우에 조류 종들은 때때로 배지가 큰 박제 표본을 피한다는 사실이 드러났다. 하지만 다른 경우를 살펴보면, 배지가 큰 박제 표본은 관계적 우위를 차지하고 위협적으로 행동하는 경쟁자에게 합리적으로 대응할 수도 있는 공격성을 한층 더 많이 끌어내는 경향이 있다는 사실이 밝혀졌다.

다른 실험 연구들은 이러한 시각적 신호들의 기능을 시험하기 위해 살아 있는 조류 종들의 배지 크기를 조작했다. 일부 실험 연구 결과에 따르면, 깃털을 염색해 배지 크기가 커진 조류 종은 사회적 지위가 높아져 관계적 우위를 차지하는 현상이 발생했다. 이런 실험 연구 결과는 오로지 다른 조류 종들이 각자 솔직하게 표출하는 시각적 신호인 배지를 완전히 제대로 인식하고, 사회적 지위가 높아 보이도록 가짜로 배지 크기를 크게 조작한 조류에게 도전하지 않을 경우에만 타당할 것이다. 만약 배지 크기를 크게 조작한 조류 종이 상대 조류에게 공격성을 한층 더 많이 끌어낸다면, 배지 크기를 조작한 실험 연구는 이에 따라 곧바로 결론을 도출할 것이다.

만약 크기가 큰 배지가 정밀로 높은 사회적 지위를 표술하는 신호라면, 사회적 지위가 높은 조류 종은 공격성을 극도로 많이 끌어내야 할까, 아니면 세력권 싸움을 피해야 할까? 이런 의문점들에 관한 해답은 그저 필요에 따라 실험 연구 분야를 넓혀 더욱더 많은 조류 종들을 대상으로 더더욱 많은 실험 연구에 몰두해야만 결국 정형화된 구성 방식으로 완전히 파악할 수 있을 것이다. 또한 폭넓고 다양한 조류 종들이 사회적 지위가 높은 조류와 사회적 지위가 낮은 조류, 친숙한 조류와 친숙하지 않은 조류 종간에 서로 각각 다른 배지 크기에 따라 각기 다르게 대응할 수 있다는 사실은 무엇보다 중요하다.

세력권과 관계적 우위

← 황금관 참새는 노란색과 검은색 깃털 색채 부분이 넓을수록 낯선 조류 종들과 벌이는 세력권 싸움에서 승리하고, 심지어 친숙한 조류 종들 속에서도 세력권 싸움에서 시간을 덜 낭비하며 먹이를 성공적으로 찾을 가능성이 커지는 혜택을 누린다.

→ 푸케코는 암수 모두가 공격적으로 상호작용하는 동안 사회적 지위를 나타내는 배지인 빨간색 부리 방패를 이마 부분에 뚜렷하게 표출한다.

예를 들어 황금관 참새를 대상으로 실험 연구한 결과에 따르면, 황금관 참새는 사회적 지위를 나타내는 배지로써 머리 맨 윗부분에 검은색과 노란색 깃털 색채를 부분적으로 표출하고, 검은색과 노란색 깃털 색채 부분이 넓은 황금관 참새 종은 섬은색과 노란색 깃털 색채 부분이 좁은 황금관 참새 종보다 관계적 우위를 차지하는 경향이 있다는 사실이 드러났다. 심지어 깃털 색채 부분의 크기를 인위적으로 바꾼 조류 종들을 대상으로 진행한 실험 연구에서도, 깃털 색채 부분을 인위적으로 크게 늘린 조류 종들은 깃털 색채 부분을 인위적으로 작게 줄인 조류 종들보다 관계적 우위를 차지하는 경향이 있었다. 하지만 이처럼 배지 크기를 거짓으로 조작한 실험 연구들은 오로지 조류 두 종이 서로 잘 알지 못하는 경우에만 성과를 거둘 수 있다. 친숙한 조류 종들 사이에서는 서로 배지를 확실하게 인지하고 있으므로, 배지 크기를 인위적으로 바꾼다고 해도 이미 형성된 관계적 우위가 변하지 않는 현상을 보인다. 하지만 낯선 조류 종들 사이에서는 배지, 심지어 가짜 배지도 무엇보다 관계적 우위를 표출하는 시각적 신호로써 중요한 기능을 하게 된다. 또한 이러한 시각적 신호들이 조류 종간에 세력권 싸움을 벌일 때와 무리 지어 겨울을 날 때 상황에 따라 각기 다르게 표출될 수 있다는 사실은 무엇보다 중요하다. 실제로 시각적 신호 체계는 조류 한 종에게 진실으로 다가갈 수 있지만, 또 다른 조류 종에게는 진심으로 다가가지 못할 수도 있다. 게다가 우리는 각기 다르게 설명하는 가변적인 시각적 신호의 중요성을 아직 확실하게 인지하지 못할 수도 있다.

푸케코의 사회적 지위를 나타내는 배지

푸케코(뉴질랜드의 자색쇠물닭)는 경쟁적 행동과 협력적 행동이 조합된 복잡한 사회집단에서 생활한다. 푸케코 종은 짝짓기 기회를 마련하고 관계적 우위 체계를 형성하기 위해 서로서로 경쟁하지만, 또한 집단 세력권을 방어하고 어린 자손들을 양육하기 위해 서로 협력하기도 한다. 푸케코는 사회적 지위를 나타내는 배지인 빨간색 부리 방패를 이마 부분에 선명하게

표출한다. 이때 푸케코 종은 전형적으로 빨간색 부리 방패가 클수록 대부분 사회 집단 속에서 관계적 우위를 차지할 가능성이 커진다. 흥미롭게도 빨간색 부리 방패의 크기는 부분적으로 표출되는 깃털 색채의 면적과는 달리 신속하게 변화될 수 있다. 실험 연구 결과에 따르면, 푸케코 종은 이마 깃털 색채와 매우 잘 어울리도록 빨간색 부리 방패의 양쪽 가장자리를 검게 칠해 빨간색 부리 방패의 크기를 작게 줄이자마자 곧바로 사회집단 속에서 함께 생활하는 다른 푸케코 종들에게 훨씬 더 자주 공격을 당하고, 결국 사회적 지위를 잃어 관계적 우위를 차지하지 못한다는 사실이 밝혀졌다. 다시 말해 빨간색 부리 방패의 크기를 작게 줄일수록, 푸케코 종의 사회적 지위는 빠르게 하락했다. 일주일 후, 많은 푸케코 종들을 포획해 빨간색 부리 방패의 크기를 조작하고 이에 따른 변화를 평가하는 실험 연구를 진행했다. 놀랍게도 푸케코 종은 빨간색 부리 방패의 크기가 작게 조작될수록 사회적 지위를 잃고, 다른 푸케코 종들에게 더욱더 자주 공격을 당해 스트레스를 많이 받을 가능성이 커졌으며, 결국에는 조작된 크기보다 훨씬 더 작은 크기로 빨간색 부리 방패를 표출하게 되었다. 게다가 빨간색 부리 방패의 크기가 작게 조작된 푸케코 종은 지금도 여전히 한층 더 낮게 사회적 지위를 나타내는 배지를 표출하고 있다.

④

부모와 자식 간의
의사소통

조류는 노랫소리를 발성하고 표출 행동을 하면서 세력권을 차지하고 짝짓기 상대를 찾아낼 수 있다. 이때 짝짓기 상대를 찾는 수컷 조류는 의심 많은 암컷 조류에게 본질적으로 가장 우수한 짝짓기 상대로 확실하게 인정받을 수 있도록 다른 수컷 조류 종들과 격렬하게 경쟁해야 할 것이다. 하지만 수컷 조류는 이런 경쟁 단계를 성공적으로 마무리한다면, 어린 자손을 양육하는 단계에 편안히 자리 잡을 수 있다. 일반적으로 부모는 어린 자식들이 잘 자랄 수 있도록 자식에게 애정과 관심을 끊임없이 쏟아붓는데, 이때 부모와 자식 간에 매우 솔직하게 의사소통하고, 자신보다 남을 위하는 이타심을 갖고서 가족 간에 서로 협동하는 가정생활이 펼쳐질 수 있다. 하지만 다른 한편으로는 상당히 많은 갈등과 경쟁, 심지어 기만이 가득한 가정생활이 펼쳐질 수도 있다.

조류의 가정생활 속 갈등

조류의 가정생활 속 갈등은 몇 가지 원인으로 발생한다. 첫 번째, 부모와 자식은 흔히 일반적으로 갈등을 겪는 경우가 많다. 대부분 어린 새끼 조류 종들은 부모에게 대단히 많은 관심과 사랑을 받아야 하지만, 부모는 자식에게 관심과 사랑을 쏟아부으면서 몹시 지칠 수도 있다.

어린 새끼 조류 종들은 되도록 부모에게 더욱더 많은 관심과 사랑을 받고 싶어 하지만, 부모는 미래에 자식들을 양육할 수 있는 능력이 떨어질 경우를 대비해 스스로 지치지 않도록 곤경에 처한 상황에 따라 선택적으로 신중하게 고려해 현재 자식들을 돌보는 경향이 있다. 두 번째, 둥지에서 다 같이 생활하는 형제자매는 잠재적으로 갈등을 겪을 수 있는데, 이때 서로에게 의지하며 다 함께 생존해야 한다는 점보다 각자 스스로 생존해야 한다는 점에 더 많은 불안감을 느낄 수 있으므로, 어린 새끼 조류 종들은 각각 공평하게 똑같이 분배한 먹이양보다 훨씬 더 많은 양을 제공받고 싶어 한다. 형제자매 간의 갈등은 특히 둥지에서 다 같이 생활하는 어린 새끼 조류 종들 모두가 충분히 생존하지 못할 정도로 먹이 공급량이 매우 부족하거나, 먹이 공급량이 충분하더라도 서로서로 모두가 똑같은 정도로 먹이를 제공받지 못할 경우에 격렬해질 수 있다. 짝외교미(EPCs)는 둥지에서 다 같이 생활하는 어린 새끼 조류 종들 가운데 어떤 새끼 조류 종들은 형제자매일 수도 있지만, 다른 새끼 조류 종들은 그저 의붓형제자매일 수도 있는 현상을 의미이다. 격렬한 경쟁은 부모가 양육 의무를 무시한 채 적극적으로 어린 새끼 조류 한 종을 죽이든, 둥지에서 다 같이 생활하는 형제자매 간에 새끼 조류 한 종이 또 다른 새끼 조류 한 종을 죽이든, 결국 어린 새끼 조류 한 종을 죽이게 되는 현상을 초래할 수 있다. 둥지에서 어린 새끼 조류 종들이 서로서로 경쟁하고 있을 때, 부모는 자신이 가지고 있는 먹이를 어린 새끼 조류 종들 모두에게 똑같이 분배해 제공할지, 필요에 따라 어려움에 부닥친 새끼 조류 종들 다수에게 제공할지, 아니면 본질적으로 가장 가치가 있는 새끼 조류에게 제공할지를 결정하는 상황에 직면할 수 있다.

⊕

유럽방울새는 대부분 부모 조류 종들이 경험하는 딜레마에 빠져 있다. '어린 새끼 조류 종들이 이렇게 입을 쩍쩍 벌리고 있는데, 과연 누구에게 먹이를 줘야 할까?'

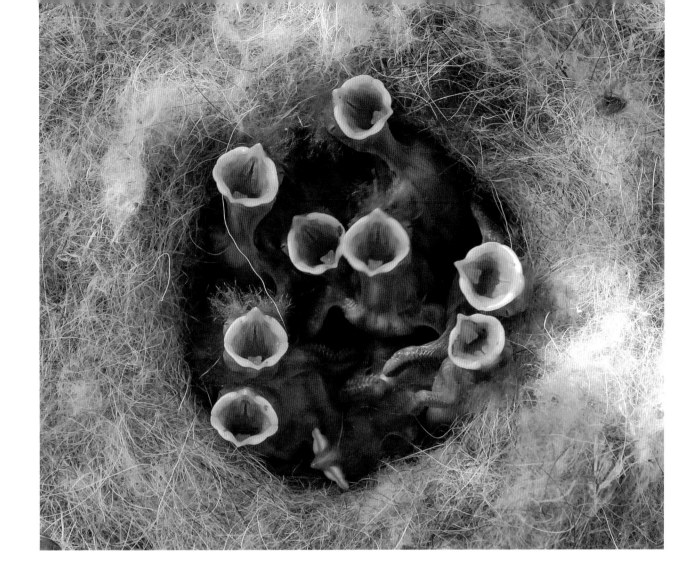

간청 신호

부모와 자식 간에는 여러 가지 상황에 대응할 수 있도록 서서히 전개되는 의사소통 체계를 형성한다. 기본적으로 어린 새끼 조류 종들은 각각 부모에게 많은 관심과 사랑을 받기 위해 '간청' 신호를 보낸다. 이를테면 어린 새끼 조류 종들은 특정 상황에 따라 발성음, 자세, 색채 등을 포함해 간청하는 행동을 하며 부모의 관심을 끌려고 노력한다. 처음에는 어린 새끼 조류 종들이 보내는 간청 신호가 노랫소리, 깃털 색채, 춤과 유사한 신호로 보이지 않을 수도 있다. 하지만 더욱 자세히 살펴보면, 간청 신호는 어린 새끼 조류 종들이 그저 우연히 부모의 관심을 받을 만한 발성음을 시끌벅적하게 내는 것이 아니라, 특별하게 부모의 관심을 끌고 유난히 부모의 눈에 띌 수 있도록 점진적으로 진화된 방식으로 발성음을 표출하는 것이다. 간청 신호를 보내는 울음소리는 어린 새끼 조류가 매우 힘들게 노력해서 표출하는 발성음일 뿐 아니라, 부모의 관심을 끌려고 애써 시도한 발성음이다.

⊕

어린 새끼 명금류는 먹이를 달라고 간청하고 있다. 크게 쩍 벌린 입속의 살과 팽창된 입술 안쪽 테두리의 색채, 목을 한껏 위로 쭉 뻗는 행동, 간청 신호를 보내는 울음소리들은 온전히 어린 새끼 조류 종들이 먹이를 얻기 위해 상황에 따라 부모와 의사소통하려는 시도이다.

마찬가지로 대부분 어린 새끼 명금류의 입은 선명한 빨간색이고, 크게 쩍 벌린 입속의 살은 밝은 주황색인데, 이런 색채는 그저 단순하게 저절로 나타나지 않고, 대다수 어린 새끼 명금류가 생리적으로 필요에 따라 힘들게 노력해서 드러낸 결과물이다. 심지어 어린 새끼 조류 종들은 지나치게 과장된 방식으로 각자 몸을 가볍게 떨면서 목을 한껏 위로 쭉 뻗는 행동도 표출하는데, 이런 행동들은 효과적인 신호를 보내기 위해 선택적으로 형성된 몸짓이다. 간청 신호는 포식자가 뚜렷하고 쉽게 인지할 수 있을 정도로 너무 시끄러워서 극도로 어렵고 힘든 신호에 속할 가능성이 크므로, 수십 년간 생물학자들의 이목을 끌어왔다.

만약 부모 조류가 여기저기 돌아다니면서도 둥지에서 같이 생활하는 모든 새끼 조류에게 충분히 제공할 정도로 먹이를 획득한다면, 부모와 자식 간에 이런 의사소통은 반드시 필요하지 않을 것이다. 하지만 어린 새끼 조류 종들이 알에서 부화하자마자 거의 곧바로 부모에게 먹이를 달라고 간청하는 신호를 표출하므로, 미래로 더 나아가 계속해서 부모 역할을 해야 하는 부모 조류는 획득한 먹이를 어떤 새끼 조류에게 제공해야 할지 결정해야 하는 상황에 직면하게 된다. 부모와 자식 간의 갈등뿐만 아니라, 둥지에서 다 같이 생활하면서 부모의 관심과 사랑을 받으려는 형제자매 간의 갈등 속에도 존재하는 다양한 이해관계를 인식하기 위해서는 자식이 부모에게 간청 신호를 표출하는 행동을 극도로 열심히 연구해야 한다. 이때 다음과 같은 의문점들이 생길 것이다. 어린 새끼 조류나 본질적으로 우수한 새끼 조류는 무엇이 필요해서 그토록 간청하는 신호를 표출하는 걸까? 부모 조류는 모든 새끼 조류가 온전히 생존하기를 바랄까? 아니면 본질적으로 가장 우수한 새끼 조류가 생존하기를 바랄까?

요구 사항

가설을 제기하자면, 간청 신호는 아마도 어린 새끼 조류가 부모 조류에게 요구 사항을 가장 솔직하게 표현하는 방법일 것이다. 또한 어린 새끼 조류는 배가 매우 고플수록 간청 신호를 더욱 많이 표출하고, 충분히 포만감을 느낄수록 간청 신호를 덜 표출할 것이다. 이런 가설은 실험 연구를 통해 먹이가 부족한 상황에 따라 어린 새끼 조류 종들이 먹이를 달라고 간청하는 행동을 어떻게 변화시키는지를 자세히 살펴보면 입증할 수 있다. 바위비둘기, 노랑머리흑조 등 이런 조류 종들을 대상으로 실험 연구한 결과에 따르면, 먹이가 부족한 어린 새끼들은 먹이가 충분한 어린 새끼들보다 훨씬 더 많은 시간 동안 먹이를 달라는 간청 신호를 표출하고, 이로 인해 결국 먹이를 더욱더 자주 섭취하게 된다는 사실이 드러났다.

나무 제비의 경우를 살펴보면, 먹이가 부족한 어린 새끼들은 먹이를 간청하는 울음소리를 빠른 속도로 오랫동안 발성한다. 또한 녹음 재생 실험 결과에 따르면, 부모 나무 제비는 먹이가 부족하다고 더욱더 강하게 울음소리를 발성하는 어린 새끼들에게 재빨리 먹이를 제공하는 반응을 보인다는 사실이 밝혀졌다. 카나리아와 방울새, 피리새(멋쟁이새)의 경우를 살펴보면, 어린 새끼 조류 종들은 먹이가 부족할수록 입의 색채가 점점 더 선명해진다. 게다가 크레스티드 오클리트(뿔바다쇠오리)와 잉꼬 앵무새, 뿔눈바다오리의 경우를 살펴보면, 먹이가 부족한 어린 새끼들은 먹이가 충분한 어린 새끼들보다 주파수가 훨씬 더 높은 고주파 울음소리를 발성한다.

 나무 제비는 어린 새끼와 부모가 문 앞에서 서로 의사소통하는데, 이때 아마도 어린 새끼는 부모에게 먹이를 달라고 간청하는 행동을 하며 배고프다는 간청 신호를 표출할 것이다.

유라시아 피리새는 둥지에서 어린 새끼들의 위치와 목을 한껏 위로 쭉 뻗는 정도가 먹이를 공급받는 데 커다란 영향을 미칠 수 있지만, 먹이를 달라고 간청하는 어린 새끼의 입 속 색채가 배고프다는 간청 신호가 될 것이다.

크레스티드 오클리트(흰수염작은바다오리와 인접한 이웃 조류)는 흔히 바닷가 절벽 바위틈에서 번식하며, 둥지 하나당 오로지 어린 새끼 한 마리만을 양육한다. 또한 이런 상황에서 어린 새끼 조류는 배가 고프면 다른 형제자매들보다 훨씬 더 뛰어난 간청 신호를 표출하려고 애써 노력할 필요 없이 곧바로 고주파 울음소리를 발성하며 부모와 완벽하게 의사소통한다.

흥미롭게도 뿔바다쇠오리와 바다오리는 둥지 하나당 오로지 어린 새끼 한 마리만을 양육하므로, 이런 상황에서 어린 새끼 조류는 배가 고프면 부모의 관심을 끌어내기 위해 다른 형제자매들과 경쟁할 필요 없이 먹이를 달라는 간청 신호를 부모에게 곧바로 표출해야 한다. 그러면 부모 조류는 앞으로 다가올 미래에 번식할 기회와 자식들을 양육할 능력을 고려해 자발적으로 기꺼이 먹이를 공급할 때보다 훨씬 더 많은 시간과 노력을 투자해서 먹이를 충분히 획득하려고 애쓸 것이다.

일부 조류 종들은 먹이 부족 현상에 대비해 하루당 알을 하나씩만 낳으며 '자연 실험'을 설정하지만, 첫 번째 알부터 알을 품기 시작해서 마지막 알까지 낳는다. 결과적으로 어린 새끼 조류 종들은 비동시성 부화 현상에 따라 각기 다른 날에 알에서 부화하는데, 이때 제일 마지막으로 부화한 새끼 조류는 둥지에서 이미 부화한 나머지 새끼 조류 종들보다 훨씬 더 몸집이 작고 어린 상태로 생활하기 시작한다. 제비를 살펴보면, 가장 어린 새끼 제비는 전형적으로 몸집이 가장 작고, 먼저 부화해서 더 많이 성장한 나머지 새끼 조류 종들보다 간청 신호를 표출하는 데 훨씬 더 많은 시간을 소비한다. 실험 연구 결과에 따르면, 어린 새끼 조류 종들이 간청하는 행동은 배가 고프거나 요구 사항이 있다는 신호일 가능성이 크다는 사실이 명백히 입증되었다.

↑

부모 제비는 어린 새끼 조류 종들이 둥지를 떠난 뒤에도 2주가 넘도록 계속해서 양육할 것이다.

↗

이미 부화해서 먼저 성장한 어린 새끼 푸른얼굴얼가니새(가면부비)는 아직 알에서 부화하지 못한 형제자매보다 관계적 우위를 차지하므로, 어린 새끼 조류 종들 속에서도 유일하게 본질적으로 가장 우수한 상태에서 생존할 가능성이 큰 혜택을 누릴 것이다.

→

유라시아 후투티는 어린 새끼 조류 종들이 성공적으로 알에서 부화했더라도, 둥지에서 다 같이 생활하는 어린 새끼 조류 종들 가운데 몸집이 가장 작고 가장 어린 새끼 조류는 흔히 둥지를 떠나 날아다닐 수 있을 정도로 깃털이 다 나기도 전에 사망할 가능성이 클 것이다.

조류의 본질

이와 동시에 부모 조류는 자식이 요구한 대로 항상 관심을 두고 자식을 돌봐주지 못한다. 이런 현상은 특히 전형적으로 알에서 부화한 모든 새끼 조류 종들이 깃털이 다 나서 둥지를 떠나 날아다닐 수 있을 때까지도 살아남지 못하고 새끼 조류 감소 현상을 보여주는 조류 종들뿐만 아니라, 비동시성 부화 현상을 보여주는 조류 종들에게서도 확실히 나타날 수 있다. 가장 극단적으로 과격한 현상은 푸른얼굴얼가니새(가면부비)와 같이 형제자매를 죽이는 조류 종에서 나타난다. 이를테면 푸른얼굴얼가니새는 전형적으로 둥지 하나당 알 두 개씩을 낳지만, 이때 먼저 부화해서 훨씬 더 많이 성장한 새끼 조류는 늦게 부화한 어린 형제자매를 무정하게 공격해서 오로지 혼자서만 독립적으로 생존하게 된다.

마찬가지로 푸른발얼가니새를 살펴보면, 일반적으로 몸집이 가장 큰 새끼 조류는 부모에게 간청 신호를 가장 자주 표출하면서 먹이를 대부분 가장 많이 제공받게 되고, 이와 반대로 몸집이 가장 작은 새끼 조류는 먹이를 충분히 제공받지 못하고 배가 고픈 상태에서 결국 사망하게 된다. 비동시성 부화 현상을 보여주는 또 다른 조류 종인 후투티(오디새)를 살펴보면, 부모 조류는 간청 신호를 가장 자주 표출하는 몸집이 가장 큰 새끼 조류에게 우선적으로 먹이를 제공하는 모습을 드러내지만, 다만 몸집이 가장 큰 새끼 조류가 자신에게 먹이를 제공하려고 시도하는 부모를 못 보고 지나칠 때는 몸집이 조금 더 작은 새끼 조류 종들에게 먹이를 제공한다. 또한 앞서 언급했던 비동시성 부화 현상을 보여주는 조류 종인 노랑머리흑조를 살펴보면, 비록 배가 고픈 새끼 조류 종들이 간청 신호를 훨씬 더 자주 표출하면서 먹이를 더욱더 많이 제공받는 편이지만, 그래도 부모 조류는 또한 어린 새끼 조류 종들의 몸집 크기에 따라 관심을 두는 경향이 있으므로, 몸집이 작은 새끼 조류는 심지어 배가 매우 고프더라도 몸집이 훨씬 더 크고 더욱더 많이 성장한 새끼 조류 종들만큼 먹이를 충분하게 많이 제공받지 못한다.

적갈색꼬리숲올새는 앞서 사례들에서 살펴본 새끼 조류 감소 현상과 비동시성 부화 현상 징도를 보여주지 않지만, 약긴은 새끼 조류 종들 사이에서 몸집 크기가 불균형적으로 악화되는 현상을 보여준다. 실제로 몸집이 큰 새끼 조류 종들이 목을 한껏 위로 쭉 뻗으며 부모에게 먹이를 달라는 간청 신호를 몹시 강렬하게 표출하면서 몸집이 작은 새끼 조류 종들보다 먹이를 훨씬 더 많이 공급받게 되므로, 이로 인해 새끼 조류의 몸집 크기 불균형 현상은 점점 더 심화된다. 이런 특성과 관련된 실험 연구 결과에 따르면, 먹이를 간청하는 행동은 어린 새끼 조류의 본질을 표출하는 신호일 수 있으며, 어떤 경우에는 부모 조류가 몸집이 훨씬 더 크고 더욱더 건강한 새끼 조류를 선호하므로 자신이 획득한 먹이를 편향적으로 제공할 수 있다는 사실이 입증되었다.

가장 명백한 실험 연구 결과에 따르면, 어린 새끼 조류가 자신의 본

⬆
부모 제비는 둥지에서 다 같이 생활하는 어린 새끼 조류 종들 가운데 간청 신호를 가장 강력하게 표출하는 새끼 조류에게 정면으로 곧바로 접근해 모든 새끼 조류에게 각자 먹이를 공평하게 똑같이 나눠주는 양보다 훨씬 더 많은 양을 제공하려고 애쓴다.

⬅
어린 새끼 올빼미는 부리에 선명한 노란색을 표출할수록 부모에게 먹이를 더욱더 많이 제공받으며 가장 건강하게 성장할 수 있을 것이다.

질을 표출하는 신호는 아마도 어린 새끼 조류 종들이 거의 발성음을 표출하지 못하지만, 그래도 또한 선명한 깃털 색채, 입 부분이나 피부의 색채를 드러내는 조류 종에서 발견될 가능성이 크다는 사실이 밝혀졌다. 연구원들은 해부학적으로 성체 조류 종의 선명한 깃털 색채를 예상대로 실험 연구했듯이, 일부 어린 새끼 조류 종이 어떤 방법으로든 뚜렷하게 표출한 화려하고 매력적인 깃털 색채도 마찬가지로 예상대로 실험 연구할 수 있을 것이다.

어린 새끼 조류 종들이 표출하는 신호는 대부분 부모에게 드러낼 가능성이 가장 크다. 제비를 살펴보면, 어린 새끼 조류는 배가 고프면 먹이를 달라는 간청 신호로서 입을 상당히 크게 쩍 벌려 입속에 선명하고 다채로운 색채를 표출한다. 이런 경우와 마찬가지로 앞서 언급했던 피리새(멋쟁이새)를 살펴보면, 어린 새끼 조류는 건강할수록 입을 크게 쩍 벌려 입속의 색채를 더더욱 선명하게 표출하고, 다른 새끼 조류 종들보다 먹이를 훨씬 더 많이 제공받는 모습을 보여준다. 어린 새끼 올빼미는 노란색 부리가 두드러지게 눈에 띄는데, 몸집이 클수록 부리 색채가 한층 더 선명한 노란색을 띠는 경향이 있다. 부리 색채를 교묘하게 조작한 실험 연구에 따르면, 부모 조류는 대체로 어린 새끼 조류 종들 가운데 부리 색채가 더더욱 선명한 노란색을 띤 어린 새끼들에게 선별적으로 먹이를 제공한다는 사실이 드러났다. 유라시아 물닭과 미국 물닭을 살펴보면, 어린 새끼 조류는 민둥민둥한 머리가 선명한 빨간색과 주황색을 띠고, 목 주위에 목도리같이 둘려 있는 깃털이 연한 주황색을 띤다. 연구원들은 깃털 색채가 조금 더 흐릿하게 보이도록 일부 어린 새끼 조류 종들의 오렌지 깃털을 잘라내면서 깃털 색채의 화려한 정도를 교묘하게 조작한 실험 연구를 진행했다. 그 결과 부모 조류는 실험적으로 조작해서 깃털 색채가 화려하지 않은 새끼 조류 종들보다 깃털 색채가 화려한 새끼 조류 종들에게 먹이를 제공하는 반응을 보였으며, 어린 새끼 조류 종들은 깃털 색채가 화려할수록 훨씬 더 빨리 성장하고 생존할 가능성이 훨씬 더 컸다.

검둥오리와 검둥오리의 사촌인 뜸부기(뜸부깃과에 속하는 조류)를 대상으로 폭넓게 비교 연구한 결과에 따르면, 대부분 뜸부기 종과 특히 대부분 근본적인 조류 종들은 전형적으로 어린 새끼 조류의 깃털 색채가 선명한 검은색을 띤다는 사실이 드러났다. 어린 새끼 조류 종들은 몸집이 큰 조류 종이거나 일부다처제 조류 종일수록 깃털 색채가 훨씬 더 화려한 경향이 있었다. 또한 일부다처제 조류 종에 속하는 어린 새끼 조류 종들은 둥지에서 다 같이 생활하는 모든 새끼 조류 종들과 완전한 형제자매가 아니므로, 일부 어린 새끼 조류 종들은 같은 둥지 안에서 다른 새끼 조류 종들보다 관계적으로 밀접한 정도가 덜할 수도 있다. 몸집이 크거나 관계적으로 밀접한 정도가 덜한 어린 새끼 조류 종들은 모든 어린 새끼 조류 종들 사이에서도 경쟁하는 강도가 유난히 클 것이므로, 결국 자신들의 본질을 과시하기 위해 선택적으로 훨씬 더 화려하고 강렬한 깃털 색채를 강하게 표출한다.

분명하게도 어린 새끼 조류는 대부분 경우에 부모에게 요구 사항을 드러내며 간청 신호를 표출할 수도 있지만, 다른 경우에는 자신의 본질을 과시하며 간청 신호를 표출할 수도 있다. 그렇다면 왜 어린 새끼 조류 종들은 이런 식으로 간청 신호를 표출할까? 어린 새끼 조류 종들이 요구 사항 때문에 간청 신호를 표출하거나, 자신의 본질을 과시하며 간청 신호를 표출할 때는 어떤 정형화된 행동 양식이 존재할까? 다행히도 폭넓고 다양한 어린 새끼 조류 종들을 대상으로 이러한 간청 신호들을 매우 빈번하게 실험 연구한 결과, 이제 우리는 폭넓고 다양한 어린 새끼 조류 종들의 전략적인 간청 신호들을 제대로 파악할 수 있다. 어린 새끼 조류 143종을 대상으로 간청 행동을 비교 연구한 결과에 따르면, 확실히 먹이가 풍부한 환경에서 생활하는 어린 새끼 조류 종들은 본질적으로 우수한 서식지에서 부모에게 요구 사항을 드러내며 간청 신호를 표출하는데, 배가 매우

고픈 상태일수록 간청 신호를 훨씬 더 많이 표출한다는 사실이 밝혀졌다. 이때 부모 조류는 요구 사항을 적극적으로 드러내는 새끼 조류에게 먹이를 재빨리 제공할수록, 깃털이 다 나서 둥지를 떠나 자유롭게 날아다닐 수 있는 어린 새끼 조류 종들의 수를 늘려 번식 성공률을 향상시킬 가능성이 커질 것이다. 하지만 이와 반대로 상상할 수 없을 정도로 먹이가 부족한 환경에서 생활하는 어린 새끼 조류 종들은 무엇보다 중요한 청각적 간청 신호(발성음)를 덜 표출하므로, 부모 조류는 먹이를 달라고 간청 신호를 표출하는 어린 새끼 조류 종들에게 관심을 덜 두게 된다.

대신에 부모 조류는 금눈쇠올빼미의 부리 색채나 검둥오리의 화려한 깃털 색채처럼 본질을 표출하는 신체적 신호들에 의존하며, 본질적으

어린 새끼 뜸부기 종의 서로 각기 다른 색채 범위는 흰눈썹뜸부기의 선명한 검은색 깃털(112쪽 맨 위 왼쪽 그림)에서부터 노랑다리쇠물닭의 색채가 다채로운 부리(113쪽 그림), 쇠물닭의 민둥민둥한 머리와 색채가 다채로운 부리(112쪽 맨 위 오른쪽 그림), 유라시아 물닭(검둥오리)의 색채가 다채로운 부리와 머리, 주황색 깃털(112쪽 아래 그림)까지 매우 다양하다. 이처럼 포괄적으로 다양한 색채는 어린 새끼 조류가 부모에게 자신의 본질을 과시하며 선택적으로 표출한 간청 신호일 것이다.

로 가장 우수한 신호를 표출하는 어린 새끼 조류에게 재빨리 먹이를 제공한다. 다시 말해서 부모 조류는 생존 가능성과 성장 가능성이 가장 큰 어린 새끼 조류에게 선택적으로 먹이를 제공하면서 번식 성공률을 높일 수 있다.

심지어 한 조류 종 내에서조차도 어린 새끼 조류 종들이 보내는 간청 신호에 부모가 대응하는 정도는 서식지의 품질에 따라 각기 다를 수 있다. 어린 새끼 조류가 부모에게 자신의 본질을 표출하는 경우를 살펴보면, 결과적으로 어린 새끼 조류가 자신의 본질을 표출하는 신체적 신호들은 오로지 열악한 환경 조건에서만 중요한 역할을 할 수 있다. 예를 들어 앞서 언급했던 금눈쇠올빼미의 경우를 살펴보면, 어린 새끼 조류 종들은 부리 색채가 선명한 노란색을 띨수록 먹이를 많이 제공받지만, 이런 신체적 신호는 먹이를 훨씬 더 많이 제공받기 위해 서로 경쟁해야 할 정도로 형제자매가 많은 환경에서만 중요한 역할을 한다. 형제자매가 적은 환경을 살펴보면, 어린 새끼 조류 종들은 부리 색채에 상관없이 먹이를 동등하게 똑같이 제공받는다. 부모 조류는 오로지 모든 새끼 조류에게 먹이를 충분히 제공할 수 없을 거라고 예상할 때만 본질을 표출하는 신체적 신호에 대응하는 모습을 보인다.

인식

간청 행동은 어린 새끼 조류 종들 가운데 배가 가장 많이 고픈 새끼 조류든, 본질적으로 가장 우수한 새끼 조류든 간에, 어린 새끼 조류가 부모에게 먹이를 재빨리 달라고 간청하는 신호일 것이다. 뭔가 더욱더 근본적인 방식으로 설명하자면, 부모가 어린 새끼 조류에게 먹이를 재빨리 제공한다는 의미는 여러분이 자신과 관련된 어린 새끼 조류에게 먹이를 곧바로 제공한다는 뜻이기도 하다. 만약 어린 새끼 조류 종들 가운데 배가 가장 많이 고픈 새끼 조류가 여러분과 관련이 없다면, 여러분은 배가 가장 고픈 새끼 조류에게 먹이를 제공하기를 원하지 않을 수 있다. 대부분 조류 종들은 중대한 기술이 없어도 자신의 어린 새끼 조류 종들을 인식할 수 있다. 만약 부모 조류가 자신의 둥지를 제대로 잘 파악하고 있다면, 부모 조류는 다른 새끼 조류 종들을 자신의 새끼 조류로 혼동할 가능성이 거의 없을 것이다. 부모 조류는 새끼 조류를 반드시 인지해야 하고, 새끼 조류는 부모 조류를 반드시 인지해야 하지만, 특히 대체적으로 밀집된 번식지에서 다른 조류 종의 둥지에 알을 낳아 대신 품어 기르도록 하는 조류(탁란 조류) 종들일 경우에도, 부모 조류는 자신과 그다지 관련이 없는 둥지나 둥지 근처에서 어린 새끼 조류 종들이 일부 특정 상황이 발생하는 순간 진화적으로 표출하는 신호들을 반드시 인지해야 한다.

탁란 조류

뻐꾸기나 찌르레기와 같은 탁란 조류 종들은 자신들이 직접 둥지를 틀지 않고, 다른 조류 종들의 둥지에 알을 낳아 다른 조류 종들이 대신 품어 기르도록 가만히 내버려 둔다. 탁란 조류가 존재한다면, 숙주 조류의 둥지에서 생활하는 새끼 조류 종들 가운데 일부는 숙주 조류의 새끼 조류일 수도 있고, 또 다른 일부는 숙주 조류의 둥지에 알을 낳은 탁란 조류의 새끼 조류일 수도 있다. 숙주 부모 조류는 탁란 조류의 어린 새끼 조류 종들을 대신 양육하면서 시간과 노력을 기준치보다 훨씬 더 많이 투자해야 하는 위험한 상황에 직면하게 되고, 이로 인해 잠재적으로 번식 성공률이 완전히 감소할 수 있다. 부모 조류는 어린 새끼 조류를 인식할 수 있는 혜택을 명백하게 누리고 있지만, 때때로 자신의 새끼 조류 종들을 뚜렷하게 인식하지 못하는 상황이 발생하기도 한다. 어리석게 보일 수 있지만, 결국 숙주 개개비는 자신의 어린 새끼 조류에게 제공하는 먹이양보다 10배 정도 되는 먹이 12g을 탁란 뻐꾸기의 어린 새끼 조류에게 제공하는 상황이 벌어지게 된다. 따라서 숙주 부모 조류는 자신의 어린 새끼 조류가 강하게 표출하는 시각적 신호나 청각적 신호를 제대로 인식한다면, 선택적으로 탁란 조류의 어린 새끼 조류에게 먹이를 제공하는 어리석은 상황을 확실히 피할 수 있을 것이다.

호스필드청동뻐꾸기는 흔히 청요정굴뚝새의 둥지에 알을 낳는 탁란 조류이다. 이로 인해 결과적으로 탁란 호스필드청동뻐꾸기는 자신의 어린 새끼 조류 종들을 직접 양육하지 않고 숙주 청요정굴뚝새에게 양육을 맡기게 된다. 이때 숙주 청요정굴뚝새는 자신의 어린 새끼 조류 종들

이 상황에 따라 진화적으로 강하게 표출하는 신호들이나 탁란 현상을 명확히 인식한다면, 탁란 호스필드청동뻐꾸기의 어린 새끼 조류 종들을 대신 양육하는 상황을 피할 수 있고, 자신의 어린 새끼 조류 종들을 양육하는 데 시간과 노력을 투자하며 번식 성공률이 감소하는 위험에서도 벗어날 수 있다. 청요정굴뚝새가 탁란 현상을 피할 수 있는 첫 번째 단계는 호스필드청동뻐꾸기를 피할 만한 장소에 둥지를 트는 방법이 있을 수 있지만, 수년간 실험 연구한 결과에 따르면, 번식기 때마다 어디든 호스필드청동뻐꾸기의 둥지들 가운데 19~37% 정도가 탁란 현상이 발생한다는 사실이 드러났다. 청요정굴뚝새는 탁란 현상을 피할 수 있는 첫 번째 단계를 실패한 순간 자신의 둥지에서 탁란 현상이 발생하게 되면, 그대로 둥지를 버리고 떠날 것이다. 이와 같은 현상을 실험 연구한 결과에 따르면, 암컷 청요정굴뚝새 종들은 탁란 호스필드청동뻐꾸기의 어린 새끼 조류가 생활하는 둥지들 가운데 거의 40% 정도를 그대로 버리고 떠났지만, 실제로 오로지 자신의 어린 새끼 조류 종들만 생활하는 둥지는 결코 버리고 떠나지 않았다는 사실이 밝혀졌다. 그렇다면 어떻게 암컷 조류는 탁란 현상을 명확히 인식할 수 있을까? 암컷 조류는 탁란 현상을 인식하려면 최소한

⬇ 어린 새끼 뻐꾸기에게 먹이를 제공하는 유라시안 갈대 딱새는 자신의 어린 새끼 조류를 양육할 수 있는 시간과 노력을 엄청나게 낭비하고 있다.

⬇ 찌르레기는 흔히 북아메리카와 남아메리카 곳곳에서 서식하는 탁란 조류이다. 어린 새끼 찌르레기는 탁란 현상을 전혀 감지하지 못하는 숙주 조류에게 어느 정도 양육될 가능성이 크다.

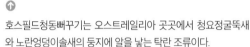
호스필드청동뻐꾸기는 오스트레일리아 곳곳에서 청요정굴뚝새
와 노란엉덩이솔새의 둥지에 알을 낳는 탁란 조류이다.

청요정굴뚝새는 협력적으로 번식하는 조류 종으로서 매력적인 사회생활과 문
란한 성생활, 호스필드청동뻐꾸기가 일으킨 탁란 현상을 다루려는 복잡한 적응
생활 때문에 폭넓고 다양한 연구 대상이 되고 있다.

어느 정도 자신의 어린 새끼 조류를 제대로 인식해야 하지만, 그렇다고
해서 어린 새끼 조류가 표출하는 신호를 반드시 인식할 필요는 없다. 어
린 새끼 호스필드청동뻐꾸기는 전형적으로 어린 새끼 청요정굴뚝새보다
훨씬 더 이른 시기에 알에서 부화하므로, 흔히 어린 새끼 청요정굴뚝새를
둥지에서 쫓아내는 경향이 있고, 이로 인해 결국 둥지에는 오로지 어린
새끼 호스필드청동뻐꾸기만 남아 있을 것이다. 이때 암컷 청요정굴뚝새
는 탁란 현상이 발생한 흔적으로 오로지 어린 새끼 호스필드청동뻐꾸기
만 둥지에 남아 있는 상황을 감지하고서 둥지를 그대로 버리고 떠나는 경
우가 많을 것이다.

　또한 어린 새끼 청유정굴뚝새가 간청하는 울음소리는 자신을 인시
하도록 부모에게 표출하는 신호일 수도 있지만, 탁란 어린 새끼 호스필드
청동뻐꾸기의 울음소리와 확실히 구별될 경우에만 제대로 역할을 한다.
탁란 어린 새끼 호스필드청동뻐꾸기는 어린 새끼 청요정굴뚝새의 울음
소리를 최소한 어느 정도 학습할 수 있는 모습을 보인다. 따라서 어린 새
끼 청요정굴뚝새와 탁란 어린 새끼 호스필드청동뻐꾸기가 간청하는 울
음소리는 매우 유사하다. 조류의 알을 한 둥지에서 다른 둥지로 옮기는
실험 연구를 바탕으로, 청요정굴뚝새의 둥지에 낳은 호스필드청동뻐꾸기
의 알을 노란엉덩이솔새의 둥지로 옮겨 놓았다. 알에서 부화한 어린 새끼
호스필드청동뻐꾸기는 처음에 어린 새끼 청요정굴뚝새와 유사하게 간청

울음소리를 발성했지만, 매우 신속하게 어린 새끼 노란엉덩이솔새와 유
사하게 간청 울음소리를 바꿔서 발성했다. 어린 새끼 호스필드청동뻐꾸
기는 알에서 부화한 지 단 며칠 만에 울음소리를 명확히 학습해 숙주 어
린 새끼 조류와 매우 유사할 정도로 울음소리를 바꿔서 발성할 수 있다.

　하지만 어린 새끼 청요정굴뚝새는 또한 부모가 자신을 명확히 인식
할 수 있도록 알에서 부화하기 전에 학습된 독특한 발성음 신호를 표출하
기도 한다. 이를테면 암컷 청요정굴뚝새는 알에 대고 울음소리를 발성하
고, 이때 아직 알에서 부화하지 않은 어린 새끼 청요정굴뚝새는 엄마 청
요정굴뚝새가 발성하는 울음소리를 듣고서 부분적으로 학습한다. 알에
서 부화한 어린 새끼 청요정굴뚝새는 마치 '발성음 암호'처럼 자신이 부
모의 친자식임을 알리는 울음소리를 발성하는데, 이에 반해 어린 새끼 호
스필드청동뻐꾸기는 이런 암호와 같은 울음소리를 제대로 학습하지 못
한다. 부모 청요정굴뚝새는 이런 독특한 청각적 신호를 감지해서 자신의
어린 새끼 조류와 탁란 호스필드청동뻐꾸기의 어린 새끼 조류 종들을 구
별하고, 정확히 자신의 어린 새끼 조류 종들 입속으로 먹이를 재빨리 제
공할 수 있게 된다. 어린 새끼 호스필드청동뻐꾸기는 적어도 당분간 이런
독특한 발성음 암호를 학습할 수 없을 것으로 보인다.

또한 어린 새끼 조류가 표출하는 시각적 신호는 부모 조류가 탁란 조류의 어린 새끼 조류 종들을 피할 수 있도록 도움을 줄 수도 있다. 작은청동뻐꾸기는 오스트레일리아 솔새류에 속하는 큰부리파리잡이새의 둥지에 탁란한다. 하지만 숙주 큰부리파리잡이새는 어린 새끼 작은청동뻐꾸기를 명확히 인식해서 적극적으로 둥지 밖으로 밀어낼 수 있을 것이다. 이를테면 어린 새끼 큰부리파리잡이새는 아직 깃털이 없는 어린 새끼 조류 종들과 다르게 부모 조류가 제대로 인지할 수 있도록 특이한 흰색 깃털 색채를 드러내며 시각적 신호를 표출한다. 어린 새끼 작은청동뻐꾸기는 모방 능력이 탁월해서 어린 새끼 큰부리파리잡이새와 유사하게 어두운 피부 색채와 흰 깃털 색채를 표출하지만, 어린 새끼 큰부리파리잡이새는 어린 새끼 작은청동뻐꾸기보다 깃털이 훨씬 더 많은 편이다. 부모 큰부리파리잡이새는 자신의 어린 새끼 조류 종들을 거의 그대로 받아들이지만, 이와 동시에 어린 새끼 작은청동뻐꾸기 종들의 69% 정도를 끝내 둥지 밖으로 밀어낼 것이다. 만약 어린 새끼 작은청동뻐꾸기 종들의 깃털을 실험적으로 말끔하게 잘라낸다면, 부모 큰부리파리잡이새는 어린 새끼 작은청동뻐꾸기 종들의 89% 정도까지를 둥지 밖으로 밀어낼 수도 있다. 작은청동뻐꾸기의 다른 아종들은 여러 가지 숙주 조류 종들을 모방하는데, 이때 어린 새끼 뻐꾸기 종들은 숙주 부모 조류가 둥지 밖으로 밀어낼수록 점점 더 진화적으로 거의 유사하게 숙주 조류 종들을 모방하게 된다. 우리가 확실히 파악할 수는 없지만, 어린 새끼 큰부리파리잡이새는 부모 조류가 자신을 명확히 인식할 수 있도록 깃털 색채를 진화적으로 표출하며, 상황에 따라 탁란 작은청동뻐꾸기의 어린 새끼 조류 종들과 완전히 구별되도록 자신의 깃털 특성을 정교하게 드러낼 가능성이 커 보인다. 게다가 어린 새끼 작은청동뻐꾸기는 숙주 부모 큰부리파리잡이새가 자신을 둥지 밖으로 밀어낼수록 결국 어린 새끼 큰부리파리잡이새를 점점 더 완벽하게 모방할 수도 있다.

또 다른 가능성을 살펴보면, 대부분 어린 새끼 조류 종들은 부모 조류가 자신을 명확히 인식할 수 있도록 입을 크게 딱 벌리고 입속에 밝은 색채를 드러내며 부모 조류에게 시각적 신호를 표출한다. 우리가 앞서 확인했듯이, 어린 새끼 조류 종들은 어떤 경우에 입을 크게 딱 벌리고 입속에 밝은 색채를 드러내며 행동으로서 요구 사항을 표출하고, 또 다른 어떤 경우에 본질을 드러내며 요구사항을 표출하기도 하는데, 이때 입속의 색채를 밝게 표출할수록 먹이를 더더욱 많이 제공받는다. 만약 탁란 어린 새끼 조류가 숙주 어린 새끼 조류보다 먹이를 달라는 간청 신호나 본질을 드러내는 신호를 훨씬 더 강하게 표출한다면, 탁란 어린 새끼 조류는 숙주 어린 새끼 조류보다 먹이를 훨씬 더 많이 제공받게 된다. 또한 만약 탁란 어린 새끼 조류가 숙주 어린 새끼 조류만큼이나 입속에 밝은 색채를 표출하지 못한다면, 숙주 부모 조류는 탁란 어린 새끼 조류가 그다지 배가 고프지 않거나 본질적으로 가치가 없다고 생각할 수도 있다. 하지만 일부 탁란 어린 새끼 조류 종들은 숙주 부모 조류가 인식하지 못하도록 숙주 어린 새끼 조류와 거의 유사하게 입속에 밝은 색채를 모방하고, 결국 먹이도 많이 제공받게 된다. 간청 신호를 진화적으로 표출하는 경쟁 속에서, 숙주 어린 새끼 조류 종들은 부모에게 친자식으로 인식되도록 입을 크게 딱 벌려 입속에 밝은 색채를 더더욱 점진적으로 과장되게 표출할 수 있지만, 그럴수록 상황에 곧바로 적응해 탁란 어린 새끼 조류를 경쟁에서 이길 수도 있다. 일부 어린 새끼 조류 종들은 어떤 경우든 탁란 어린 새끼 조류 종들과 장기전을

작은청동뻐꾸기(그림)와 큰부리파리잡이새는 간청 신호를 진화적으로 표출하는 경쟁 속에 갇혀 있다. 이때 큰부리파리잡이새는 탁란 현상을 피하기 위해 간청 신호를 진화적으로 표출하고, 작은청동뻐꾸기는 큰부리파리잡이새의 방어를 교묘하게 모면하기 위해 간청 신호를 진화적으로 표출한다.

펼치며 입속에 색채를 단계적으로 매우 멋지고 화려하게 표출할 것이다.

납부리새과는 참새목 납부리새과에 속하는 조류로서 색채가 다채롭고, 아프리카, 아시아, 오스트레일리아에 분포한다. 특히 아프리카의 긴꼬리밀납부리 종들은 흔히 참새목에 속하는 천인조와 유리멧새에 의해 탁란 현상이 발생하는 경우가 많다. 긴꼬리밀납부리 종들을 대상으로 폭넓고 다양하게 실험 연구한 결과에 따르면, 탁란 현상이 발생한 조류 종들은 탁란 현상이 발생하지 않은 조류 종들보다 입 부위의 색채가 훨씬 더 선명하고 다채로우며, 입을 크게 딱 벌려 입속의 색채를 훨씬 더 가지각색으로 다양하게 표출한다는 사실이 드러났다. 우리가 모두 예상했듯이, 확실히 이런 정형화된 패턴은 탁란 현상이 발생한 환경에서 숙주 어린 새끼 조류가 탁란 어린 새끼 조류와 장기전을 펼치는 경쟁을 이기기 위해 입속의 색채를 진화적으로 점점 더 다채롭게 표출하게 된다.

⬆ ↗

천인조는 긴꼬리밀납부리의 둥지에 알을 낳아 대신 품어 기르도록 하는 탁란 조류에 속한다. 탁란 어린 새끼 천인조(맨 위 왼쪽)는 입을 크게 딱 벌려 입속의 색채를 표출하는데, 이때 숙주 어린 새끼 긴꼬리밀납부리(맨 위 오른쪽)와 거의 유사하게 모방해서 표출한다. 성체 긴꼬리밀납부리는 오른쪽 그림에서 보여주고 있다.

어두운 나무 구멍 둥지 속에서, 어린 새끼 쇠부리딱다구리가 입 테두리 부위에 표출하는 선명한 하얀 색채는 부모 조류의 관심을 끄는 데 도움이 될 수 있다.

➡️ 조류 종들의 둥지가 빽빽하게 밀집된 서식지에서 생활하는 큰부리바다오리 종은 부모 조류와 어린 새끼 조류 종간에 서로의 발성음을 명확히 인식하는 것이 무엇보다 중요하다.

로 이기려고 노력하므로, 결국 어린 새끼 조류가 표출하는 입 테두리 부위의 색채는 특성상 본질이나 요구 사항을 드러내는 신호가 될 것이다.

군체 조류

조류 종들의 둥지가 서식지에서 매우 빽빽하게 밀집되어 있을 때, 부모 조류는 자신의 어린 새끼 조류를 곧바로 찾아 직접 양육하는 데 대단히 많은 문제가 발생할 가능성이 크다. 일단 빽빽하게 밀집된 서식지에서 둥지를 튼 조류는 외딴 서식지에서 혼자 둥지를 튼 조류보다 자신의 둥지 위치를 정확히 파악하기가 약간 더 어렵고 힘들어질 수 있다. 대부분 세력권을 차지하려는 명금류의 경우를 살펴보면 알 수 있듯이, 조류는 자신이 차지한 세력권에서 50m나 그 이상으로 떨어진 위치에 다른 조류 종들의 둥지가 존재하지 않는다면 자신의 둥지를 인식하는 데 실수할 가능성이 작다. 하지만 대부분 바닷새의 서식지와 마찬가지로, 조류는 자신이 차지한 세력권에서 가장 가까운 거리 1~2m 정도 떨어진 위치에 다른 조류 종의 둥지가 존재한다면 자신의 둥지를 인식하는 데 실수할 가능성이 크다. 특히 이와 같은 환경 조건에서 어린 새끼 조류 종들이 알에서 부화하자마자 곧바로 자유롭게 움직이는 경우에도, 부모 조류는 자신의 둥지 위치를 겨우 파악하게 되므로 자신의 어린 새끼 조류를 충분히 신속하게 찾아낼 수 없을 것이다. 분명하게도 부모 조류는 자신의 둥지를 정확하게 파악하고, 무엇보다도 중요한 자신의 어린 새끼 조류 종들을 제대로 인식하기를 원한다. 조류의 이런 상황을 가장 잘 표현하자면, 청각적 신호(발성음)는 부모와 자식 간에 서로 인식하는 데 이용되는 주요 특성이 될 것이다.

일부 연구원들은 우선적으로 바다오리(도요목 바다쇠오리과)와 웃음갈매기를 대상으로 부모와 자식 간의 의사소통을 관찰 연구했다. 관찰 연구한 결과에 따르면, 부모 조류는 서식지로 되돌아와 둥지에 다가가면서 울음소리를 발성하고, 어린 새끼 조류는 부모 조류의 울음소리에 맞춰 울음소리를 발성하지만, 특히 어린 새끼 조류는 부모 조류의 울음소리가 들리는 방향으로 울음소리를 발성하며 자신의 위치를 알린다는 사실이 드러났다. 또한 녹음 재생 실험을 진행한 연구 결과에 따르면, 어린 새끼 조류는 자신의 부모 조류와 다른 성체 조류들의 울음소리를 확실하게 구별할

또 다른 경우를 살펴보면, 일부 어린 새끼 조류 종들이 선명하고 화려하게 표출하는 입 부위의 색채는 본질이나 요구 사항을 드러내거나 부모 조류가 인식할 수 있도록 표출하는 신호가 아니라, 부모 조류에게 쉽게 발견되기 위해 표출하는 신호일 가능성이 크다. 특히 입 테두리 부위의 색채가 선명한 어린 새끼 조류는 입 테두리 부위의 색채가 희미한 어린 새끼 조류보다 부모 조류에게 훨씬 더 쉽게 발견될 것이다. 쇠부리딱다구리, 알락딱새, 박새, 집참새와 같이 구멍 둥지를 트는 조류 종들을 대상으로 실험 연구한 결과에 따르면, 입 테두리 부위의 색채가 희미한 어린 새끼 조류 종들은 입 테두리 부위의 색채가 정상적으로 선명한 어린 새끼 조류 종들보다 훨씬 더 먹이를 적게 제공받고 체중이 적게 늘어난다는 사실이 밝혀졌다. 하지만 어린 새끼 조류가 표출하는 입 테두리 부위의 선명한 색채는 우선적으로 부모 조류에게 쉽게 발견될 수 있도록 표출하는 신호라고 하더라도, 어린 새끼 조류 종들은 부모 조류에게 곧바로 가장 먼저 발견되기 위해 입 테두리 부위의 색채를 표출하는 경쟁에서 서

수 있다는 사실도 드러났다. 바다오리를 대상으로 실험 연구한 결과에 따르면, 실험실에서 배양된 알에서 부화한 어린 새끼 조류는 아직 알에서 부화하기 전에 알 속에서 들었던 성체 조류의 울음소리에 훨씬 더 강한 반응을 보였으며, 알에서 부화하기 전에 부모 조류의 울음소리를 스스로 학습한다는 사실이 밝혀졌다. 게다가 큰부리바다오리와 관련된 조류 종들을 대상으로 녹음 재생 실험을 진행한 연구 결과에 따르면, 알에서 부화한 지 3일 정도 된 어린 새끼 조류 종들은 부모 조류와 낯선 조류의 울음소리나 부모 조류와 성체 이웃 조류의 울음소리를 명확하게 구별하지만, 성체 이웃 조류와 낯선 조류의 울음소리는 확실하게 구별하지 못한다는 사실도 밝혀졌다. 이러한 실험 연구 결과들에 따르면, 어린 새끼 조류 종들은 익숙하지 않은 울음소리보다 익숙한 울음소리에 훨씬 더 강한 반응을 보일 뿐만 아니라, 심지어 익숙한 울음소리들 속에서도 자신의 부모 조류에 속한 울음소리를 정확히 파악한다는 사실이 드러났다.

이와 같은 경우에는 어린 새끼 조류가 부모 조류의 울음소리를 명확히 인식하고 있으므로 부모 조류가 자신의 어린 새끼 조류를 찾아낼 수 있지만, 흔히 부모 조류도 어린 새끼 조류의 울음소리를 인식할 수 있다. 큰부리바다오리는 도요목 바다쇠오리과의 다른 조류 종들과 마찬가지로 어린 새끼 조류의 울음소리를 명확히 인식한다. 바다쇠오리의 경우를 살펴보면, 부모와 자식 간의 울음소리 인식은 빽빽하게 밀집된 서식지 때문이 아니라, 둥지를 트는 습성 때문에 특히 유용할 수 있다. 서식지에서 굴을 파거나 틈새에 둥지를 트는 이런 조류 종들은 흔히 바다에서 어느 정도 떨어져 둥지를 트는 경우가 많다. 어린 새끼 조류 종들이 알에서 부화한 지 며칠이 지나면, 부모 조류는 밤에 둥지로 다가가 굴 둥지 입구에서 어린 새끼 조류 종들에게 울음소리를 발성한다. 어둠이 짙게 깔린 상황에서 어린 새끼 조류 종들은 둥지를 떠나서 무성한 초목을 기어올라 바다로 향한다. 녹음 재생 실험을 진행한 연구 결과에 따르면, 부모 조류와 어린 새끼 조류 종들은 모두 서로 간의 울음소리를 명확히 인식하므로, 어린 새끼 조류 종들은 어둠이 짙게 깔린 바다에서 부모 조류의 울음소리를 귀담아듣고서 부모 조류와 다시 만날 수 있다는 사실이 밝혀졌다.

큰부리바다오리는 부모와 자식 간에 인식하는 부분이 매우 다양하면서도 흥미롭다. 부모 조류는 암수 모두가 둥지에 머무르는 동안 어린 새끼 조류를 함께 돌보지만, 어린 새끼 조류가 둥지를 떠나서 바다로 날아간 후에는 오로지 수컷(♂) 조류만이 양육을 담당한다. 큰부리바다오리를 대상으로 녹음 재생 실험을 진행한 연구 결과에 따르면, 어린 새끼 조류 종들은 수컷(♂) 조류의 울음소리를 명확히 인식하고, 수컷 조류는 자신의 어린 새끼 조류와 낯선 어린 새끼 조류들의 울음소리를 명확히 인

식하는데, 이때 자신의 어린 새끼 조류가 발성하는 울음소리에 더더욱 강하게 대응한다는 사실이 드러났다. 하지만 암컷(모) 조류는 어린 새끼 조류 종들의 울음소리에 매우 약하게 대응하면서도, 자신의 어린 새끼 조류와 낯선 어린 새끼 조류의 울음소리를 구별해서 대응하지 않는다는 사실이 드러났다. 그렇다면 특이하게도 암컷 조류는 자신의 어린 새끼 조류를 확실하게 인식하지 못하는 것처럼 보일 수 있지만, 사실 어린 새끼 조류의 울음소리는 암컷 조류에게 표출하는 신호와 관련이 없다. 전반적으로 조류의 모든 의사소통 방식에서 살펴볼 수 있듯이, 조류는 신호를 받아도 어떤 혜택이 없다면 굳이 신호에 대응하지 않는 경향이 있다.

　　제비를 대상으로 부모 조류가 어린 새끼 조류의 울음소리를 인식할 때 부모 조류의 인식 정도가 어린 새끼 조류의 울음소리와 밀접하게 관련이 있는지 없는지에 관해 실험 연구를 진행하는 동안, 또 다른 연구 결과가 명백하게 밝혀졌다. 군체 조류에 속하는 갈색제비와 삼색제비를 살펴

보면, 부모 조류는 서식지에서 어린 새끼 조류의 울음소리를 인식하지만, 부모 조류의 인식 정도가 어린 새끼 조류의 울음소리와 밀접하게 관련이 없어 보였다. 이에 반해 외딴곳에서 혼자 둥지를 트는 제비와 미국갈색제비를 살펴보면, 부모 조류의 인식 정도가 어린 새끼 조류의 울음소리와 한층 더 밀접한 관련이 있어 보였다. 하지만 오로지 군체 조류 종들만 부모 조류가 자신의 어린 새끼 조류와 다른 조류 종들의 어린 새끼 조류를 혼동하는 위험률이 상당히 높은 경향이 있으므로, 오로지 군체 조류 종의 어린 새끼 조류 종들만이 인식을 위한 신호를 점점 더 진화적으로 표출하는 모습을 드러냈다. 예를 들어 군체 조류 종의 어린 새끼 갈색제비와 삼색제비 종들은 외딴곳에서 단독으로 둥지를 트는 조류 종의 어린 새끼 제비와 미국갈색제비보다 각자 울음소리를 훨씬 더 독특하게 발성하고, 이로 인해 부모 갈색제비와 삼색제비는 부모 제비와 미국갈색제비보다 어린 새끼 조류 종들을 훨씬 더 쉽게 인식하게 된다. 따라서 군체 조류 종의

↑

갈색제비는 흔히 둥지가 빽빽하게
밀집된 서식지에서 강둑의 부드러운
토양 속으로 굴을 파서 둥지를 트는
경우가 많다.

←

큰부리바다오리 암수는 양육하는 역
할이 서로 각기 다르므로, 결국 어린
새끼 조류를 인식하는 방식도 서로
각자 다르다.

→

군체 조류에 속하는 부모 삼색제비는
조류 수십이나 수백여 종들이 나란히
빽빽하게 진흙 둥지를 트는 서식지에
서도 어린 새끼 조류의 울음소리를
명확히 인식할 수 있다. 하지만 벼랑
이나 처마 밑에 단독으로 진흙 둥지
를 트는 부모 제비는 어린 새끼 조류
의 울음소리를 제대로 인식하지 못하
는 경향이 있다. 외딴곳에서 단독으
로 둥지를 트는 부모 조류 종들은 다
른 조류 종들의 어린 새끼 조류에게
먹이를 잘못 제공하는 위험률이 낮지
만, 어린 새끼 조류가 요구 사항을 진
화적으로 표출하는 울음소리를 인식
하는 능력은 낮은 편이다.

부모 조류는 오로지 자신의 어린 새끼 조류에게 가까이 다가가 관심을 주
는 친밀도에 따라서만 인식 정도의 차이가 발생하는 것이 아니다.

　군체 조류 종에 속하는 갈색제비와 삼색제비를 살펴보면, 부모 조류
는 자신의 어린 새끼 조류와 다른 조류 종들의 어린 새끼 조류를 혼동하
는 위험률이 주기적으로 둥지를 트는 방식에 따라 달라질 수 있다. 이를테
면 어린 새끼 갈색제비는 알에서 부화한 지 대략 첫 2주 동안은 한정적으

로 구멍 둥지 속에서 생활한다. 이 기간에는 부모 조류가 자신의 둥지에서 낯선 어린 새끼 조류를 발견할 가능성이 극히 작다. 하지만 어린 새끼 조류 종들이 한층 더 자유롭게 움직이고 능숙하게 하늘을 날기 시작하면, 결국 어린 새끼 조류 종들은 자신의 둥지가 아닌 다른 조류 종들의 둥지에 잘못 정착할 수도 있다. 이와 동시에 어린 새끼 조류 종들은 움직임이 자유로워질수록 각자 더더욱 독특한 울음소리를 발성한다. 어린 새끼 조류 종들이 계속해서 둥지를 떠나 하늘을 날기 시작하면, 이에 따라 부모 갈색제비와 삼색제비는 흔히 먹이를 찾아 떠나면서 어린 새끼 조류 종들을 대규모 무리 집단(일명 어린아이를 맡기는 놀이방)에 놓아두는 경우가 많다. 또한 부모 갈색제비와 삼색제비는 대규모 무리 집단에 놓아두어도 각자 독특한 울음소리를 발성하는 어린 새끼 조류 종들을 제대로 찾아낼 수 있다.

조류는 독특한 발성음을 표출하는 청각적 신호를 이용해 부모와 자식 간에 명확히 인식한다고 잘 알려져 있지만, 다른 신호들도 이와 같은 역할을 할 수 있다. 삼색제비를 살펴보면, 어린 새끼 조류 종들은 독특한 얼굴 표정을 드러내며 시각적 신호를 표출하기도 한다. 조류 관찰자들은 이런 독특한 얼굴 표정을 바탕으로 어린 새끼 조류 종들을 각각 구별할 수 있으나, 부모 삼색제비가 독특한 얼굴 표정의 특성을 이용해 자신의 어린 새끼 조류 종들을 명확히 인식한다는 사실은 아직 알려진 바가 없다. 그렇다고 해도 부모 삼색제비가 독특한 얼굴 표정의 특성을 이용해 자신의 어린 새끼 조류 종들을 인식할 거라고 가능성을 열어 놓을 수도 있지만, 특히 연구원들은 실험 연구를 통해 이런 현상이 사실임을 확실히 밝혀내기가 어렵다. 현재 연구원들은 부모 삼색제비에게 녹화한 어린 새끼 조류 종들의 얼굴 표정을 보여주는 실험 연구보다 녹음한 어린 새끼 조류들의 울음소리를 들려주는 실험 연구가 결과를 입증하기에 훨씬 수월한 편이다.

또한 작은황조롱이는 부모와 자식 간의 인식과 서식지 사이의 관계를 분명히 보여준다. 군체 조류에 속하는 작은황조롱이를 대상으로 실험 연구한 결과에 따르면, 빽빽하게 밀집된 서식지에서 둥지 생활을 하는 어린 새끼 조류 종들 가운데 76% 정도는 자신의 부모 조류가 아닌 이웃 부모 조류의 둥지에서 생활한다는 사실이 밝혀졌다. 전반적으로는 어린 새끼 조류들 가운데 51% 정도가 둥지를 바꿔서 이웃 부모 조류의 둥지에서 생활하게 된다. 왜 부모 조류는 그토록 자주 자신과 관련 없는 어린 새끼 조류 종들을 양육하는 것일까? 한 가지 가설을 세워 보면, 작은황조롱이는 예나 지금이나 마찬가지로 서식지에서 항상 일정한 장소에 둥지를 틀지 않으므로 자신의 어린 새끼 조류를 명확히 인식하는 능력이 진화하지 못했을 가능성이 크다. 작은황조롱이는 원래 절벽이나 암벽에 굴을 파서 둥지를 틀었을 것이다. 하지만 오늘날에는 인공적으로 건설된 구조물 암벽이나 테라코타 기와지붕 아래에 구멍을 내서 둥지를 튼다. 원래 서식지에서 부모 작은황조롱이는 이웃 부모 조류의 어린 새끼 조류를 좀처럼 맞닥뜨리지 않을 수도 있지만, 기와지붕 아래 둥지에서는 어린 새끼 조류 종

⬆

작은황조롱이는 흔히 자연적으로 갈라진 암벽의 틈에 둥지를 틀거나, 인공적으로 건설된 구조물 암벽에 굴을 파서 둥지를 튼다. 또한 작은황조롱이는 둥지의 이용 가능성에 따라 암수가 단독으로 서식하거나, 여러 종과 한곳에 무리 지어 군체 생활을 할 수도 있다.

➡

대부분 펭귄은 한곳에 무리 지어 서식하는 군체 조류에 속한다. 몸집이 가장 큰 두 종, 임금펭귄(위 그림)과 황제펭귄(아래 그림)은 거대한 서식지에 둥지를 틀거나 둥지를 틀지 않고 군생한다. 대신에 둥지를 틀지 않는 부모 펭귄은 알을 발로 받혀 품는다. 어린 새끼 펭귄들은 알에서 부화한 지 몇 주가 지나면 대규모 무리 집단(일명 어린아이를 맡기는 놀이방)에 모여 군생활을 할 것이다. 부모 펭귄은 자신의 어린 새끼 펭귄에게 먹이를 제공하기 위해 서식지로 돌아오면 자신의 어린 새끼 펭귄을 향해 울음소리를 발성하는데, 이때 어린 새끼 펭귄은 부모의 울음소리를 명확히 인식하므로, 부모 펭귄과 어린 새끼 펭귄은 서로 만나기 어려운 상황에서도 충분히 재회할 가능성이 크다.

들이 한 둥지에서 다른 둥지로, 특히 먹이를 제공하는 성체 조류를 쫓아서 쉽게 걸어 다닐 수 있다. 충분한 시간 동안 조류를 살펴보면, 우리는 부모와 자식 간의 신호들이 진화한다는 사실을 예상할 수 있으나, 또 한편으로 작은황조롱이를 살펴보면, 어린 새끼 조류 종들이 둥지를 바꿔 이곳저곳으로 옮겨 다니며 생활하거나 입양으로 맺어진 부모 조류가 어린 새끼 조류의 이런 생활 방식에 고통을 받는다는 사실을 입증할 수는 없다.

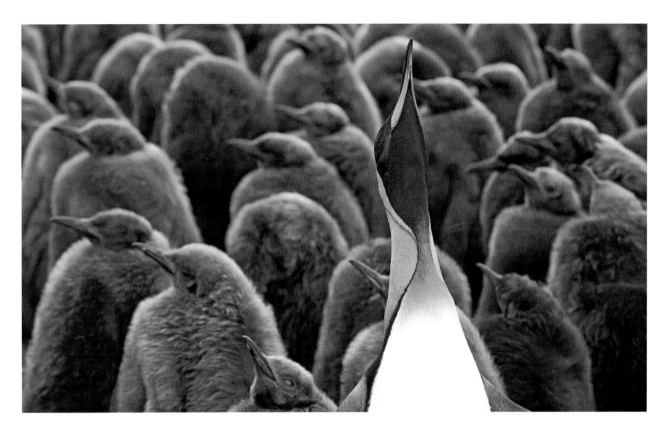

5

경고 신호

세상은 구석진 사방 곳곳에서 교묘하게 숨어 사냥감을 찾아 살금살금 돌아다니는 포식자들로 가득 차 있으므로, 대부분 조류는 세상이 온통 위험한 장소이다. 이로 인해 조류는 끊임없이 발생하는 위협적인 상황에 대응할 수 있도록 청각적 신호와 시각적 신호를 포함해 포식자에게 대항하는 표출 행동들까지 폭넓고 다양하게 진화해 왔다. 이제 5장에서는 조류가 표출하는 경고 신호들을 자세히 탐구할 것이다.

경고 울음소리

조류가 포식자에게 대항하기 위해 발성하는 울음소리는 흔히 일반적으로 경고 울음소리라고 표현하는 경우가 많지만, 조류 포식자에게 대항하는 경고 울음소리는 시끌벅적한 울음소리, 매우 시끄럽고 반복적인 모빙 울음소리(떼 짓게 하는 울음소리), 구조 요청 울음소리 등 한층 더 작은 범주로 나뉠 수 있다.

조류의 경고 울음소리는 전후 사정에 따라 조류가 처한 상황, 포식자의 위협 유형이나 정도 등을 알리는 여러 가지 다양한 부류로 구분되지만, 또한 조류가 울음소리를 발성하는 방법에 따라 어느 정도 구분되기도 한다.

시끌벅적한 울음소리

시끌벅적한 울음소리는 전형적으로 먹잇감을 사냥하기 위해 하늘을 활발히 날아다니는 조류 포식자를 발견했을 때 대체로 몸집이 작은 조류가 발성하는 울음소리로서, 주파수 대역폭이 좁은 고주파 울음소리를 말한다. 이 울음소리는 아마도 다른 조류 종들이 몸서리칠 정도로 공포감을 느껴 조류 포식자의 눈에 띄기 힘든 장소로 재빨리 피난할 수 있도록 도와줄 것이다. 매와 솔개, 다른 조류 포식자들처럼 성질이 사납고 육식을 하는 맹금류는 고주파 울음소리를 잘 듣지 못하고, 고주파 울음소리는 강도가 재빠르게 줄어들기 때문에, 주파수 대역폭이 좁고 시끌벅적한 고주파 울음소리는 조류 포식자가 귀담아듣고서 사냥감의 위치를 제대로 파악하기가 어려울 것이다. 이러한 이유로 세계 각지에서 서식하는 대부분 몸집이 작은 조류 종들은 시끌벅적한 울음소리가 매우 유사하게 진화되어 왔다.

앞서 언급한 대로 맹금류는 시끌벅적한 울음소리를 귀담아들을 수 있는 청각적 구조를 갖추고 있지 않으므로, 대부분 조류는 하늘을 활발히 날아다니는 명금류에게 대응하기 위해 주파수 대역폭이 좁고 시끌벅적한 고주파 울음소리를 발성한다는 점에 주목할 필요가 있지만, 시끌벅적한 울음소리는 다른 조류 종들이 공포감을 느끼고 명금류를 피해 재빠르게 멀리 달아나거나 은신처에 숨을 수 있도록 도와준다는 점도 여전히 주목해야 한다. 이런 유형의 모든 울음소리는 오로지 다른 조류 종들에게 하늘을 활발히 날아다니는 명금류의 존재를 알리기 위해 발성하는 울음소리로서, 그저 안테나처럼 하늘 높이 솟은 경고 울음소리로 나타내는 것이 약간 더 명확한 표현일 수 있다.

모빙 울음소리

모빙 울음소리는 전형적으로 조류가 육식 동물을 발견하거나, 나뭇가지 끝에 걸터앉은 조류 포식자를 찾아냈을 때 매우 시끄럽고 반복적으로 발성한다. 이런 울음소리는 주파수 대역폭이 넓거나 단순히 짧게 '짹짹' 우

는 소리로서, 귀에 거슬릴 정도로 거칠고 격렬한 쇳소리로 들릴 것이다. 모빙 울음소리는 같은 조류 종(동종)들이나 다른 조류 종(이종)들이 떼 지어서 모여들 수 있도록 주의를 끌어모은다. 또한 모빙 울음소리는 몸서리칠 정도로 공포감을 느껴 몸이 얼어붙은 조류 종들에게 은신처에 숨어 있도록 권장하지 않고, 조류 종들이 떼 지어 모여들어 위협적인 포식자가 자리를 떠날 때까지 포식자 쪽으로 달려들거나 날아올라 포식자를 협동적으로 공격하거나 괴롭히도록 유도하므로, 이런 울음소리는 어쩌면 반직관적인 표출 행동으로 보일 수 있다.

때때로 모빙 울음소리는 맹금류를 뒤쫓아 가며 공격하는 까마귀나 북부흉내지빠귀와 같은 조류 종들에게서 명백하게 드러난다. 이런 조류

종들은 심지어 모빙 울음소리를 격렬하게 발성하면서 포식자를 신체적으로 강하게 부딪치며 공격할 수도 있다. 이와 마찬가지로 또 다른 경우를 살펴보면, 박샛과 박새 종들은 떼 지어 올빼미를 습격할 때 올빼미에게 가까이 접근하면서 경고 울음소리를 발성하지만, 신체적으로 부딪치며 공격하지는 않는다. 다른 조류 종들은 모빙 울음소리에 이끌리지만, 이에 반해 일부 조류 종들은 주변부에 그냥 조용히 머물러 있을 것이다. 때때로 조류는 포식자의 정체를 잘못 파악해 모빙 울음소리를 실수로 발성하기도 하는데, 이런 경우는 조류 종들이 떼 지어 비포식자를 공격하는 상황이 발생할 것이다. 또한 모빙 울음소리는 매우 잘못된 방향으로 향할 수도 있는데, 이때는 떼 지어 몰려드는 조류 종들이 포식자에게 공격

↑

북부흉내지빠귀는 흔히 삼새직인 포식지, 심지어 묻고기를 잡아 먹고 사는 수릿과 물수리와 같이 실제로 그다지 위협적이지 않아 포식자에게도 모빙 울음소리를 공격적으로 발성한다.

을 당해 죽음을 맞이할 수 있다. 조류 관찰자들은 흔히 조류 종들을 불러들여 더욱더 자세히 살피기 위해 박샛과 박새 종들이 발성하는 모빙 울음소리(일반적으로 알려진 짧게 '쨱쨱' 우는 소리)를 비슷하게 흉내 내든, 숨어 있는 올빼미를 발견하는 데 도움을 얻기 위해 모빙 울음소리에 주의 깊게 귀를 기울이든 간에, 조류가 발성하는 모빙 울음소리를 이용해 조류 종들을 관찰하는 경우가 많다.

경고 울음소리   **127**

성체 까치풍금새는 독성이 매우 강한 독사인 나무독뱀이 자신과 자신의 둥지를 위협하며 포식성을 드러낼수록 모빙 울음소리를 발성한다.

반복적으로 짧게 '짹짹' 우는 울음소리는 코스타리카의 덤불 속에서 흰귀땅참새 암수 한 쌍이 함께 머물러 의사소통할 때나, 위급한 상황에 부닥쳤을 때 발성한다.

정보 소통

비록 경고 울음소리가 그저 위협적인 포식자의 위치만을 알릴 수 있다고 하더라도, 모빙 울음소리는 조류 종간에 훨씬 더 다양하고 복잡한 정보들을 의사소통할 수 있다는 실험 연구 결과들이 점점 더 늘어나는 추세다. 모빙 울음소리는 위협적인 포식자의 위치와 긴급한 위기 상황에 관한 매우 중요한 정보를 제공할 수 있다. 하지만 단순한 울음소리는 상황에 따라 조류 종들에게 필요한 모든 정보를 제공할 수 없을 것이다. 예를 들어 몸집이 작은 조류 종들은 위협적인 매가 몸집이 작아서 조그마한 조류를 추격할 가능성이 큰지, 아니면 위협적인 매가 몸집이 커서 조그마한 조류를 덜 위협하지만 대신에 커다란 먹잇감을 표적으로 삼고 있는지를 제대로 파악하고 싶어 하는 매우 합리적인 이유들이 존재한다. 또한 조류는 자신보다 높은 위치에서 위협적인 매가 매섭게 공격하고 있는지, 아니면 자신보다 낮은 위치에서 위협적인 뱀이 매섭게 공격하고 있는지를 제대로 파악하기를 원할 수도 있다.

경고 울음소리는 복잡한 정보에 따라 여러 가지 다양한 방법으로 발성될 수 있다. 한 가지 가능성을 살펴보면, 경고 울음소리는 똑같은 유형으로 발성되지만, 경고 울음소리 발성 속도는 복잡한 정보에 따라 각기 달라질 수 있다. 또 다른 가능성을 살펴보면, 박새가 발성하는 울음소리 가운데 'D 울음소리'(130-131쪽 글상자 참조)와 마찬가지로 울음소리 내에서 특정 요소의 속도가 달라질 수도 있다. 하지만 이와 또 다른 가능성을 살펴보면, 조류는 위협적인 존재에 따라 청각적으로 각기 다르게 독특한 울음소리를 발성할 수도 있다. 이처럼 경고 울음소리가 특정한 의미를 내포할 수 있다는 사실을 확립하려면, 연구원들은 조류가 여러 가지 다양한 자극에 따라 독특하게 정형화된 방법으로 경고 울음소리를 발성한다는

사실을 입증해야 한다. 또한 경고 울음소리에 주의 깊게 귀를 기울이는 다른 조류들은 각기 다른 독특한 울음소리에 각자 적절한 방법으로 대응한다는 사실도 입증해야 할 것이다.

흥미롭게도 예를 들어 흰귀땅참새는 의사소통하는 방식으로 단순히 짧게 '짹짹' 우는 모빙 울음소리를 발성한다. 반복적으로 짧게 '짹짹' 우는 울음소리는 흰귀땅참새가 특히 두 가지 독특한 상황에 부닥쳤을 때 발성한다. 이를테면 흰귀땅참새 종들은 암수 한 쌍이 함께 먹이를 찾아다니면서 정기적으로 의사소통할 때 울음소리를 발성하거나, 둥지 가까이에서 위협적인 포식자를 발견했을 때 모빙 울음소리를 발성한다. 흰귀땅참새 종들이 각자 반복적으로 짧게 짹짹 우는 울음소리의 청각적 구조는 전후 사정과 관계없이 다들 똑같다. 우선적으로 흰귀땅참새 종들이 정기적으로 의사소통할 때 발성하는 울음소리와 모빙 울음소리의 차이는 반복적으로 짧게 짹짹 우는 울음소리를 발성하는 속도에서 드러나는데, 이때 흰귀땅참새 종들은 한층 더 위급한 상황에 부닥칠수록 반복적으로 짧게 짹짹 우는 울음소리의 속도가 너무너무 빨리진다. 이러한 청가저 신호들은 흔히 '등급 신호'로 표현되는 경우가 많다. 흰귀땅참새 종들은 반복적으로 짧게 짹짹 우는 울음소리의 속도가 빨라질수록 다른 흰귀땅참새 종들을 더욱 신속하게 끌어모을 수 있고, 심지어 벌새와 굴뚝새, 풍금조, 휘파람새와 같은 다른 조류 종까지도 부추겨서 잠재적인 포식자를 무리 지어 협동적으로 공격하거나 괴롭히도록 유도할 수도 있다. 반복적으로 짧게 짹짹 우는 울음소리는 전 세계 조류 종들이 매우 일반적으로 발성하는 울음소리에 속하므로, 대부분 조류 종들이 유사한 방법으로 발성하는 이중적인 기능도 갖추고 있다는 사실을 들여다볼 수 있다.

박새의 모빙 울음소리

두 종의 북아메리카 박새, 즉 캐롤라이나박새와 검은머리박새는 어떻게 조류가 경고 울음소리를 발성하며 위협적인 포식자와 관련된 정보를 표출하는지를 파악하는 대부분 실험 연구 대상에 속했다. 박새 종들은 각자 발성하는 경고 울음소리에 따라 이름이 붙여졌으며, '칙-카-디-디-디' 울음소리는 일반적으로 조류 관찰자들에게도 매우 친숙한 편이다. 또한 '칙-카-디-디-디' 울음소리는 몇 가지 독특한 요소나 음절들로 구성되어 있는데, 이때 요소나 음절들은 역 V자형 요소들(A와 B, C 울음소리로 알려짐)로서 서두 음절 '칙'을 형성하고 주파수의 광대역 D 울음소리로 이어진다. 박새 종들은 포식자와 정면으로 부딪치면 경고 울음소리를 발성하기 시작한다. 전반적으로 D 울음소리를 발성하는 횟수는 포식자의 몸집 크기와 관련되며, 박새 종들은 몸집이 작은 포식자가 위협을 많이 가할수록 경고 울음소리를 발성하는 동안 D 울음소리

를 한층 더 많이 끌어낸다. 몸집이 큰 올빼미나 매는 박새를 포획할 정도로 매우 날렵하지 못하든, 박새가 몸집이 너무 작아서 사냥하기에 어렵고 힘들든 간에, 박새 종들에게 위협을 덜 가한다. 따라서 박새 종들은 몸집이 큰 올빼미나 매와 정면으로 부딪치면 경고 울음소리를 발성하면서도 D 울음소리를 한층 더 적게 끌어낸다.

🔽

캐롤라이나박새는 흔히 미국 동부 곳곳에 분포하며 정원 뒷마당에 설치된 새 모이통을 방문하는 경우가 많다.

쿠퍼매

D 울음소리

주파수(kHz)

시간(s)

쿠퍼매는 잠재적인 포식자이지만, 몸집이 작은 올빼미보다 위협을
덜 가하므로, 박새 종들은 쿠퍼매와 정면으로 부딪치면 경고 울음
소리를 발성하면서도 D 울음소리를 한층 더 적게 끌어낼 것이다.

가면올빼미

주파수(kHz)

시간(s)

박새 종들은 몸집이 작은 올빼미처럼 심하게 위협을
가하는 포식자와 정면으로 부딪치면 경고 울음소리를
발성하면서 D 울음소리를 한층 더 많이 끌어낸다.

목도리뇌조

주파수(kHz)

시간(s)

박새 종들은 일반적으로 목도리뇌조와 같이 전혀
위협을 가하지 않은 초식성 조류와 정면으로 부딪
치면 경고 울음소리를 발성하면서도 D 울음소리를
상당히 적게 끌어낼 것이다.

경고 울음소리의 의미

명확한 의미를 지닌 독특한 경고 울음소리(가끔 기능적으로 위급한 상황을 알리는 청각적 신호)들은 일단 독점적인 인간 언어의 영역으로 살펴볼 수 있지만, 현재 우리는 폭넓고 다양한 조류 종들이 상황에 따라 이러한 청각적 신호를 이용한다는 사실을 잘 알고 있다. 예를 들어 사육용 닭들은 각자 공중 포식자와 육상 포식자에 따라 청각적으로 독특한 경고 울음소리들을 각기 다르게 발성하고, 일본 박새 종들은 각자 까마귀나 뱀과 정면으로 부딪치는 상황에 따라 각기 다르게 경고 울음소리를 발성한다. 실험 연구 결과에 따르면, 다른 조류 종들은 이런 경고 울음소리의 의미를 제대로 이해하고 위급한 상황에 적절하게 대응한다는 사실이 드러났다. 예를 들어 닭들은 공중 포식자의 존재를 알리는 경고 울음소리 녹음을 듣는 순간 피할 곳을 찾아 이리저리 뛰어다니고, 육상 포식자의 존재를 알리는 경고 울음소리 녹음을 듣는 순간 똑바로 서서 사방을 바짝 경계할 것이다.

여러 가지 다양한 조류 종들을 살펴보면, 특히 박샛과 박새 종들은 비교적 경고 울음소리를 여러 부분으로 매우 복잡하게 발성하며, 경고 울음소리를 발성하면서 잠재적인 포식자에 관한 정보를 훨씬 더 많이 표출한다는 사실도 파악할 수 있다. 실험 연구 결과에 따르면, 박새 종들은 포식자와 정면으로 부딪치든, 그렇지 않은 간에 상황에 따라 경고 울음소리

↑
일본 박새 종들은 복잡하고 다양한 울음소리 레퍼토리를 이용해 포식자의 존재와 행동에 관한 정보를 자세히 표출하며 의사소통할 수 있다.

→
닭은 포식자에 관한 정보를 각기 다르게 분류해 경고 울음소리를 발성할 수 있지만, 대부분 닭이 발성하는 경고 울음소리는 실제로 전혀 위협적이지 않은 포식자의 존재를 사실이 아닌 잘못된 정보로 표출하게 되는 경우가 많다.

를 각기 다르게 발성한다는 사실이 드러났다. 박새 종들은 하늘을 활발히 날아다니는 포식자를 발견했을 때 경고 울음소리를 발성하면서 A 울음소리를 한층 더 많이 끌어내고, 자신들도 직접 하늘을 활발히 날아다니면서 C 울음소리를 훨씬 더 많이 끌어낸다. 일본 박새 종들을 대상으로 실험 연구를 진행한 결과에 따르면, 일본 박새 종들은 위협적인 포식자를 발견하면 A와 B, C 울음소리를 한층 더 많이 끌어내고, 위협적인 포식자와 정면으로 부딪치면 D 울음소리를 훨씬 더 많이 끌어낸다는 사실이 밝혀졌다. 우리가 모두 파악할 수 있듯이, 여러 울음소리가 어느 정도 조합된 경고 울음소리는 포식자의 존재와 유형, 행동 등에 관한 정보를 표출할 뿐만 아니라, 무리 지어 포식자 쪽으로 달려들거나 날아올라 포식자를 협동적으로 공격하거나 괴롭히도록 유도할 수도 있다.

구조 요청 울음소리

구조 요청 울음소리는 조류가 포식자에게 공격을 당하거나 포획되는 등 가장 극도로 심각한 상황에 부닥쳤을 때 발성된다. 이런 울음소리들은 조류가 포식자를 발견했을 때 같은 조류 종들에게 발성하는 모빙 울음소리나 시끌벅적한 울음소리와 청각적으로 완전히 다르다. 구조 요청 울음소리는 주파수 대역폭이 넓고, 매우 시끄러울 정도로 소리가 크며, 귀에 거슬릴 정도로 거칠게 발성되는 경향이 있는데, 일반적으로 조류가 '비명'을 지르듯이 날카롭게 괴성을 지른다고 표현할 수 있다. 실제로 일부 조류 작가들은 이런 구조 요청 울음소리를 '조류가 공포에 떨며 비명을 지르는 울음소리'로 나타낸다. 흔히 구조 요청 울음소리는 공포에 떨며 비명을 지르는 조류에게 매우 불쾌한 상황이 발생하고 있다는 사실을 표출하는 신호로 즉시 인식될 가능성이 크다.

비록 야생에서 구조 요청 울음소리를 자주 관찰하시 못한다고 히더라도, 대부분 과학자는 일단 연구 대상으로 조류를 직접 포획해 조류가 발성하는 구조 요청 울음소리를 실험 연구하는데, 그 정도로 구조 요청 울음소리는 많은 연구원의 관심을 끌어당기고 있다. 극도로 심각한 위기 상황에 부닥친 조류는 구조 요청 울음소리를 명확하게 발성하지만, 구조 요청 울음소리를 받아들이는 조류는 항상 의미를 확실하게 인지하지 못할 수도 있다. 구조 요청 울음소리를 설명하는 데 서로 중복되는 가설들은 갖가지 다양하게 존재한다. 한 가지 가능성을 살펴보면, 구조 요청 울음소리는 아마도 조류가 자신과 유사한 조류 종들, 특히 자신과 동일한 조류 종들에게 위협적인 포식자의 존재를 알리며 포식자를 피해 재빨리 달아날 수 있도록 강력히 경보를 울리는 기능을 할 것이다. 그런데 이런 개념을 충분히 입증할 만한 증거는 그다지 많지 않다. 만약 조류가 특별히 자신과 동일한 조류 종들에게 구조 요청 울음소리를 직접적으로 명확히 발성한다면, 조류는 자신과 동일한 조류 종들이 더욱더 많이 인지할 수 있기를 기대하지만, 우리가 아는 한 그런 경우는 발생하지 않는다. 흥미롭게도 구조 요청 울음소리는 다른 조류 종들이 포식자를 피해 은신처로 들어가 몸을 숨기도록 유도하지 않지만, 대신에 모든 경우가 아니더라도 흔히 다른 조류 종들을 포함해 같은 무리에 속한 조류 종들과, 다른 조류과에 속한 조류 종들, 부모 조류 등의 주의를 끄는 경우가 많다.

구조 요청 울음소리의 주요 기능은 구조 요청 울음소리를 발성하는 조류가 같은 조류 종들이 포식자를 피해 달아날 수 있도록 기회를 마련해 주면서도 같은 조류 종(동종)들의 주의를 끌어내서 무리 지어 포식자를 위협하거나 공격해 멀리 쫓아낼 가능성이 크므로, 모빙 울음소리의 기능과 유사할 수 있다. 하지만 앞서 언급했듯이, 대부분 조류 종들은 같은 조류 종들의 주의를 명확히 끌어내는 경고 울음소리(모빙 울음소리로 알려짐)와 구조 요청 울음소리를 뚜렷하게 구별하고 있다. 이를테면 구조 요청 울음소

리는 모빙 울음소리보다 훨씬 더 심각한 위기 상황을 표출하고, 같은 조류 종들이 위기 상황에 더더욱 신속하게 대응하도록 유도할 수 있다는 점에서 명확한 차이점을 드러낸다.

　　또한 이와 매우 다른 가설들은 구조 요청 울음소리가 제2의 다른 포식자의 주의를 끌어낸다는 가능성을 기반으로 한다. 한 가지 개념을 살펴보면, 구조 요청 울음소리는 위기 상황에서 상처를 입은 조류가 발성하는 청각적 신호이기도 하지만, 기회주의적인 다른 포식자의 주의를 끌기도 한다는 것이다. 제2의 포식자가 접근할 때는 결과적으로 먹잇감을 포획한 제1의 포식자가 달아나는 혼돈 상황이 발생한다. 예를 들어 그림에서 볼 수 있듯이, 박새는 몸집이 작은 가면올빼미에게 포획되어 있다. 이때 만약 박새가 구조 요청 울음소리를 발성해 아메리카올빼미와 같이 몸집이 큰 포식자의 주의를 끌어들인다면, 갑작스럽게도 몸집이 작은 가면올빼미는 위험한 상황에 부닥치게 되면서 자신의 생명을 구하기 위해 잠재적인 먹잇감 박새를 포기하고 달아날 것이다. 이런 가설은 여러 가지 다양한 관찰 연구와 실험 연구를 통해 입증되었다. 예를 들어 매우 사회적인 조류 종으로서 같은 조류 종들과 군체 생활을 하는 도토리딱따구리는 연구원들에게 포획되었을 때 정기적으로 구조 요청 울음소리를 발성했다. 이때 도토리딱따구리가 발성하는 구조 요청 울음소리는 다른 딱따구리 종들의 주의를 끌어내지 못했지만, 최소 한 가지 경우를 살펴보면 때

마침 나무 위로 뛰어올라 먹잇감을 찾고 있던 보브캣을 자극했다.

　　댕기박새가 발성하는 구조 요청 울음소리는 붉은어깨말똥가리의 주의를 끌어낸다는 실험 연구들과 같이, 맹금류를 대상으로 조사 연구하는 과정이 거듭될수록 구조 요청 울음소리는 기능적으로 제2의 다른 포식자의 주의를 끌어낸다는 증거가 더욱더 많이 드러나는 추세다. 이로 인해 연구원들은 여러 가지 다양한 포식자들을 대상으로 구조 요청 울음소리를 매우 정밀하게 파악하게 되었다. 물론 구조 요청 울음소리는 포식자들의 주의를 끌어낼 수 있다는 증거가 드러나고 있지만, 구조 요청 울음소리가 포식자들의 주의를 끌어내기 위해 진화했다는 의미는 아니다. 예를 들어 다리를 다친 조류가 절뚝거리며 느릿느릿 겨우 걸어 다니는 동안, 이를 눈여겨본 현명한 포식자는 결과적으로 먹잇감을 사냥하기 위해 다리를 다친 조류에 온 정신을 집중할 수 있다. 하지만 다리를 다쳐 절뚝거리는 조류가 발성하는 구조 요청 울음소리는 먹잇감을 노리는 다른 포식자들에게 표출하기 위해 진화했다는 사실을 분명하게 입증할 사람은 아무도 없을 것이다. 그래도 구조 요청 울음소리가 포식자들의 주의를 끌어내든, 끌어내지 않든 간에 이와 상관없이 예상해 본다면, 먹잇감을 노리는 포식자들은 상처를 입은 조류가 발성하는 구조 요청 울음소리에 대응할 것이다.

↑ ↗
댕기박새(상단 좌측)는 고주파 발성음을 표출하는데, 이때 댕기박새가 발성하는 고주파 구조 요청 울음소리는 붉은 어깨말똥가리(상단 우측)와 같은 조류 종들의 주의를 끈다.

←
유라시아 난장이올빼미는 유감스럽게도 박새와 같이 몸집이 작은 명금류에게 극심한 위협을 가하고 있다.

마지막으로 구조 요청 울음소리는 일단 포식자가 먹잇감을 그대로 내버려 두고 달아나도록 포식자를 어느 정도 깜짝 놀라거나 불안하게 하는 기능을 할 수 있다. 일부 연구원들은 녹음 재생 실험을 통해 녹음한 구조 요청 울음소리가 포식자들에게 어떤 영향을 끼치는지를 관찰했다. 실험 연구한 결과에 따르면, 일부 코요테와 라쿤(아메리카너구리), 주머니쥐는 녹음한 구조 요청 울음소리가 들리자 매우 깜짝 놀란다는 사실이 드러났다. 따라서 조류는 구조 요청 울음소리를 발성할수록 잠재적으로 포식자를 피해 달아날 가능성이 훨씬 더 커질 것이다. 다른 한편으로 이와 같은 실험 연구 결과에 따르면, 구조 요청 울음소리는 다른 포식자들에게 점점 더 격렬한 공격성을 드러내도록 유도했다. 하지만 구조 요청 울음소리는 오로지 가장 순진하고 미숙한 포식자들을 매우 깜짝 놀라게 하는 기능만 작용할 수 있다. 그래도 어쨌든 조류가 구조 요청 울음소리를 발성하는 순간 포식자를 피해 달아나 죽음에서 벗어날 수만 있다면, 결과적으로 조류는 무엇보다 구조 요청 울음소리를 발성할 만한 가치가 있을 것이다.

←
도토리딱따구리 종들은 포식자에게 포획될 때 구조 요청 울음소리를 발성한다. 그런데 이와 달리 생물학자에게 포획될 때는 아마도 도토리딱따구리 종들에 따라 대응하는 '성격'이 각기 다를 수 있으므로, 일부 도토리딱따구리 종들은 정기적으로 구조 요청 울음소리를 발성하지만, 다른 일부 도토리딱따구리 종들은 그렇지 않은 경향이 있다.

경고 비발성음

일부 조류 종들은 포식자에게 대항하는 기능으로 경고 비발성음 청각적 신호들을 표출할 것이다. 비둘기목, 비둘깃과에 속하는 비둘기 종들은 흔히 비행과 관련된 비발성음을 표출하는 경우가 많다. 바위비둘기와 바위비둘기의 사육용 자손인 집비둘기 종들은 최고조로 상승한 상태에서 두 날개 끝부분을 함께 손뼉 치듯 철썩 부딪치며 대부분 사람에게 익숙한 비발성음을 표출한다. 이런 비발성음은 청각적 신호(정보를 포함해 진화적으로 형성된 특성)에 속할까, 아니면 비행의 양상에 따라 그저 우연히 발생된 소리에 불과할까?

실제로 이 질문에 관한 해답은 확실히 알려진 바가 없다. 하지만 집비둘기와 들비둘기 종들은 또한 북아메리카 대륙의 구슬피 우는 산비둘기와 오스트레일리아의 머리깃비둘기가 특징적으로 표출하는 '휘파람 소리'와 같이, 하늘 높이 날아오르면서 깃털을 이용해 독특한 음색을 지닌 비발성음들을 여러 가지로 다양하게 표출하기도 한다. 연구원들이 생각한 바에

⬇ ↘

집비둘기와 들비둘기 종들이 비행하면서 표출하는 비발성음들은 바위비둘기(왼쪽 그림)가 비행하면서 단순하게 두 날개를 '손뼉 치듯' 서로 부딪치며 표출하는 비발성음부터 구슬피 우는 산비둘기(오른쪽 그림)가 비행하면서 날개로 표출하는 휘파람 소리까지 여러 가지로 다양하다.

따르면, 머리깃비둘기가 날개로 표출하는 경고 '휘파람 소리'는 같은 세력권에 존재하는 다른 비둘기 종들에게 포식자의 존재를 알리고, 다른 비둘기 종들이 포식자를 피해 즉시 비행할 수 있도록 위기 상황을 드러내는 청각적 신호로서, 포식자에게 대항하는 표출 행동일 것이다.

만약 경고 휘파람 소리가 청각적 신호라는 사실을 파악한다면, 우선적으로 우리는 비둘기가 위기 상황에서 급하게 날아오르며 표출하는 경고 비발성음이 한층 더 여유롭게 날아오르며 표출하는 비경고 비발성음과 확연히 다르다는 사실을 입증하고 싶어 할 것이다. 연구원들은 서식지에서 먹이를 제공하는 머리깃비둘기 종들에게 부쩍 관심이 쏠려 머리깃비둘기 종들이 날아오르며 표출하는 비발성음들을 녹음했다. 일단 여유롭게 날아오르며 표출하는 비경고 비발성음을 파악하기 위해, 연구원들은 머리깃비둘기가 서식지에서 먹이를 제공하고 자연스럽게 날아올라 서식지를 떠나면서 표출하는 휘파람 소리를 녹음했다. 또한 잠재적인 경고 비발성음 청각적 신호를 파악하기 위해, 연구원들은 먹이를 제공하는 머리깃비둘기 쪽으로 매 모형을 불쑥 던지고서 이때 머리깃비둘기가 급하게 날아오르며 표출하는 비발성음을 녹음했다. 녹음한 비발성음들을 분석 연구한 결과에 따르면, 경고 휘파람 소리는 비경고 휘파람소리보다 훨씬 더 소리가 크고 발성 속도가 빠르다는 사실이 드러났다. 그래도 이런 분석 연구 결과만으로는 경고 휘파람 소리가 청각적 신호라는 사실을 확실히 입증하지 못하지만, 이런 결과만으로도 조류가 포식자에게 대항하기 위해 날아오르는 비행은 더더욱 활동적이고, 결국 청각적으로도 경

⬆
오스트레일리아의 머리깃비둘기는 예를 들어 비둘기 종들
이 표출하는 비발성음이 경고 기능을 하는지를 파악하는
실험 연구 과정에서 최고로 적합한 연구 대상에 속한다.

고 비발성음과 비경고 비발성음은 확연히 차이가 난다는 사실을 짐작할
수 있다.

　　두 번째 실험 연구를 진행하는 동안, 연구원들은 조류 종들이 표출하
는 휘파람 소리마다 각기 다른 정보를 내포하고 있는지를 파악하기 위해
비발성음 녹음 재생 실험을 이용했다. 녹음한 경고 휘파람 소리와 비경고
휘파람 소리들을 무리 지어 있는 머리깃비둘기 종들에게 들려줬는데, 이
때 무리 지어 있는 머리깃비둘기 종들 가운데 대략 70% 정도가 경고 휘
파람 소리에 대응해 즉시 날아올랐으나, 비경고 휘파람 소리에 대응해 날
아오르는 머리깃비둘기는 전혀 없었다. 이 실험 연구 결과에 따르면, 경고
비발성음은 위협적인 포식자에 관한 정보를 내포할 수 있다는 사실이 드
러났다. 그렇다면 머리깃비둘기가 자연 선택에 따라 특별히 형성된 날개
를 이용해 이런 경고 비발성음을 표출한다는 증거는 존재할까? 이런 증거
는 기본적으로 주요 비행 깃털에서 비롯된다. 머리깃비둘기의 여덟 번째
주요 비행 깃털은 폭이 양쪽 비행 깃털 폭의 절반 정도로 다른 비행 깃털
과 확실히 눈에 띄게 차이가 나며, 오스트레일리아의 들비둘기와 집비둘
기에 속하는 다른 종들에게서 발견되지 않을 정도로 독특하게 형성되었

다. 연구원들이 여덟 번째 주요 비행 깃털을 제거한 실험 연구 결과에 따
르면, 이처럼 완전히 제거된 여덟 번째 주요 비행 깃털은 경고 휘파람 소
리를 표출하는 데 특징적으로 매우 중요한 역할을 한다는 사실이 밝혀졌
다. 또 다른 녹음 재생 실험을 진행하는 동안, 연구원들은 조류 종들이 정
상적인 날개로 표출한 경고 휘파람 소리와 여덟 번째 주요 비행 깃털이 제
거된 날개로 표출한 경고 휘파람 소리에 대응하는 정도를 비교 연구했다.
비교 연구한 결과에 따르면, 여덟 번째 주요 비행 깃털이 제거된 날개로
표출된 경고 휘파람 소리는 조류 종들을 날아오르도록 유도하는 데 훨씬
덜 효과적이라는 사실이 드러났다. 또한 완전히 제거된 여덟 번째 주요 비
행 깃털은 오로지 경고 비발성음을 표출하는 데 매우 중요한 역할을 하고,
결국 경고 비발성음은 청각적 신호가 된다는 사실도 밝혀졌다.

경고 울음소리 도청

대부분 조류가 발성하는 노랫소리는 오로지 같은 조류 종들의 관심을 끌어내는 역할을 하지만, 흥미롭게도 조류가 발성하는 경고 울음소리는 여러 조류 종들의 세력권 경계선을 가로질러 체계적으로 의사소통하는 면에서 대단히 중요한 역할을 한다. 어쩌면 당연하게 여겨질 수도 있지만, 만약 박새가 위협적인 포식자를 발견한다면, 박새가 위협적인 포식자의 존재를 표출하는 정보는 몸집이 작은 다른 조류 종들에게 확실히 중요할 것이다. 또한 이 같은 위협적인 포식자에게 매우 취약할 수 있는 몸집이 작은 조류 종들뿐만 아니라 대부분 조류 종들은 다른 조류 종들이 발성하는 시끌벅적한 울음소리, 매우 시끄럽고 반복적인 모빙 울음소리(떼 짓게 하는 울음소리), 구조 요청 울음소리와 같은 경고 울음소리에 매우 관심을 집중하면서 주의를 기울이는 편이다.

이구아나와 다람쥐, 여우원숭이, 원숭이 등과 같은 비조류 종들은 또한 조류 종들이 발성하는 경고 울음소리에 대응할 것이다. 심지어 붉은가슴동고비와 같은 다른 조류 종들도 검은머리박새가 몸집이 작은 매나 몸집이 큰 매의 존재를 매우 미세하게 세부적으로 표출하는 경고 울음소리를 파악하고 이에 대응한다.

조류 종들은 여러 가지 체계적인 방법으로 경고 울음소리를 인식할 수 있다. 앞서 언급했듯이, 시끌벅적한 울음소리나 모빙 울음소리, 구조 요청 울음소리와 같은 경고 울음소리들은 조류 종마다 매우 유사한 청각적 특징을 갖춘 경향이 있다. 따라서 조류 A 종과 조류 B 종이 발성하는 경고 울음소리를 살펴보면, 조류 A 종과 조류 B 종이 상호 간에 인식하는 경고 울음소리는 기본적으로 매우 유사하다는 사실을 알 수 있다. 다른 조류 종들이 각자 발성하는 경고 울음소리가 매우 유사한 이유를 설명할 수 있는 가능성은 다양하게 존재한다. 모든 경우에 대부분 조류 종들은 위협적인 포식자들의 위치를 제대로 파악하기가 어렵고 힘들기 때문에 자연 선택에 따라 경고 울음소리가 순조롭게 진화되었으며, 이로 인해 대부분 조류 종들이 발성하는 시끌벅적한 울음소리는 아마도 매우 유사할 것이다. 또한 귀에 거슬릴 정도로 비명을 지르듯이 날카롭게 괴성을 지르는 울음소리는 확실히 폭넓고 다양한 포식자들을 깜짝 놀라게 하므로, 대부분 조류 종들이 발성하는 구조 요청 울음소리도 아마 매우 유사할 것이다. 이와 더불어 떼 짓게 하는 울음소리는 무리를 짓는 모든 조류 종들에게 유익할 만큼 자연 선택에 따라 집중적으로 유리하게 진화해 더욱더 효과적으로 더더욱 많이 무리 지어 위협적인 포식자를 공격할 수 있도록 조류 종들을 유도하므로, 대부분 조류 종들이 발성하는 모빙 울음소리는 매우 유사할 것이다.

↩ 붉은가슴동고비는 위기 상황에서 몸집이 큰 올빼미의 존재를 표출하는 박새의 모빙 울음소리보다 몸집이 작은 올빼미의 존재를 표출하는 박새의 모빙 울음소리를 들을 때 훨씬 더 강하게 대응한다.

◀ ⬇
청요정굴뚝새(위쪽 그림)와 흰눈썹솔
새(아래쪽 그림)는 흥미롭게도 지리적
으로 세력권이 겹치는 영역에서 공
동으로 포식자를 감지하므로, 상호
간에 서로서로 발성하는 경고 울음
소리를 정확히 인식하는 방법을 학
습하게 된다.

조류 종들은 또한 자신들이 발성하는 경고 울음소리와 매우 다른 경고 울음소리를 인식하는 방법을 학습할 수도 있다. 경고 울음소리 학습은 특히 다른 조류 종들이 발성하는 경고 울음소리가 청각적으로 유사하지 않을 때 매우 유익할 수 있지만, 다른 조류 종들의 경고 울음소리를 도청하면서 포식자와 관련된 귀중한 정보를 얻을 수 있다는 점에서 상당히 중요할 것이다. 대단히 흥미롭게도 경고 울음소리 인식 방법을 학습하는 사례는 청요정굴뚝새에게서 발생하게 된다. 이를테면 청요정굴뚝새는 하늘을 활발히 날아다니는 포식자를 발견했을 때 공중 경고 울음소리를 발성한다. 이와 마찬가지로 몸집이 작은 또 다른 조류 종인 청요정굴뚝새는 대부분 오스트레일리아의 삼림에서 발견되며, 청요정굴뚝새와 매우 유사한 경고 울음소리를 발성한다. 하지만 실험 연구 결과에 따르면, 청요정굴뚝새 종들은 오로지 흰눈썹솔새 종들과 지리적으로 세력권이 겹치는 영역에서만 흰눈썹솔새 종들이 발성하는 경고 울음소리에 대응한다는 사실이 밝혀졌다. 사실 청요정굴뚝새 종들은 오스트레일리아의 삼림 가운데 흰눈썹솔새 종들과 지리적으로 세력권이 겹치지 않고 오직 자신들만 존재하는 서쪽 가장자리 영역에 있을 때 흰눈썹솔새 종들이 발성하는 경고 울음소리에 대응하지 않는다. 한층 더 세부적인 지리학적 규모에서 살펴보면, 청요정굴뚝새 종들은 시끄러운 광부(노이지 마이너) 종들이 발성하는 공중 경고 울음소리에 대응할 테지만, 오로지 시끄러운 광부 종들과 지리적으로 세력권이 겹치는 영역에서만 시끄러운 광부 종들의 경고 울음소리에 대응할 것이다. 또한 청요정굴뚝새 종들은 시끄러운 광부 종들과 지리적으로 세력권이 1km 이하로 떨어져 겹치지 않는 영역에서도 시끄러운 광부 종들이 발성하는 경고 울음소리에 대응하지 않을 것이다. 이런 경우를 바탕으로 결국 청요정굴뚝새 종들은 오로지 시끄러운 광부 종들과 지리적으로 세력권이 겹치는 영역에 존재한다고 파악했을 때만 시끄러운 광부 종들이 발성하는 경고 울음소리에 대응하고, 시끄러운 광부 종들이 표출하는 청각적 신호들에 대응하는 방법을 학습한다는 사실을 알 수 있다.

시끄러운 광부(노이지 마이너) 종들은 이웃한 시끄러운 광부 종들에게 경고 울음소리를 발성할 수 있지만, 시끄러운 광부 종들이 포식자의 존재를 표출하는 경고 울음소리는 지리적으로 세력권이 겹치는 청요정굴뚝새 종들에게 유익한 정보일 수 있다.

경고 울음소리 신뢰성

경고 울음소리는 청각적 신호를 표출하는 조류와 청각적 신호를 인식하는 조류 모두에게 중요한 역할을 한다. 하지만 실제로 경고 울음소리는 특히 매우 위협적인 포식자에 관한 특정 정보를 표출할 수 있으므로, 신뢰성이 높은 청각적 신호로 잘 알려져 있다. 조류 관찰자들은 조류가 발성하는 경고 울음소리를 이용해 올빼미와 같은 포식자들을 탐지할 수 있지만, 흔히 자신들이 귀 기울여 들은 모든 경고 울음소리를 모방하면서도 조류 종들이 야단스럽게 표출하는 경고 울음소리가 신뢰성이 있는지 없는지를 여전히 궁금해하는 경우가 많을 것이다.

실험 연구 결과에 따르면, 사육용 닭들은 독특한 공중 경고 울음소리와 육상 경고 울음소리를 발성하는데, 이러한 사육용 닭들 가운데 45% 정도는 공중 경고 울음소리를 발성한다는 사실이 드러났다. 하지만 실험 연구 과정에서 연구원들은 사육용 닭들이 공중 경고 울음소리를 발성해야 하는 어떤 포식자도 탐지할 수 없었다. 심지어 당시 연구원들은 닭들이 공중 경고 울음소리를 발성하는 동안 하늘에 포식자가 존재하는지 주의를 기울여 살펴봤으나, 이때 발견된 대상들 가운데 거의 40% 정도는 공중으로 날고 있는 오리부터 몸집이 작은 명금류, 심지어 곤충이나 나뭇잎 등등 어느 정도 위협성을 드러낼 가능성이 전혀 없어 보이는 대상들뿐이었다. 다시 말해서 대부분 경고 울음소리는 포식자의 존재가 확실히 드러나지 않은 상황에서도 발성되므로, 포식자에 관한 허위 정보를 표출하는 '거짓 경고 울음소리'라고 볼 수 있다.

이런 실험 연구 결과는 결국 두 가지 의문점을 초래한다. 그렇다면 왜 거짓 경고 울음소리가 그렇게 많이 발성되고, 왜 조류 종들은 거짓 경고 울음소리에 끊임없이 대응하는 것일까? 두 번째 질문은 첫 번째 질문보다 해답을 찾기가 훨씬 더 수월할 수 있다. 이를테면 경고 울음소리를 인식하는 조류 종들은 '순응적으로 곧이곧대로 듣기' 때문에 거짓 경고 울음소리에 대응할 것이다. 경고 울음소리는 잠재적이면서도 치명적으로 위협적인 포식자에 관한 중요한 정보를 제공하므로, 극도로 위험한 위기 상황에서 경고 울음소리에 대응하는 조류 종들에게 매우 유익하다. 다른 한편으로는 조류 종들이 거짓 경고 울음소리에 대응하며 시간과 노력을 낭비한다면 아마도 유익한 정도가 극도로 낮을 수 있으므로, 경고 울음소리를 인식하는 조류 종들은 경고 울음소리가 진실이든 거짓이든 간에 자신에게 가장 적절하고 효과적인 방법으로 경고 울음소리에 대응해야 할 것이다.

그렇지만 왜 거짓 경고 울음소리가 그렇게 많이 발성되는 걸까? 한 가지 가능성을 살펴보면, 거짓 경고 울음소리는 단순하게 실수로 잘못 발성된 청각적 신호일 수 있다. 경고 울음소리를 인식하는 조류는 경고 울음소리가 거짓으로 잘못 발성될 수 있는데도 불구하고 경고 울음소리에 곧이곧대로 대응한다면, 비록 나중에 정보 대상이 매가 아닌 비둘기로 확인되더라도 경고 울음소리가 표출하는 포식자의 허위 정보대로 하늘에서 활발히 날아다니는 대상에게 잘못 대응하는 상황이 발생할 것이다. 또 다른 가능성을 살펴보면, 일부 조류 종들은 특히 위기 상황에 닥치면 안절부절못하거나 격하게 민감한 반응을 보이므로, 포식자의 허위 정보를 표출하는 거짓 경고 울음소리에 더더욱 잘못 대응하는 상황이 많이 발생할 것이다. 대부분 조류 종들 가운데 어린 조류 종들은 더욱 성숙한 성체 조류 종들보다 훨씬 더 거짓 경고 울음소리를 발성한다고 알려져 있다. 심지어 '개성'이 엄청나게 폭넓고 다양한 연령층 내에서도, 대부분 조류 종들 가운데 위기 상황에서 몹시 불안하고 초조해하는 조류는 거짓 경고 울음소리를 훨씬 더 많이 발성하지만, 위기 상황에서 침착하고 차분한 조류는 한층 더 신뢰성이 높고 믿을 만한 경고 울음소리를 주로 발성할 것이다.

경고 울음소리 위장

조류가 거짓 공중 경고 울음소리를 전략적으로 발성해 경쟁 상대를 몰아 내고서 먹이를 제공할 좋은 기회를 얻는 상황과 마찬가지로, 조류는 거 짓 경고 울음소리를 발성하면서 혜택을 누리는 상황이 발생하기도 한다. 박새 종들은 겨울을 나는 동안 본질적으로 우수한 서식지에서 먹이를 제 공할 수 있도록 자신들의 능력에 영향을 미치는 관계적 우위를 형성한다. 관계적 우위를 차지하지 못한 하급 조류 종들은 관계적 우위를 차지한 조 류 종들과 관계적 우위를 차지하지 못한 하급의 같은 조류 종들을 불안하 게 만들어 쫓아내기 위해 거짓 경고 울음소리를 발성할 것이다. 또한 관 계적 우위를 차지한 조류 종들은 관계적 우위를 차지해 본질적으로 우수 한 서식지에서 먹이를 제공하는 또 다른 조류 종들을 불안하게 만들어 쫓 아내기 위해 거짓 경고 울음소리를 발성할 것이다. 다만 관계적 우위를 차지한 조류 종들이 관계적 우위를 차지하지 못한 하급 조류 종들을 불안 하게 만들어 쫓아내려는 상황에서는 반드시 위장된 거짓 경고 울음소리 를 발성할 필요가 없다.

위장된 거짓 경고 울음소리는 또한 조류 종들 사이에서 발생할 수도 있 다. 예를 들어 잘 알려진 사례를 살펴보면, 여러 가지 다양한 조류 종들과 뒤섞여 군체 생활을 하는 흰날개때까치는 아마존 열대 우림에서 모두 다 함께 먹이를 찾아다닌다. 조류 종들 다수가 무리 지어 군체 생활을 하면 서 누릴 수 있는 혜택 하나는 아마도 위협적인 포식자를 망보는 눈이 많 이 존재한다는 점일 수 있으므로, 흰날개때까치 종들은 정기적으로 매를 탐지하면서 경고 울음소리를 발성한다. 하지만 군체 생활의 가장 중요한 단점 하나는 여러 가지 다양한 조류 종들과 뒤섞여 군체 생활을 하는 조 류 종들이 같은 먹이를 두고서 서로서로 경쟁하는 경우가 자주 발생한다 는 것이다. 만약 흰날개때까치가 몸집이 큰 곤충이나 개미잡이새와 같은 다른 조류 종들과 군체 생활을 하면서 위장된 거짓 경고 울음소리를 발성 한다면, 그 순간 개미잡이새는 몸서리칠 정도로 공포에 떨며 몸이 얼어붙 거나 몸을 숨기기 위해 은식처로 뛰어드는데, 이때 흰날개때까치는 먹이 를 잡아챌 좋은 기회를 얻게 된다.

　이처럼 위장된 거짓 경고 울음소리의 경우를 살펴보면, 결과적으로 조류 종들이 거짓 경고 울음소리에 대응하면서 먹이를 찾을 좋은 기회를 놓치게 되고, 이로 인해 시간과 노력을 점점 더 많이 낭비하게 되는 상황 을 초래한다. 이런 상황에 따라 거짓 경고 울음소리를 인식하는 조류 종 들은 경고 울음소리에 관해 더더욱 의심이 많아지고 신뢰성이 떨어지게 될 것이다. 하지만 그럴수록 거짓 경고 울음소리를 발성하는 조류 종들 은 더욱더 현명하고 효과적인 방법으로 거짓 경고 울음소리를 발성하게 되므로, 결국에는 거짓 경고 울음소리를 발성하는 조류 종들과 거짓 경

고 울음소리를 인식하는 조류 종간에 치열한 경쟁이 발생할 가능성이 커 질 것이다. 꼬리 끝이 두 갈래인 검은두견이 종들은 이런 치열한 경쟁보 다 한 단계 더 강화된 경쟁을 드러낸다. 이를테면 검은두견이 종들은 다 같이 함께 군체 생활을 하는 조류 종들에게서 먹이를 살며시 훔치기 위해 모방한 경고 울음소리와 거짓 경고 울음소리를 혼합해서 발성한다. 검은 두견이 종들은 특히 자신들만의 특정 경고 울음소리를 발성하지만, 얼룩 무늬꼬리치레와 같은 다른 조류 종들의 경고 울음소리를 모방하기도 한 다. 만약 얼룩무늬꼬리치레가 먹이를 발견하면, 검은두견이는 자신만의 특정 경고 울음소리나 모방한 얼룩무늬꼬리치레의 경고 울음소리를 발 성할 수 있다. 이 두 가지 경고 울음소리들은 순간적으로 얼룩무늬꼬리치 레를 깜짝 놀라게 할 테지만, 모방된 얼룩무늬꼬리치레의 경고 울음소리 는 얼룩무늬꼬리치레가 더욱 오랜 시간 동안 먹이를 제공하지 못하도록 유도할 것이다. 얼룩무늬꼬리치레 종들은 검은 두견이 종들에게 반복적 으로 괴롭힘을 당하고 나서야 거짓 경고 울음소리와 모방한 경고 울음소 리에 여전히 익숙해지거나 대응하는 정도가 줄어들 것이다. 하지만 검은 두견이 종들은 자신들이 발성하는 경고 울음소리를 더욱 현명하고 효과 적인 방법으로 재빨리 바꿔가며 적절하게 발성할 것이다. 검은두견이 종 들과 얼룩무늬꼬리치레 종들은 위협적인 포식자의 존재가 자신들의 뇌 리에 박혀 영원히 떠나지 않는 한, 자연 선택에 따라 위장된 거짓 경고 울 음소리를 발성하고 위장된 거짓 경고 울음소리에 대응하는 현상이 끊임 없이 발생할 수도 있다.

← 검은얼굴개미잡이새는 거짓 경고 울음소리에 속아서 먹이를 놓칠 위험이 발생할 수도 있지만 위협적인 포식자에게 당할 위험이 훨씬 더 크므로, 흰날개때까치가 발성하는 거짓 경고 울음소리에 대응한다.

→ 검은두견이(그림)와 같이 아시아와 아프리카에서 서식하는 바람까마귀속 일부 조류 종들은 다른 조류 종들에게서 먹이를 살며시 훔치기 위해 거짓 경고 울음소리를 발성한다는 사실이 입증되었다.

↓ 얼룩무늬꼬리치레는 정기적으로 위장된 거짓 경고 울음소리를 발성하는 검은두견이에게 부당하게 괴롭힘을 당하는 희생자이다.

시각적 신호

대부분 조류 종들은 위협적인 포식자를 탐지하면 포식자를 겨냥한 청각적 신호뿐만 아니라 두드러지게 눈에 잘 띄는 시각적 신호도 뚜렷하게 표출한다. 또한 위협적인 포식자에 대항하는 신호는 확실히 위기에 처한 조류 종들이 포식자가 인식할 수 있도록 의도적으로 강하게 표출하는 유인 신호가 가장 잘 알려져 있다. 게다가 조류 종들이 위협적인 포식자를 겨냥해 표출하는 유인 신호는 포식자의 주의를 끌 수 있도록 의도적으로 강하게 표출해 위협적인 포식자를 깜짝 놀라게 하거나, 포식자의 정신을 산만하게 만들어 포식자를 다른 곳으로 유인하는 특성이 있다.

유인 신호

위협적인 포식자에 대항하는 신호는 아마도 조류 종들이 날개를 갑자기 한껏 넓게 펼쳐서 표출하는 유인 신호가 가장 잘 알려져 있을 것이다. 유인 신호를 살펴보면, 부모 조류는 흔히 양쪽 날개를 넓게 펼치거나 한쪽 날개를 높이 들어 올리는 등 어색할 정도로 과장된 모습으로 지면을 따라 달려 나가며 상처를 입은 부위를 아무렇지도 않은 듯 위장한다. 이때 포식자의 주의를 끌면, 부모 조류는 그다음으로 위기 상황에 취약한 알이나 어린 새끼 조류에게서 멀리 떨어진 곳으로 포식자를 애써 유인하려고 노력한다. 이런 유인 신호들은 특히, 섭금류(도요류와 물떼새류)뿐만 아니라, 뇌조(들꿩)와 쏙독새, 명금류 등 대부분 조류 종들이 표출한다.

하지만 날개를 한껏 넓게 펼쳐 표출하는 이러한 유인 신호들이 항상 특별하게 효과적인 것은 아니다. 조류(부모 조류)는 위협적인 포식자를 속이기 위해 상황에 따라 선택적으로 유인 신호를 강하게 표출하지만, 선택

물떼새는 포식자를 대항하기 위해 날개를 갑자기 한껏 넓게 펼쳐서 유인 신호를 표출하지만, 현명한 포식자는 이런 표출 행동을 인식하고서 근처에 어린 새끼 물떼새들이 존재하는 둥지가 있다는 의미로 파악할 것이다.

암컷 아메리카쏙독새는 자신의 둥지 근처에서 유인 신호를 표출하고 있다.

적으로 강하게 표출한 유인 신호에 속지 않은 조류(포식자)를 확실하게 대항하기 위해서는 또 다른 상황에 따라 선택적으로 신호를 강하게 표출해야 할 수도 있다. 관찰 연구 결과에 따르면, 부모 뇌조는 여우를 대항하기 위해 여우의 정신을 산만하게 만들어 여우를 다른 곳으로 유인하는 신호들을 강하게 표출하지만, 여우는 때때로 상처를 입은 부위를 아무렇지도 않은 듯 위장하는 부모 뇌조를 못 본 척 무시하고, 그 대신에 어린 새끼 뇌조들이 존재하는 둥지를 즉시 탐색한다는 사실이 드러났다. 여우는 유인 신호가 상처를 입은 부모 뇌조의 존재에 관한 정보를 제공하지 않지만, 그래도 위기 상황에 취약한 어린 새끼 뇌조들이 존재하는 둥지가 근처에 있다는 사실을 어떻게든 훨씬 더 정확하게 파악했다. 구조 요청 울음소리와 매우 흡사하게도, 유인 신호는 오로지 가장 순진한 포식자들에게만 효과가 있을 것이다.

위장 행동 표출

위협적인 포식자를 대항하기 위해, 대부분 조류 종들은 깃털을 들어 올리고, 날개를 한껏 넓게 펼치고, 부리로 딱딱거리는 소리나 쉬쉬 하는 소리를 드러내면서 두드러지게 눈에 띌 정도로 변화된 모습을 표출한다. 이런 종류의 의사소통은 일반적으로 조류가 실제보다 몸집 자체가 훨씬 더 크게 보이도록 위장하는 것으로 여겨지며, 이런 표출 행동은 조류가 몸집이 너무 커 보여서 먹잇감으로 겁을 먹을 수 있도록 포식자를 이해시키는 역할을 할 것이다. 흥미롭게도 이런 위협적인 표출 행동들은 일반적으로 올빼미와 같이 몸집이 큰 조류 종들에게 효과적일 수 있으나, 일부 표출 행동들은 방어적으로 위장을 뒷받침하는 진정한 무기가 될 수도 있다. 또한 이런 표출 행동들은 특히 뱀눈새와 같은 조류 종들이 날개를 한껏 넓게 펼쳐서 다채로운 깃털 색채와 안점이라고 하는 일부 특정 부위를 드러내며 위협적인 포식자를 깜짝 놀라게 하는 시도도 할 것이다.

⬆

뱀눈새는 잠재적인 포식자와 경쟁자를 향해 날개를 한껏 넓게 펼치는 위장 행동을 표출한다.

몸집이 작은 일부 조류 종들은 모방을 이용해 위협적인 표출 행동들을 효과적으로 표출하는 것 같다. 개미잡이속으로 알려진 유라시아와 아프리카의 딱따구리 종들은 위협적으로 자신들의 머리를 돌리는 표출 행동에 따라 이름이 지어졌다. 또한 조류 연구원이 딱따구리 종들의 둥지를 건드리거나 딱따구리 종들을 포획했을 때, 딱따구리 종들은 자신들의 머리를 전후좌우로 천천히 흔들며 쉬익 하는 소리를 내면서 뱀과 같은 인상을 줬다. 만약 이때 포식자가 캄캄한 나무 구멍 안을 가만히 들여다본다면, 포식자는 구멍 둥지 안에서 이런 행동들을 표출하는 딱따구리 종들을 살펴보면서 순간적으로 뱀과 마주쳤다고 확신해 쉽게 물러날 것이다. 박샛과 박새 종들과 같이 구멍 둥지를 튼 다른 조류 종들은 구멍 둥지 안에서 꾸불꾸불 물결 모양으로 선회하며 쉬익 하는 소리를 내거나, 심지어 부리를 쑥 내밀어 공격하듯 찌르거나, 구멍 둥지의 양면을 양쪽 날개로 세게 탁탁 치는 등 뱀을 모방하는 행동들을 유사하게 표출한다. 심지어 조류 연구원은 이런 소리들을 뱀이 아닌 박새가 표출한다는 사실을 매우 잘 파악하고 있는데도, 전반적으로 이런 표출 행동들은 상당히 놀라울 만큼 위협적으로 느껴질 수 있다.

추격 제지 신호

앞서 언급한 위협적인 표출 행동들은 조류 종들이 매우 놀라울 정도로 위장하기 때문에 포식자를 대항하는 데 효과가 있다. 또한 조류 종들이 포식자를 대항하기 위해 표출하는 또 다른 범주의 신호는 흔히 포식자를 제지하거나 포식자가 추격하지 못하도록 제지하는 신호로 알려져 있으며, 믿을 만한 확실한 정보를 내포하고 있으므로 포식자를 대항하는 데 효과가 있다. 추격 제지 신호는 흔히 포식자가 신호에 내포된 의미를 즉시 명확하게 파악하지 못하는 경우가 많아서 조류 종들이 표출하는 유인 신호나 위협적인 위장 행동들보다 약간 더 신비로울 수 있다. 주의 깊게 반복적으로 관찰 연구한 결과에 따르면, 조류 종들이 표출하는 신호는 주로 포식자의 존재에 관한 정보를 제공한다는 사실이 드러났다. 하지만 이러한 관찰 연구 결과를 바탕으로 이후에도 포식자와 관련된 관찰 연구를 진행하는 동안, 조류 종들이 표출하는 신호는 같은 종류의 조류 종들(예를 들어 짝짓기 상대나 자손)에게 포식자의 존재에 관한 정보를 의도적으로 알리지 않는다는 사실도 확실하게 입증해야 한다.

모모투스 종들은 독특하게도 꽁지 끝부분이 긴 라켓 모양인 조류로 유명하다. 또한 모모투스 종들은 꽁지를 마치 어느 정도 장식품처럼 보이도록 표출하면서 좌우로 과장되게 흔들 수 있다. 하지만 이런 독특한 꽁지는 모모투스 암수 모두에게서 발견되는데, 전형적으로 수컷이 꽁지를 이용해도 최소한 암컷의 관심을 끌어내지 못하므로 짝짓기 상대의 마음을 끌어당기는 기능을 하지 못한다. 특히 수년 동안 모모투스 종들을 살펴본 대부분 조류 관찰자들은 모모투스 종들이 전형적으로 이런 독특한 꽁지를 여전히 유지하고 있지만, 인간이 접근하면 우선적으로 꽁지를 좌우로 흔들 것이라고 언급했다. 주의 깊게 진행한 관찰 연구와 실험 연구에 따르면, 모모투스 종들은 포식자의 존재를 표출할 때 이 독특한 꽁지를 좌우로 흔들고, 짝짓기 상대와 같은 다른 모모투스 종들이 존재하든 존재하지 않든 간에 이와 상관없이 꽁지를 좌우로 흔들 것이라는 사실이 드러났다. 만약 모모투스 종들이 주변에 종류가 같은 또 다른 모모투스 종들이 없는데도 꽁지를 좌우로 흔들며 포식자의 존재를 알리는 신호를 표출한다면, 이때 이런 신호는 포식자를 겨냥해서 표출된 것이다. 추격 제지 신호는 주로 조류 종들이 방심하지 않고 계속 주변을 감시하면서 먹잇감을 노리는 포식자를 발견했을 때 잠재적인 포식자의 존재를 알리면서 놀라울 정도로 위협적인 포식자를 없애는 기능을 할 것이다. 게다가 추격 제지 신호는 본질적으로 훌륭한 신호에 속할 수 있다. 수컷 조류가 가장 양호한 건강 상태에서 암컷 조류에게 자신의 우수한 본질을 알리기 위해 성적으로 표출하는 신호와 마찬가지로, 추격 제지 신호는 조류가 양호한 건강 상태에서 먹잇감을 노리면서도 달아날 가능성이 매우 큰 잠재적인 포식자의 존재를 알릴 수 있다.

또한 일부 다른 조류 종들도 추격 제지 신호를 표출하는 것 같다. 무엇보다 대부분 조류 종들이 표출하는 신호 가운데 일반적으로 가장 잘 알려진 추격 제지 신호는 포식자를 발견한 조류 종들이 순간적으로 꽁지를 좌우로 흔들거나, 꽁지나 날개나 볏에 다채로운 색채를 화려하게 드러내는 것이다.

← 개미잡이속 딱따구리 종은 독특하게도 뱀을 모방한 신호를 표출할 수 있으며, 이런 현상은 박새나 박새와 비교적 밀접하게 관련된 동족 조류 종들을 포함해 구멍 둥지를 트는 일부 다른 조류 종들에게서 볼 수 있다.

 청록색 눈썹 모모투스(오른쪽 그림)와 비단날개새를 포함한 일부 조류 종들은 꽁지를 좌우로 흔들면서 신호를 표출하는데, 아마도 잠재적인 포식자 쪽을 향해 추격 제지 신호를 표출하는 것 같다.

군체 생활

조류의 의사소통이 오로지 짝짓기 상대나 이웃 경쟁자와 같은 조류 종들 간에 상호작용을 조정한다고 하더라도, 모든 조류의 의사소통은 사회적 활동에 속한다. 조류는 흔히 확장된 가족 단위에서 수십 마리부터 무리 지어 수백 마리까지 규모와 유형이 다양한 방식으로 군체 생활을 하는 경우가 많다. 6장에서는 조류가 관계적으로 자신의 가족이나 무리 지어 생활하는 조류 종들에게 표출하고, 활동적인 군체 생활을 조정하는 데 도움을 줄 수 있도록 진화된 신호들을 살펴볼 것이다.

조류 무리

조류는 여러 가지 다양한 이유로 무리를 형성해 군체 생활을 한다. 예를 들어 조류는 위협적인 포식자의 동태를 제대로 파악하려면 조금도 방심하지 않고 멀리 떨어져서 바짝 경계하며 동정을 살피는 조류 무리가 수적으로 증가할수록 더더욱 안정감을 얻을 수 있다. 또한 무리 지어 군체 생활을 하는 조류는 비록 포식자가 어떤 한 조류를 포획한다고 하더라도, 전반적으로 포식자에게 포획된 조류가 목숨을 잃을 가능성이 줄어들거나 희박한 효과를 높일 수도 있다. 조류가 군체 생활을 하는 또 다른 이점은 먹이를 발견한 조류 무리를 뒤따르는 조류 종들이 더욱더 효율적으로 먹이를 찾을 수 있는 혜택을 누릴 것이다. 이와 동시에 군체 생활은 예를 들어 먹잇감을 노리는 대다수 포식자와 경쟁자들의 존재를 제대로 파악할 가능성이 증가하는 것처럼 포식자와 경쟁자들을 감시하고 경계하는 데 드는 시간과 노력을 절약할 가능성이 커진다.

군체 생활의 이점에 관한 실험 연구 결과에 따르면, 흔히 조류 무리는 주로 각자 관련이 없는 조류 종들이 완전히 각기 다른 이기적인 이유로 서로에게 이끌려 구성되는 경우가 많다는 사실이 확실하게 드러난다. 하지만 조류 무리는 또한 짝짓기를 하는 조류 암수들과 가족 집단들이 혼합적으로 구성되어, 모두가 군체 생활에서 얻는 이점들을 흥미롭게 공유할 수도 있다. 갈까마귀 종들은 일부일처제로서 암수가 오랜 기간 동안 유대 관계를 형성하지만, 또한 겨울을 나는 동안에는 거대하게 무리 지어 사회성을 높이기도 한다. 최근에 갈까마귀 종들을 대상으로 진행한 실험 연구 결과에 따르면, 하늘을 날아다니는 갈까마귀 무리 속에는 잠재적으로 짝짓기를 하는 암수 한 쌍들이 짝을 지어 서로서로 매우 가깝게 맞닿아 함께 하늘을 날아다니는 경향이 있다는 사실이 밝혀졌다.

툰드라백조(고니)는 북극권 지역에 번식지를 남겨두고서 은신처를 마련하기 위해 노스캐롤라이나 해안으로 이주한다. 툰드라백조 무리는 수적으로 수천 마리 정도가 모여 형성되는데, 대부분 짝짓기를 하는 암수들과 이들의 자손으로 구성된 가족 단위들로 형성될 수 있다. 황제펭귄은 비교적 자신들의 둥지를 찾는 데 도움을 줄 만한 특색이 거의 없는 남극 빙하에 거대한 서식지를 두고서 번식한다. 황제펭귄 암수 한 쌍은 알을 품거나 어린 새끼 황제펭귄들을 양육하는 동안 역할을 서로서로 교대로 바꿔 가며 임무 수행하면서도, 수만 마리나 무리 지어 있는 다른 황제펭귄 종들 속에서 서로서로 발견할 수 있다. 하지만 황제펭귄 종들은 현기증이 날 정도로 소용돌이치는 거대한 무리 속에서 자신들의 배우자와 자식들을 놓치지 않고 계속해서 함께 이동하는 데에는 문제점이 생긴다. 그

렇다면 어떻게 황제펭귄 종들은 거대한 무리 속에서 자신들의 배우자와 자식들을 놓치지 않고 함께 이동할 수 있을까? 만약 황제펭귄 종들이 거대한 무리 속에서 자신들의 배우자나 자식들을 놓치게 된다면, 어떻게 서로를 다시 발견할 수 있을까? 또한 어떻게 황제펭귄 종들은 거대한 무리 속에서 정상적인 관계를 유지할 수 있을까? 해답은 바로 의사소통이다.

갈까마귀 무리는 혼란스러울 정도로 무질서하게 보일 수 있지만, 갈까마귀 무리의 이동은 우선적으로 겉으로 보이는 모습보다 훨씬 더 조직화되어 있다.

툰드라백조는 수천 마리가 무리 지어 이주하는데, 이때 거대한 무리 속에서 부모와 어린 자식들은 서로 가까이 달라붙어서 함께 이동한다. 툰드라백조 무리는 감탄스럽도록 놀라운 광경을 연출하고, 또한 공중에서든, 육상에서든 수천 마리가 서로에게 울음소리를 발성하면서 굉장히 경탄할 만한 소리도 만들어 낸다.

황제펭귄 종들은 특색이 없는 남극 빙하에서 무리 지어 서식하는데, 이때 거대한 무리 속에서 자신들의 배우자와 어린 새끼들을 발견할 수 있는 비결은 바로 의사소통이다.

접촉 울음소리

조류 무리는 재잘거리듯 시끌벅적하게 끼루룩끼루룩 거리며 나팔 같은 울음소리를 발성해 끊임없이 의사소통한다. 기러기 무리, 오색방울새 무리, 검은머리방울새 무리, 솔잣새 무리 등등 조류 무리가 하늘 높이 지나갈 때, 이런 조류 무리는 울음소리를 발성하면서 자신들의 존재를 알리는 경우가 많다. 그렇다면 모든 조류 무리가 발성하는 울음소리는 어떤 기능을 할까?

특히 대부분 조류 무리가 발성하는 울음소리는 분명히 경고 울음소리가 아니라, 부문적으로 서로에게 내던지는 접촉 울음소리로 알려진다. 하지만 조류 무리가 발성하는 접촉 울음소리는 다른 종류의 울음소리들과 청각적으로 항상 다르다고 볼 수 없다. 이를테면 박새 종들은 겨울에 삼림 곳곳을 무리 지어 이동할 때 접촉 울음소리로서 자신들의 이름과 같은 울음소리를 발성하고, 또한 포식자를 발견했을 때도 경고 울음소리로서 자신들의 이름과 같은 울음소리를 발성한다. 접촉 울음소리는 세력권 내에서 먹이를 함께 찾아다니는 조류 암수 한 쌍과 같이 가장 소규모의 사회 집단 속에서나, 조류 무리가 다 함께 이동하는 대규모의 사회 집단 속에서도 발성될 수 있다.

경고 울음소리를 대상으로 진행된 많은 실험 연구들과 비교해보면, 접촉 울음소리는 비교적 실험 연구에 불충분해서 연구 대상으로 잘 다루지 않는 편이며, 접촉 울음소리를 대상으로 진행된

⬆
사진만으로도 캐나다 기러기 무리가 하늘 높이 날아다니며 발성하는 울음소리를 생생하게 상상해 볼 수 있다. 이런 상황에서 우리가 귀 기울여 들은 울음소리는 접촉 울음소리이며, 접촉 울음소리는 캐나다 기러기 종들이 무리 속에서 각자 자신의 가족들과 다 함께 지속적으로 이동할 뿐만 아니라, 모든 캐나다 기러기 종들이 전체적으로 다 같이 계속 무리 지어 이동할 수 있도록 도와주는 기능을 한다.

➡
초록낫부리새 종들은 규모가 큰 가족 무리 속에서 군체 생활을 하며, 시끄럽고 어수선하게 재잘거리는 접촉 울음소리를 발성한다.

많은 실험 연구들은 접촉 울음소리의 기능을 실제로 확실하게 입증하지 못했다. 그래도 접촉 울음소리는 두 가지 경우, 예를 들어 조류 무리의 이동을 조정하는 경우와 선호하는 사회적 파트너를 인식하는 경우와 관련된 상황에서 조류 종들이 발성할 가능성이 크다.

조류 무리의 이동 조정

접촉 울음소리의 가장 단순한 기능은 아마도 조류 무리가 결합력을 강화하도록 권장하는 것일 수 있다. 다시 말해서 접촉 울음소리는 한 조류 무리가 또 다른 조류 무리로 계속 이어질 수 있도록 도와준다. 만약 조류 무리가 이동하는 동안 접촉 울음소리를 발성한다면, 현재 자신들이 속해 있는 조류 무리 속에 다른 조류 무리를 약간 더 끌어모을 수 있을 것이다. 만약 접촉 울음소리를 인식한 조류 무리가 이런 청각적 신호에 대응하기 위해 가까이 머물러 다른 조류 무리가 이동하는 방향으로 함께 이동한다면, 조류 무리는 서로 함께 결합할 수 있다. 규모가 작은 조류 무리는 조류 종 간에 자신들의 현재 위치와 이동 방향에 관한 정보를 직접적으로 의사소통할 수 있으므로, 결합력이 비교적 쉽게 향상될 수 있을 것이다.

초록낫부리새 종들은 번식력이 우수한 초록낫부리새 암수 한 쌍과 번식력이 없는 부차적인 일부 초록낫부리새 종들로 확장된 가족 무리 속에서 군체 생활을 한다. 이런 가족 무리에 속한 초록낫부리새 종들은 자신들이 차지한 세력권 곳곳을 다 함께 무리 지어 이동하면서 먹이를 찾아다니는 경향이 있다. 이때 초록낫부리새 무리는 흔히 새로운 위치를 향해 먹이를 찾아다니기 시작하면서 접촉 울음소리를 발성하는 경우가 많다. 또한 접촉 울음소리를 인식한 초록낫부리새 종들은 각자 접촉 울음소리에 대응할수록 가족 무리에 속한 다른 초록낫부리새 종들을 훨씬 더 쉽게 뒤따를 수 있다. 초록낫부리새 종들이 먹이를 찾아 떠나기 전에 접촉 울음소리를 발성했든 발성하지 않았든 간에, 만약 본질적으로 우수한 초록낫부리새 종들이 먹이를 찾아 떠나는데 가족 무리에 속한 다른 초록낫부리새 종들이 뒤따라오지 않는다면, 본질적으로 우수한 초록낫부리새 종들은 흔히 가족 무리로 다시 돌아와 가족 무리에 속한 다른 초록낫부리새 종들이 뒤따라오기를 바라는 마음으로 접촉 울음소리를 한 번 더 발성하는 경우가 많다. 만약 먹이를 찾아 떠날 때 부차적인 초록낫부리새 종들이 가장 먼저 접촉 울음소리를 발성했다면, 부차적인 초록낫부리새 종들은 가족 무리로 다시 돌아와 접촉 울음소리를 한 번 더 발성할 가능성이 크다. 또한 부차적인 초록낫부리새 종들은 접촉 울음소리를 발성하지 않고 조용히 먹이를 찾아 떠나면서 가족 무리에 속한 다른 초록낫부리새 종들이 뒤따라오지 않은 채로 계속 혼자서 단독으로 먹이를 찾아다니는 경향이 있다.

군체 생활을 하는 흰허리나팔새 종들은 육상 노랫소리와 육상 경고 울음소리를 포함해 폭넓고 다양한 발성음을 표출한다. 하지만 흰허리나팔새 종들은 또한 하층 식생이 빽빽하게 밀집된 삼림 속에서 무리 지어 먹이를 찾아다닐 때 독특하게 '야옹야옹' 하는 접촉 울음소리를 발성하기도 한다. 야옹 하는 접촉 울음소리는 흰허리나팔새 종들이 시각적으로 나머지 흰허리나팔새 무리와 떨어져 분리되었을 때 개별적으로 발성된다. 녹음 재생 실험을 적용한 실험 연구에 따르면, 나머지 다른 흰허리나팔새 무리는 야옹 하는 접촉 울음소리를 듣는 순간 자신들이 하는 일을 멈추게 된다는 사실이 드러났다. 또한 나머지 다른 흰허리나팔새 무리는 야옹 하는 접촉 울음소리에 대응해 '꿀꿀'거리는 접촉 울음소리를 발성할 것이다. 이때 만약 야옹 하는 접촉 울음소리가 "다들 어디에 있니?"라는 의미라면, 꿀꿀거리는 접촉 울음소리는 "이쪽으로 와"라는 의미일 것이다.

규모가 큰 무리에 속한 모든 조류 종들은 조류 종간에 의사소통하거나 조류 무리의 이동을 조정하는 것이 매우 어렵고 힘들거나 심지어 불가능하게 된다. 이를테면 규모가 큰 조류 무리는 공간적으로 밀접하게 가까운 조류 종들끼리만 의사소통이 가능하지만, 전반적으로 모든 조류 무리의 이동이 완전히 조정될 때 조류 무리 전체가 다 같이 이동하게 될 가능성이 크다. 백조 무리와 기러기 무리, 두루미 무리가 이주할 때 비행 전에 여러 가지로 다양하게 표출하는 행동들은 무리 전체가 약속대로 오랫동안 비행할 준비 태세를 갖추면서 서로 의사소통하며 의견을 일치시키는 기능을 한다고 볼 수 있다. 대부분 의견을 전달하는 이런 신호들은 예를 들어 베윅의 백조와 큰백조가 고개를 까닥거리거나 머리를 전후좌우로 흔들고, 캐나다기러기가 머리를 요동치듯 전후좌우로 빠르게 흔드는 모습을 보이는 것처럼 몸을 움직이는 자세로 표출된다. 캐나다두루미는

흰허리나팔새 종들의 '야옹' 하는 접촉 울음소리는 하층 식생이 빽빽하게 밀집된 삼림 속에서 먹이를 찾아다닐 때, 흰허리나팔새 종들이 다 같이 가까이 달라붙어서 무리 지어 이동할 수 있도록 도와준다. 또한 이런 접촉 울음소리는 흰허리나팔새 종들이 각자 개별적으로 독특하게 발성하는데, 흰허리나팔새 한 종이 혼자 무리에서 벗어나 따로 분리된 상황에서도 흰허리나팔새 종들 모두가 상황을 제대로 파악할 수 있다는 의미를 지닌다.

큰백조(왼쪽 그림)나 캐나다기러기(오른쪽 그림)와 같이 몸집이 큰 물새 종들은 비행하기 전에 고개를 까닥거리거나 머리를 전후좌우로 흔드는 표출 행동을 한다. 이런 행동들을 표출하는 조류 종들은 비행하려고 한다는 신호를 의도적으로 드러내는데, 이때 표출 행동을 인식하는 조류 종들은 비행 전에 이동하도록 유도하는 신호들에 대응하면서 암수가 짝을 이룬 채로 무리 지어 다 같이 확실하게 비행할 수 있게 된다.

비행하기 전에 의례적으로 목을 길게 쭉 늘이는 표출 행동을 하는데, 이와 더불어 양쪽 날개를 활짝 펼치며 뛰어다니는 표출 행동도 할 수 있다. 다만 캐나다두루미가 표출하는 이런 행동들은 조류 종들이 위협적인 포식자와 정면으로 맞닥뜨릴 때처럼 비행 전에 활동적으로 몸을 천천히 풀면서 준비 태세를 갖출 필요 없이 바로 서둘러 비행하는 상황으로 이어질 수 있다. 따라서 이런 행동들을 표출하는 캐나다두루미 종들은 실제로 근처에서 또 다른 캐나다두루미 종들(특히 자신들의 배우자나 자식들)이 표출 행동들을 인식하기를 바라는 마음으로 금방이라도 비행하려고 한다는 신호들을 보낼 수 있는데, 이때 또한 다 같이 비행하기를 권장하기도 할 것이다. 우리는 규모가 큰 조류 무리를 살펴보면서도, 어떻게 조류 무리에 속한 조류 종들이 조류 무리 전체의 이동을 조정하고, 조류 종간에 얼마

나 많은 의사소통이 이루어지는지를 아직도 제대로 파악하지 못하고 있다. 그래도 대부분 부차적인 하위 조류 무리는 '전염적'으로 모두 똑같이 의사소통을 통해 비행 전에 이동하도록 유도하는 신호들에 대응하면서, 결국에는 결정적으로 거대한 조류 무리가 형성되고 고무적으로 활발하게 비행하게 될 것이다.

이주 비행 울음소리

이주하는 대부분 명금류는 밤중에 비행하는 동안 독특한 이주 비행 울음소리를 발성한다. 이주 비행 울음소리의 기능은 잘 알려진 바가 없다. 대부분 명금류는 가족 무리로 이주하지 않으므로, 자신들과 밀접하게 관련된 조류 종들을 위해 이주 비행 울음소리를 의도적으로 발성할 가능성이 거의 없다. 하지만 많은 다른 울음소리들과 마찬가지로, 우주 비행 울음소리는 이주하는 조류 종들이 계속해서 다 함께 무리 지어 이동할 수 있도록 도움을 주는 기능을 할 것이다.

이주 비행 울음소리의 기능을 입증할 만한 충격적인 증거는 이주하는 동안 고층 건물에 충돌한 조류 종들을 대상으로 진행한 조사 연구에서 비롯된다. 상당히 많은 조류 종들은 고층 건물에 충돌하며 죽음을 맞이하는데, 과학자들은 유감스럽게도 많은 장소에서 불행하게 희생당한 조류 종들을 데려와 목록을 작성했다. 정형화된 죽음을 맞이한 조류 종들을 대상으로 조사 연구한 결과에 따르면, 밤중에 이주 비행 울음소리를 많이 발성하는 조류 종들은 밤중에 이주 비행 울음소리를 발성하지 않는다고 알려진 조류 종들보다 훨씬 더 자주 고층 건물에 충돌하는 경향이 있다는 사실이 드러났다. 또한 이러한 조사 연구 결과에 따르면, 이주 비행 울음소리는 이주하는 조류 종들이 계속해서 다 함께 무리 지어 이동할 수 있도록 도와주는 기능을 한다는 사실도 넌지시 알리고 있다. 하지만 인공조명이나 고층 건물들과 관련해서 살펴본다면, 밤중에 이주하는 조류 무리는 결합력이 강할수록 끔찍한 결과를 자아낼 수 있다.

⬅

캐나다두루미는 흔히 암수가 짝이나 가족 무리를 이뤄 이동하는 경우가 많은데, 이때 울음소리와 표출 행동들이 캐나다두루미 무리의 이동을 조정하는 데 도움을 준다.

짝짓기 상대 인식

접촉 울음소리는 또한 사회적으로 특정 짝짓기 상대를 인식하는 데 매우 중요한 역할을 하기도 한다. 접촉 울음소리의 이러한 기능은 대부분 무리를 짓는 조류 종들에게서 드러난다. 아마도 무리를 짓는 조류 종들은 짝짓기에 성공하려면 사회적으로 짝짓기 상대를 계속해서 추적하는 것이 가장 중요할 것이다. 황금방울새 종들은 흔히 자신들의 둥지에서 멀리 떠나 먹이를 찾아다니는 경우가 많고, 겨울에는 거대한 무리를 형성한다. 이때 거대한 황금방울새 무리는 비행하는 동안 끊임없이 접촉 울음소리를 발성하며 서로의 이동을 계속해서 추적하는 유능한 모습을 보일 것이다. 또한 거대한 황금방울새 무리가 비행하는 동안 끊임없이 접촉 울음소리를 발성하는 현상은 서로 간에 의사소통이 매우 잘 일어나고 있다는 사실을 의미한다.

조류 무리가 이동할 때 의사소통하는 현상을 정확히 파악하기 위해 정밀하게 모의실험하면서 실험 연구를 진행하기는 매우 어렵고 힘들지만, 포획한 조류 종들을 대상으로 진행한 대부분 실험 연구 결과에 따르면, 황금방울새나 동박새, 금화조와 같이 무리를 짓는 조류 종들은 자신들이 선호하는 짝짓기 상대의 접촉 울음소리를 인식한다는 사실이 밝혀졌다. 또한 황금방울새와 검은방울새, 솔잣새, 검은머리방울새는 자신들이 선호하는 짝짓기 상대의 접촉 울음소리를 일정 기간 집중해서 들은 다음 짝짓기 상대의 접촉 울음소리와 매우 유사하게 발성하는데, 이로 인해 결국 자신들이 선호하는 짝짓기 상대를 쉽게 인식할 수 있게 된다. 포획한 금화조 종들을 대상으로 진행한 실험 연구 결과에 따르면, 금화조 종들은 암수가 시각적으로 서로에게 고립된 채로 짝짓기를 할 때 접촉 울음소리를 발성하는 속도가 증가한다는 사실이 드러났다. 게다가 금화조 종들이 발성하는 접촉 울음소리는 짝짓기 상대를 계속해서 추적하는 역할을 한다는 사실도 확실하게 입증되었다.

↑

동박새(맨 위 그림)가 발성하는 접촉 울음소리는 동박새 종들이 무리 지어 먹이를 찾아다니는 동안 암수가 짝을 이뤄 서로서로 함께 달라붙어 이동할 수 있도록 도와준다. 또한 실험 연구 결과에 따르면, 시끄러운 도시 환경에서 동박새 종들은 시끄러운 소음 때문에 서로에게 들릴 정도로 주파수가 매우 높은 고주파 접촉 울음소리를 발성한다는 사실이 드러났다.

↑ ↘

황금방울새(바로 위 그림)나 검은머리방울새(바로 아래 그림의 암수 한 쌍)와 같은 되새과 종들은 흔히 비행하면서 먹이를 찾아다니는 동안 접촉 울음소리를 끊임없이 발성하는 모습들이 맨 먼저 탐지되는 경우가 많다.

156

어린 새끼 멕시코 파랑 지빠귀는 언젠가 자신의 자식이나 자신보다 훨씬 더 어린 형제자매들을 양육할 수도 있는데, 이런 경우는 자신이 소유한 유전자의 생존력을 향상하는 데 도움이 될 것이다.

가족 인식

복잡하고 다양한 사회적 활동을 원만히 진행하기 위한 주요 전제 조건들 가운데 하나는 조류 종들이 다른 조류 종들을 제대로 인식할 수 있도록 능력을 갖추는 것이다. 세력권을 두고서 두 조류 종간에 의사소통할 때, 이웃 조류 종들이 표출하는 청각적 신호들을 인식할 수 있는 능력은 세력권을 차지한 조류 종들이 발성하는 노랫소리가 주로 이웃 조류 종들이 확실하게 인식할 정도로 지속하지 않더라도, 이웃 조류들에게서 공격적인 적대 행동을 줄일 수 있다('적에게 가까이 다가가는 효과', 86쪽, 91쪽, 92쪽 참조). 조류 무리가 점점 더 거대하게 성장할수록, 조류 무리에 속한 조류 종들을 서로 인식해야 할 필요성은 훨씬 더 중요해질 수 있다. 따라서 우리는 조류 종들이 가족이나 무리에 구성된 다른 조류 종들에게 확실하게 인식될 수 있도록 점점 더 진화적으로 표출하는 신호들을 자세히 살펴보도록 한다.

전 세계적으로 조류 10,000여 종 이상 가운데 조류 몇백 종들은 확장된 가족 무리 속에서 군체 생활을 하고, 협력적으로 번식하는 조류로 알려지고 있다. 협력적인 번식은 매우 흥미롭게도 기본적으로 번식기 이전부터 번식하고 양육하는 암수 조류 한 쌍과 어린 새끼 조류들로 구성된 사회 체계에서 발생한다. 세력권을 차지한 조류 종들은 우선적으로 세력권을 벗어나 둥지를 옮기기보다 그대로 머무르는 경향이 있는데, 이런 경우는 만약 조류 종들이 출생한 둥지에 그대로 머무른 채로 자신들의 부모로부터 세력권을 물려받을 기회를 확실히 얻는다면, 또는 만약 조류 종들이 출생한 둥지에 그대로 머물러 자신들의 부모가 양육하는 새로운 세대의 형제자매들을 '협력자'로서 부모를 도와 함께 양육한다면, 그만큼 중요한 가치가 있을 수 있다. 이배체 생물(포유류와 조류를 포함하며, 부모로부터 각각 하나씩 얻은 염색체가 1쌍씩 존재하여 상동 염색체를 구성하는 생물)에 속한 조류 종은 자신의 자손들만큼이나 모든 형제자매와 많은 유전 물질을 공유하고 있으므로, 새로운 세대의 형제자매들을 협력적으로 양육하는 방식은 조류

종들이 각자 다음 세대로 이어지는 유전자의 복사본을 반드시 소유하게 되는 데 효과적일 수 있다. 따라서 진화적인 관점에서 살펴보면, 추가적으로 형제자매를 번식하도록 돕는 방법은 일단 조류 종들이 자식 하나를 번식하는 방법만큼이나 매우 중요한 가치가 있을 수도 있다. 이런 협력적인 번식 방법은 오로지 조류가 자신과 밀접하게 관련된 친족 조류 종들을 행동으로 직접 도울 수 있는 경우에만 효과가 있다. 이와 달리 조류는 자신과 전혀 관련 없는 비친족 조류 종들이 많은 자손을 번식하도록 행동으로 직접 돕는다면 자신의 유전자를 퍼뜨리는 데 전혀 도움이 되지 않으므로, 친족 조류 종들과 비친족 조류 종들을 확실하게 구별할 수 있어야 한다. 게다가 많은 경우에는 조류 종들이 표출하는 신호들이 다른 조류 종들을 인식하는 데 도움이 되기도 한다.

멕시코 파랑 지빠귀 종들은 전형적으로 암수가 짝을 지어 번식하지만, 수컷 멕시코 파랑 지빠귀 종들은 흔히 자신들이 차지한 세력권 근처에서 안정적으로 자리를 잡고 공간상으로 짧은 거리에서만 이리저리 흩어지는 경우가 많으므로, 결국에는 세력권 근처에 인접한 장소에서 자리 잡은 이웃 수컷 멕시코 파랑 지빠귀 종들은 서로가 밀접하게 관련될 것이다. 만약 수컷 멕시코 파랑 지빠귀가 자신이 차지한 세력권 내에서 성공적으로 번식하지 못한다면, 수컷 멕시코 파랑 지빠귀는 자신의 부모나 형제자매들이 차지한 세력권으로 돌아가 새로운 세대의 형제자매나 조카들을 양육하는 데 도울 것이다. 명백하게도 멕시코 파랑 지빠귀는 친족 조류 종들을 탁월하게 인식할 수 있어야만 무엇보다 올바른 장소에서 확실하게 협력적인 번식을 도울 수 있을 것이다. 또한 녹음 재생 실험을 진행한 실험 연구 결과에 따르면, 수컷 멕시코 파랑 지빠귀 종들은 노랫소리를 이용해 친족 조류 종들을 인식한다는 사실이 드러났다. 하지만 수컷 멕시코 파랑 지빠귀 종들은 또한 노랫소리를 발성하면서 짝짓기 상대의 관심을 끌어내고 세력권을 방어하기도 하므로, 아마도 노랫소리가 친족 조류 종들과 연대감을 강화하기 위해 표출되는 신호라는 사실은 실제와

⬆
등줄무늬굴뚝새 종들은 극도로 확장된 사회적 가족 무리 속에서 다른 조류 종들의 성별과 가족 혈통을 제대로 인식할 수 있도록 각자 울음소리를 학습한다.

➡
벨 광부 종들은 특징적으로 벨 소리와 같은 울음소리를 발성하는 데서 이름이 지어졌으나, 사회적 무리 속에서 친족 조류 종들과 맺은 연대감을 평가하기 위해 또 다른 발성음인 '야옹' 울음소리를 발성하기도 한다.

다를 것이다. 대신에 멕시코 파랑 지빠귀 종들은 대부분 세력권을 차지한 조류 종들 속에서 이웃 조류 종들과 낯선 조류 종들을 확실히 구별하기 위해 노랫소리를 학습하는 능력을 모두 똑같이 갖출 수 있지만, 이때 멕시코 파랑 지빠귀 종들이 노랫소리를 학습하는 능력은 친족 조류 종들과 비친족 조류 종들을 제대로 구별하는 데 적용된다. '적에게 가까이 다가가는 효과'와 마찬가지로, 멕시코 파랑 지빠귀 종들은 비친족 조류 종들이 발성하는 노랫소리에 훨씬 더 공격적으로 대응한다. 다시 말해서 멕시코 파랑 지빠귀 종들은 친족 조류 종들이 덜 위협적일 가능성이 크므로, 친족 조류 종들이 발성하는 노랫소리에 공격적인 적대 행동을 줄일 것이라는 의미이기도 하다. 멕시코 파랑 지빠귀 종들이 도울 상대를 결정하든, 결정하지 않은 간에, 노랫소리를 이용해 친족 조류 종들을 인식할 수 있는 능력이 멕시코 파랑 지빠귀 종들에게 도움이 되는지, 도움이 되지 않는지의 여부는 여전히 세심하게 살펴봐야 한다.

등줄무늬굴뚝새 종들은 콜롬비아 북부와 베네수엘라 중심부의 사바나 삼림에서 서식하며, 확장된 가족 무리 속에서 군체 생활을 한다. 또한 등줄무늬굴뚝새 종들은 비교적 자신들보다 한층 더 성숙한 같은 성별의 조류 종들로부터 명확하게 학습된 '기교' 울음소리라고 하는 울음소리를 기술적으로 발성한다. 등줄무늬굴뚝새 무리 가운데 수컷 종들은 자신들과 같은 조류 종들이 발성하는 울음소리 유형을 서로 공유하고, 암컷 종들은 자신들만이 발성하는 울음소리 유형을 서로 공유하지만, 암수 종들이 레퍼토리를 이용해 울음소리를 발성하는 방법은 서로 각각 차이가 난다. 가끔 수컷 종들이 이리저리 흩어져 인접한 세력권에서 번식한다면, 수컷 종들은 심지어 세력권이 서로 각기 다르더라도 자신들과 밀접하게 관련된 수컷 종들에게 울음소리를 발성하면서 자신들과 같은 종들의 울음소리를 서로 공유할 것이다. 녹음 재생 실험을 진행한 실험 연구 결과에 따르면, 기교 울음소리는 흔히 세력권을 두고서 조류 무리 간에 사소한 접전을 벌이는 동안 이용된다는 사실이 드러났다. 또한 수컷 종들은 자신과 같은 무리의 조류 종들과 다른 무리의 조류 종들이 발성하는 노랫소리를 확실하게 구별할 수 있다는 사실도 밝혀졌다. 이러한 기교 울음소리는 세력권을 두고서 조류 무리 간에 접전을 벌이는 동안 자신과 같은 무리의 조류 종들을 서로가 명확히 인식하는 데 도움을 주고, 특징적으로 같은 무리의 조류 종간의 결속력을 향상시키는 역할을 할 가능성이 크다.

벨 광부(도요 물떼새) 종들은 또한 주로 기능적으로 친족 조류 종들을 제대로 인식하기 위한 청각적 신호로서 울음소리를 발성하며 협력적으로 번식하는 조류에 속한다. 벨 광부 종들은 흔히 거대한 서식지에서 군체 생활을 하는데, 이때 잠재적으로 수백 마리의 벨 광부 종들이 확장된 가족 무리를 형성할 수 있도록 다 함께 공유된 세력권을 방어하면서 대부분 협력적으로 번식하므로, 벨 광부 종들은 각자 친족 조류 종들과 비친족 조류 종들을 모두 밀접하게 접촉하는 경우가 많다. 이런 사회 체계에서는 벨 광부 종들이 각자 비친족 조류 종들을 실수로 잘못 도울 가능성이 어느 정도 적절하게 존재한다. 하지만 실험 연구 결과에 따르면, 벨 광부 종들은 친족 조류 종들과 맺은 연대감이 매우 친밀하게 향상될수록 행동적으로 직접 도와줄 가능성이 커진다는 사실이 드러났다. 벨 광부 종들은 세력권 싸움에서 정황에 따라 이용되지 않은 야옹 울음소리를 발성하기도 하지만, 그 대신에 둥지를 방문하는 조류 종들에게 야옹 울음소리를 발성한다. 야옹 울음소리는 비친족 조류 종들보다 친족 조류 종들 사이에

서 훨씬 더 유사하게 발성되고, 의미상으로 울음소리의 유사성이 매우 정확한 청각적 신호로서 울음소리의 관련성에 이용될 수 있기에, 실제로도 울음소리의 유사성과 울음소리의 관련성 간에는 직접적으로 밀접한 관계가 존재한다. 또한 직접 돕는 행동은 울음소리의 유사성과 상관관계가 절대적으로 강하게 존재하며, 행동으로 직접 돕는 조류 종들은 주어진 둥지에서 번식하는 수컷 조류 종들의 울음소리와 한층 더 매우 유사하게 울음소리를 발성하면서 어린 새끼 조류 종들에게 먹이를 훨씬 더 빠른 속도로 제공한다. 이런 현상들은 결과적으로 벨 광부 종들이 행동으로 어떤 상대를 직접 도와주고 얼마나 많이 도와줄지를 정확히 결정하기 위해 울음소리의 유사성을 이용한다는 사실을 넌지시 보여준다.

하지만 조류 종들은 친족 조류 종들이 표출하는 청각적 신호를 기만적으로 이용하면서 혜택을 누리는 상황이 발생할 수 있다. 만약 멕시코

파랑 지빠귀 종들이 친족 조류 종간에 인식하는 노랫소리를 발성한다면, 이로 인해 친족 조류 종들은 세력권 싸움에서 서로에게 공격적인 적대행위를 덜 표출할 것이다. 따라서 비친족 조류 종들은 사회적인 친족 관계 신분을 거짓으로 드러내면서 상대 조류 종들에게 공격적 적대행위를 훨씬 더 약한 수준으로 받는 혜택을 누릴 것이다. 협력적으로 번식하는 벨광부 종들의 경우를 살펴보면, 번식을 돕는 수컷 종들은 서로 간에 울음소리의 유사성을 이용해 번식하는 수컷 종들 가운데 자신들이 도와줄 상대를 결정할 수도 있고, 번식하는 수컷 종들은 친족 수컷 종간에 인식하는 울음소리를 기만적으로 이용하면서 결국 잠재적으로 비친족 수컷 종들에게 도움을 받으며 어느 정도 혜택을 누릴 수도 있다. 하지만 번식을 돕는 수컷 종들은 결과적으로 적절하지 못하게 엉뚱한 상대를 잘못 도와주면서 시간과 노력을 낭비하게 된다. 또한 다른 한편으로 번식하는 수컷 종들은 울음소리를 기만적으로 이용하면서 실제로 자신들의 친족 수컷 종들에게 도움을 받을 기회가 결국 줄어들게 될 것이다.

번식하는 조류 종들이 친족 조류 종간에 표출하는 청각적 신호들을

↑
제주오목눈이 종들은 사회성이 극도로 높은 또 다른 조류로서, 울음소리를 학습하는 과정을 통해 결국 무리에 속한 조류 종간에 울음소리의 유사성이 매우 많이 존재하고, 이로 인해 확실하게 친족 조류 종들을 행동으로 직접 도울 수 있다.

➜
밤색머리 꼬리치레 종들은 가족 무리가 발성하는 특정 울음소리보다 개별적으로 각자 발성하는 독특한 울음소리를 바탕으로 가족 무리에 속한 조류 종들을 인식한다.

기만적으로 이용하면서 혜택을 누리든 누리지 않든 간에 이와 상관없이, 번식을 돕는 조류는 기만적인 청각적 신호에 속아서 비친족 조류 종을 친족 조류 종으로 잘못 인식하고, 유전적으로 전혀 관련되지 않은 비친족 조류 종들을 실수로 잘못 도와주면서 여전히 시간과 노력을 낭비할 수도 있을 것이다. 그렇다면 어떻게 해야 친족 조류 종간에 인식하는 청각적 신호들을 확실하게 신뢰할 수 있을까? 한 가지 가능성을 살펴보면, 어린

새끼 조류 종들은 비교적 자신들보다 성숙한 조류 종들을 통해서 친족 조류 종들을 인식하는 데 이용되는 청각적 신호(노랫소리나 울음소리)들을 학습한다. 이러한 방법에 따라 가족 무리가 특징적으로 발성하는 청각적 신호들은 부모에서 자손으로, 한 세대에서 다음 세대로 전해질 수 있을 것이다. 등줄무늬굴뚝새 종들과 제주오목눈이 종들 등등은 울음소리를 학습하는 모습이 드러났다. 이때 어린 새끼 조류 종들은 특히 자신들과 전혀 관련 없는 비친족 조류 종들이 주변에 거의 존재하지 않을 때나, 흔히 제한적으로 친족 조류 종들을 인식하는 청각적 신호들로만 적절하게 학습할 때 친족 인식 신호들을 특별히 확실하게 제대로 학습하게 된다.

또 다른 가능성을 살펴보면, 친족 조류 종들은 울음소리 구조를 곧바로 조절할 수 있는 유전적 메커니즘이 존재하거나, 유전자가 어떤 식으로든 울음소리 구조에 영향을 미칠 수 있는 성대의 형태를 조절할 경우에 서로 간에 유사한 울음소리를 더더욱 많이 공유할 것이다. 물론 친족 조류 종들은 서로 간에 유사한 유전자들도 더욱더 많이 공유할 테지만, 만약 자신들의 유전자가 울음소리 구조에 영향을 미친다면, 친족 조류 종들은 또한 서로 간에 유사한 울음소리 구조도 역시 공유할 가능성이 클 것이다. 벨 광부 종들을 대상으로 실험 연구한 결과에 따르면, 벨 광부 종들은 울음소리를 학습하지 않거나 최소한으로 학습할수록 각자 발전적으

로 변화된 모습을 계속해서 제대로 보여주지 못한다는 사실이 확실하게 드러났다.

마지막으로 친족 조류 종들을 인식하는 학습은 친족 조류 종들 간에 청각적 신호의 유사성이 거의 존재하지 않거나, 청각적 신호의 특징이 존재하지 않을 경우에 성취될 것이다. 멕시코 파랑 지빠귀의 경우를 살펴보면, 친족 종들은 서로 간에 발성하는 노랫소리로 서로서로 인식하지만, 친족 종간에 발성하는 노랫소리는 비친족 종간에 발성하는 노랫소리보다 청각적 신호의 유사성이 훨씬 더 많이 존재한다는 사실이 아직 입증된 바가 없다. 협력적으로 번식하는 또 다른 조류인 밤색머리 꼬리치레 종들은 개별적으로 각각 독특한 울음소리를 발성하고, 친족 종들과 비친족 종들이 발성하는 울음소리에 서로 각기 다르게 대응하지만, 가족 무리에 속한 조류 종간에 발성하는 울음소리는 청각적 신호의 유사성이 매우 많이 존재한다는 사실이 아직 입증된 바가 없다. 대신에 조류 종들은 친족 조류 종들을 인식하는 학습 과정을 통해 특정 조류 종과 특정 울음소리를 서로 관련지을 수 있으므로, 익숙한 조류 종들과 익숙하지 않은 조류 종들을 확실하게 인식할 수 있을 것이다. 또한 만약 가장 익숙한 조류 종이 자신과 가장 가까운 친족 조류 종이라면, 이로 인해 조류 종들은 결과적으로 친족 조류 종을 명확히 인식할 수 있다.

⬅
암컷 유리앵무가 알을 품고 있는 동안, 수컷 유리앵무는 둥지를 떠나 먹이를 찾아다니다가 둥지로 다시 돌아오면서 접촉 울음소리를 발성하는데, 이때 암컷 유리 앵무는 먹이를 찾아 둥지로 되돌아오고 있는 수컷 유리앵무를 명확히 인식할 수 있다.

⬇
오렌지색이마황금앵무 종들은 지리적으로 매우 멀리 떨어져 있는 조류 종들이 발성하는 울음소리보다 자신과 동일한 지역에 존재한 조류 종들이 발성하는 울음소리에 훨씬 더 강하게 대응하고, 또한 익숙하지 않은 조류 무리에 합류할 수 있도록 다른 조류 종들의 울음소리와 아주 비슷하게 울음소리를 스스로 바꿔서 발성할 수도 있다.

홍금강앵무 종들은 대부분 앵무새 종들과 마찬가지로 무리 지어 먹이를 찾아다니거나 둥지를 틀기 위해 진흙을 구하러 가는 장소로 향할 때 접촉 울음소리를 매우 시끄러울 정도로 크게 발성한다.

⬇
사랑앵무 종들은 자신들이 선호하는 짝짓기 상대를 인식하기 위해 접촉 울음소리를 이용하는데, 접촉 울음소리는 특히 사랑앵무 수백 또는 가끔 수천 마리 종들이 소용돌이치듯 무리 지어 이동할 때 상당히 유용할 것이다.

조류 무리 인식

앵무새는 청각적 신호를 표출하는 능력이 뛰어난 종으로 유명하다. 대부분 앵무새 종들은 초목으로 뒤덮인 삼림 속에서 다 같이 무리 지어 하늘 높이 날아다니며 먹이를 찾아다니면서 서로가 귀담아들을 수 있도록 접촉 울음소리를 시끄러울 정도로 크게 발성하는데, 이때 앵무새 종들은 아마도 자신의 무리에 속한 다른 앵무새 종들이 발성하는 울음소리를 최소한 어느 정도 인식할 수 있을 것이다. 사랑앵무(잉꼬)와 유리앵무, 푸른눈유리앵무 종들은 접촉 울음소리를 이용해 자신들이 선호하는 짝짓기 상대를 인식할 수 있다. 거의 성체가 다 된 아성체 푸른눈유리앵무 종들은 형제자매의 울음소리와 낯선 조류 종들의 울음소리를 확실하게 식별한다. 다른 앵무새 종들은 자신의 무리에 속한 조류 종들과 낯선 조류(예를 들어 오렌지색이마황금앵무) 종들을 구별하기 위해 접촉 울음소리를 발성할 가능성이 크며, 이로 인해 익숙한 울음소리와 낯선 울음소리를 확실하게 식별할 수 있다.

갈색 목 잉꼬를 대상으로 진행한 대부분 실험 연구들은 어떻게 앵무새 종들이 실제로 접촉 울음소리를 이용하는지를 파악하는 데 도움이 될 것이다. 일반적으로 앵무새 종들은 자신들이 차지한 지역 세력권이나 행동권 범위 내에서 그대로 가만히 남아 있기보다 거대하게 무리 지어 폭넓게 이동하면서 먹이를 찾아다니는 경향이 있다. 이를테면 갈색 목 잉꼬는 건강에 유익한 먹이 원천지를 발견하면 초목으로 뒤덮인 삼림 속에 그대로 자리를 잡을 수도 있지만, 다른 멕시코잉꼬 종들과 무리 지어 하늘 높이 폭넓게 날아다니며 먹이를 찾아다닌다. 또한 갈색 목 잉꼬는 무리 지어 하늘 높이 날아다니면서 때때로 접촉 울음소리를 발성하기도 한다. 초목으로 뒤덮인 삼림 속에서 먹이를 찾아다니는 조류 무리는 서로에게 대응하도록 접촉 울음소리를 발성할 수도 있고, 그냥 자신의 세력권 내에서 조용히 머물러 있을 수도 있다. 하늘 높이 날아다니는 조류 무리는 오로지 자신들이 접촉 울음소리를 발성하는 동안에만 역시 다른 조류 무리가 발성하는 접촉 울음소리를 귀담아들을 수 있으므로, 하늘 높이 날아다니면서 먹이를 찾아다니는 조류 종들은 접촉 울음소리를 발성할 때 먹이를 찾아다니는 조류 무리에 합류될 가능성이 훨씬 더 커질 것이다.

녹음 재생 실험을 진행한 실험 연구 결과에 따르면, 조류 종들은 접촉 울음소리 단 하나만으로도 초목으로 뒤덮인 산림 속에서 하늘 높이 날아다니는 조류 무리를 잠시 멈추고 합류하도록 충분히 유도할 수 있다는 사실이 드러났다. 접촉 울음소리는 먹이를 푸짐하게 대접하기 위해 잔치에 참석하도록 특정 조류 무리를 초대하는 역할을 하는 것 같다. 그렇다면 왜 조류 무리는 자신들의 먹이를 다른 조류 무리와 함께 나눠 먹기를 원하는 걸까? 사실 이 질문에 관한 해답은 명백하지 않다. 조류 무리는 규모가 커질수록 포식자를 대항하는 데 혜택을 누릴 수 있지만, 한층 더 자주 인용된 가설은 앵무새 종들이 섭이 효율을 향상하기 위해 다른 조류 무리와 상호작용한다는 것이다. 다른 조류 무리는 먹이가 더욱더 많은 원천지의 위치를 제대로 파악하고 있을 수도 있다. 그래서 아마도 조류 무리는 먹이를 제공하기 위해 다른 조류 무리를 초대한다면, 결정적으로 미래에 그에 대한 보답을 충분히 받게 될 것이다. 이로 인해 나중에는 조류 무리 간에 서로 역할이 반대로 뒤바뀌고 서로에게 자신의 먹이를 나눠줄 수 있는 상황에서 계속 상부상조하는 상호 이타주의가 형성된다. 조류 종이나 조류 무리는 다른 조류 종들을 각각 제대로 인식할 수 있다면, 과거에 자신들과 함께 먹이를 나눠 먹었거나 나눠 먹지 않았던 다른 조류 종들이나 조류 무리를 확실하게 구별해서 파악할 수 있을 것이다.

솔잣새 종들은 매우 흥미롭게도 조류 무리에 속한 조류 종간에 의사소통하는 중요성을 파악하는 연구에 또 다른 사례를 제공한다. 솔잣새 종들은 사회성이 극도로 높은 조류에 속하며, 일 년 내내 무리 지어 군체 생활을 하는 편이다. 또한 솔잣새 종들은 한정적으로 가문비나무나 소나무,

솔송나무와 같은 침엽수의 씨앗을 섭취할 만큼 먹이 종류가 매우 제한되어 있는데, 나뭇가지 끝에 걸터앉아 나뭇가지를 가로질러 횡단하며 자신들의 독특한 부리를 이용해 나무에 열린 솔방울에서 씨앗을 뽑아먹는다. 솔잣새 종들은 삼림 곳곳을 하늘 높이 날아다니거나, 심지어 대륙과 지역 전체를 가로지르며 숙성된 솔방울을 찾아다닐 때도, 나무에 걸터앉아 있든, 하늘 높이 날아다니든 간에, 끊임없이 접촉 울음소리를 발성한다. 게다가 솔잣새 종들은 전문적으로 침엽수의 종류에 따라 각기 다르게 무리를 짓는다. 각기 다른 솔잣새 무리는 형태상으로 자신들이 선호하는 솔

방울에 맞춰진 **독특한 부리**(예를 들어 소나무의 솔방울에 전문화된 부리는 훨씬 더 크고, 솔송나무의 솔방울에 전문화된 부리는 훨씬 더 작다)를 갖추고 있고, 역시나 독특한 접촉 울음소리도 발성한다. 각기 다른 솔잣새 무리가 발성하는 접촉 울음소리의 유형은 북아메리카 대륙에서만 살펴봐도 최소 10종류가 존재하고 있지만, 지리적인 범위에서 부분적으로 겹쳐질 수도 있다. 이런 현상에 따라 각기 다른 솔잣새 무리에 속한 솔잣새 종들이 각각 다르게 발성하는 접촉 울음소리의 유형은 같은 장소에서 발견될 수 있다는 사실을 의미한다.

⬆

갈색 목 잉꼬 종들은 대부분 앵무새 종들과 마찬가지로 세력권을 주장하지 않으며, 단 하루 동안 먹이를 찾아 다니면서 정기적으로 합류하고 흩어지는 '융합-분열' 무리를 형성한다.

←
솔잣새 종들은 일단 부리 양쪽이 비대칭인 일부 조류 종들 가운데 하나이며, 부리를 이용해 침엽수에 열린 솔방울을 비집어 열어 씨앗을 뽑아먹는다. 솔잣새 종들의 부리는 그림상으로 왼쪽 부리가 맨 위로 가든, 오른쪽 부리가 맨 위로 가든 간에, 어느 쪽 방향으로든 교차될 수 있다.

↘
분홍앵무 종들은 서로 간에 접촉 울음소리를 집중적으로 발성하면서 사회적 상호작용을 하며 신속하게 성공적으로 협상할 수도 있고, 먹이를 찾아다니는 분홍앵무 무리나 어쩌면 그냥 놀이친구를 발견해 함께 합류할 수도 있다.

솔잣새 종들은 접촉 울음소리를 이용해 자신들이 선호하는 짝짓기 상대를 무리 속에서 계속 추적할 수도 있지만, 올바른 방식으로 접촉 울음소리를 발성하는 솔잣새 무리를 제대로 인식할 수도 있다. 따라서 솔잣새 종들은 접촉 울음소리를 발성하면서 자신에게 적절한 짝짓기 상대뿐만 아니라 건강에 유익한 먹이도 찾아낼 수 있다. 복합적으로 북아메리카와 유럽에서 서식하는 대부분 솔잣새 종들을 대상으로 실험 연구한 결과에 따르면, 솔잣새 종들은 서로 각자 자신들이 선호하는 방식대로 발성하는 접촉 울음소리 유형과 유사한 방식으로 접촉 울음소리를 발성하는 솔잣새 종을 특별히 가려서 좋아하거나 짝짓기 상대로 선택한다는 사실이 드러났다. 먹이를 찾아다니며 발성하는 접촉 울음소리 적응도와 접촉 울음소리 유형과 선호하는 짝짓기 상대 간의 상관관계는 잠재적으로 솔잣새 종간의 형태학적이고 유전적인 차이와 관련될 수 있으며, 결국 북아메리카 대륙에서 각기 다른 솔잣새 종들이 발성하는 접촉 울음소리의 유형은 10종류로서 솔잣새 종에 따라 분화되어 더욱더 다르게 나타날 것이다.

솔잣새 종들의 경우를 살펴보면, 어린 새끼 솔잣새 종들은 전형적으로 여전히 둥지에서 생활하던 어린 시절부터 매우 일찍이 접촉 울음소리를 학습하므로, 무리에 속한 솔잣새 종들이 표출하는 청각적 신호인 접촉

울음소리의 신뢰도는 높게 나타날 수 있다. 부모 솔잣새 종들이 서로 번갈아 양육하는 실험 연구 결과에 따르면, 어린 새끼 솔잣새 종들은 본질적으로 타고난 울음소리를 발성하기보다 자신들을 양육하는 부모 솔잣새 종들의 울음소리를 학습해서 발성한다는 사실이 밝혀졌다. 솔잣새 종들은 암수 한 쌍이 서로 간에 접촉 울음소리를 유사하게 발성하면서 서로 만날 수도 있지만, 북아메리카 대륙에서 알려진 10가지 접촉 울음소리 유형들 가운데 여러 가지 유형으로 접촉 울음소리를 발성하는 솔잣새 종은 전혀 존재하지 않으므로, 솔잣새 종들이 일생 동안 발성하는 접촉 울음소리는 비교적 안정되어 있다. 솔잣새 종이 매우 어린 시절 둥지에서 생활하면서부터 일찍이 학습하는 접촉 울음소리는 한 세대에서 다음 세대로까지 전해질 수 있도록 무리에 속한 솔잣새 종들이 발성하는 접촉 울음소리 유형으로 확실하게 발성되어야 하고, 어떤 방법으로든 학습된 접촉 울음소리는 솔잣새 종들이 각자 먹이를 찾아다니면서 발성하는 접촉 울음소리 적응도와 계속해서 상관관계가 존재해야 한다. 솔잣새 종들은 먹이를 찾아다니면서 발성하는 접촉 울음소리 적응도에 따라 짝짓기 상대와 사회적 파트너의 관심을 각기 다르게 끌어낼 것이므로, 신뢰성이 결여되거나 '잘못된 방법'으로 접촉 울음소리를 발성하면서 혜택을 누릴 가능성은 거의 없을 것이다. 만약 소나무에 전문화된 솔잣새 종이 솔송나무에 전문화된 솔잣새 종의 무리를 뒤따른다면, 소나무에 전문화된 솔잣새 종은 자신에게 부적합한 먹이 원천지에 도달하게 될 것이다. 또한 만약 소나무에 전문화된 수컷 솔잣새 종이 솔송나무에 전문화된 암컷 솔잣새 종과 짝짓기를 한다면, 솔잣새 종 암수 한 쌍은 결국 먹이 원천지 어디에도 거의 적합하지 않은 자손을 번식하게 될 것이다.

앵무새 종들 또한 솔잣새 종들과 마찬가지로 둥지에서 생활하던 어린 시절부터 매우 일찍이 접촉 울음소리를 학습한다. 유리앵무 종들은 여

전히 둥지에서 생활하는 동안 자신들의 부모가 발성하는 독특한 접촉 울음소리를 개별적으로 학습한다. 이와 동시에 앵무새 종들은 모방성이 매우 뛰어난 조류로 유명하지만, 일부 앵무새 종들은 어린 시절 둥지에서 생활한 지 한참 뒤에야 접촉 울음소리를 다소 변경해서 발성할 수 있다. 예를 들어 코스타리카 곳곳에서 서식하는 노랑목아마존앵무 종들은 지리적으로 변화를 쉽게 줄 수 있는 접촉 울음소리를 발성하는데, 이때 노랑목아마존앵무 종들이 각자 나무 끝에 걸터앉아서 자기만의 접촉 울음소리 발성 방법대로 지역에 따라 부분적으로 각기 다르게 발성하는 독특한 접촉 울음소리의 유형은 세 가지가 존재한다. 세력권 경계선 근처에 위치한 노랑목아마존앵무 종들은 각자 세력권 경계선을 기준으로 양쪽 세력권의 접촉 울음소리 발성 방법을 각각 하나씩, 전체 두 가지 접촉 울음소리 발성 방법을 이용해 접촉 울음소리를 두 가지 유형으로 발성할 수 있을 것이다. 특징적으로 접촉 울음소리 발성 방법이 서로 각기 다른 한 지역에서 또 다른 지역으로 성체 조류 종들과 어린 조류 종들을 이동시키는 실험 연구 결과에 따르면, 어린 조류 종들은 지역에 따라 각기 다른 접촉 울음소리를 학습할 테지만, 반면에 성체 조류 종들은 그렇지 못할 것이라는 사실이 드러났다.

앵무새 종들은 또한 사회적 맥락을 바탕으로 접촉 울음소리를 일부 바꿔서 발성할 수도 있다. 암컷 사랑앵무 종들은 접촉 울음소리를 자신들과 유사하게 발성하는 수컷 사랑앵무 종들을 짝짓기 상대로 선호하지만, 수컷 사랑앵무 종들은 구애 행동을 표출하는 동안 암컷 사랑앵무 종의 접촉 울음소리를 모방해서 발성할 것이다. 서로 다른 앵무새 두 종인 오렌지색이마황금앵무와 분홍앵무 종들은 자신들이 귀담아들은 다른 조류 종들의 접촉 울음소리와 매우 비슷하든, 또는 별로 비슷하지 않든 간에 자신들만의 접촉 울음소리를 신속하게 일부 바꿔서 발성할 수 있다. 만약 앵무새 종들이 짝짓기 상대나 가족 무리에 속한 조류 종들, 다른 조류 무리에 속한 조류 종들과 같은 또 다른 조류 종들과 사회적으로 상호작용하기 위해 주로 기능적으로 접촉 울음소리를 발성한다면, 앵무새 종들은 자신들만의 접촉 울음소리를 일부 바꿔서 발성할 수 있는 능력과 다른 조류 종들의 접촉 울음소리를 모방하는 기술을 제대로 갖출수록 자신들이 선호하는 조류 종들을 뚜렷하게 인식할 수 있을 것이다.

먹이 울음소리

조류의 사회적 의사소통에 관한 또 다른 유형을 살펴보면, 조류 무리는 먹이를 찾아다니는 전후 과정에서 특히 청각적으로 독특한 먹이 울음소리를 발성한다.

집참새 종들은 단독으로 먹이를 발견하면 일반 접촉 울음소리와 구별되는 독특한 먹이 울음소리를 발성하는데, 결과적으로 이런 독특한 먹이 울음소리는 다 같이 먹이를 찾아다니는 또 다른 집참새 무리의 관심을 끌어모을 것이다. 닭 종들 또한 먹이를 발견하면 독특한 먹이 울음소리를 발성한다. 녹음 재생 실험을 진행한 실험 연구 결과에 따르면, 먹이 울음소리를 발성하는 닭은 단순히 무리를 형성하도록 유도하는 접촉 울음소리를 발성할 뿐만 아니라, 일부 경고 울음소리와 기능적으로 유사하게 들리는 참조 울음소리도 발성한다는 사실이 명확하게 드러났다. 이를테면 참조 울음소리는 그저 행동으로서 무리를 형성하도록 유도하는 청각적 신호와는 대조적으로 먹이의 존재를 진정으로 표출하는 청각적 신호라고 볼 수 있다. 녹음 재생 실험을 진행한 실험 연구 결과에 따르면, 배가 많이 고픈 다른 닭 종들은 녹음한 먹이 울음소리를 주의 깊게 귀담아들으면서도 단순하게 먹이 울음소리에 관심이 끌리지 않지만, 그래도 적극적으로 땅바닥을 유심히 탐색하기 시작한다는 사실이 밝혀졌다. 또한 이미 먹이를 많이 섭취해서 배가 충분히 부른 닭 종은 녹음한 먹이 울음소리에 대응하지 않는다는 사실도 드러났다.

조류 종들은 먹이를 발견하면 먹이 울음소리를 발성해 먹이의 존재를 표출하면서 기능적으로 자신들과 비슷한 다른 조류 종들의 관심을 끌어들인다. 하지만 먹이 울음소리를 발성하는 조류 종들은 결국 자신들이 섭취할 먹이가 양적으로 줄어들 수 있으므로, 먹이 울음소리는 직관에 어

긋나 보일 것이다. 먹이 울음소리를 발성하는 조류 종들은 당연히 그만큼 많은 혜택을 누려야 하지만, 이런 특별한 혜택들은 경우에 따라서 각기 달라질 수 있다. 규모가 큰 서식지에서 번식하는 삼색제비 종들은 먹잇감을 탐색하는 동안에 하늘을 날아다니는 곤충 떼를 발견하면 먹이 울음소리를 발성한다. 또한 녹음 재생 실험을 진행한 실험 연구 결과에 따르면, 다른 삼색제비 종들은 녹음한 먹이 울음소리에 부쩍 관심이 쏠린다는 사실이 밝혀졌다. 게다가 먹잇감을 노리는 잠재적인 포식자를 경계하고 망보는 다른 삼색제비 종들이 수적으로 증가할수록, 먹이 노랫소리를 발성하는 삼색제비 종들은 하늘을 날아다니는 곤충 떼를 먹잇감으로써 계속 추적할 수 있으므로, 먹이 울음소리에 부쩍 관심이 쏠린 다른 삼색제비 종들은 포식자를 막는 혜택뿐만 아니라 먹이를 찾아다니는 혜택으로써 먹이 울음소리를 발성하는 삼색제비 종들에게 여러 가지로 많은 혜택을 줄 수 있다는 가설이 제기되어 왔다.

이와는 전체적으로 약간 의미가 다를 수도 있지만, 큰까마귀 종들은 또한 군체 생활을 하며 겨울을 나는 동안 나무 끝에 걸터앉아서 먹이 울음소리를 발성하기도 하고, 앞서 제기된 가설에서 언급한 혜택들은 역시 섭이 효율과 관련되기도 한다. 큰까마귀 종들은 흔히 몸집이 큰 동물 사체를 먹고 사는 조류에 속한다. 동물 사체들은 지역 곳곳으로 폭넓게 흩어져 있으며, 단단하게 굳은 상태로 발견될 수 있다. 큰까마귀 종들은 먹잇감으로 동물 사체를 발견하면 먹이 울음소리를 발성하지만, 모든 큰까마귀 종들이 전체적으로 전후 사정에 따라 먹이 울음소리를 항상 발성하지는 않는다. 그런데 어린 큰까마귀 종들은 동물 사체를 발견할 때, 특히 세력권을 차지한 성체 큰까마귀 암수 한 쌍이 그 동물 사체를 이미 발견

⬆
삼색제비 종들은 서식지에서 다 함께 군체 생활을 하는 모든 삼색제비 종들이 성공적으로 먹이를 찾는 확률을 높일 수 있도록 먹이 울음소리를 발성하면서 서식지를 '정보 센터'로 전환할 것이다.

⬆
큰까마귀 종들은 먹이 울음소리를 발성하면서 자신들의 연령과 성별에 관한 정보를 표출하는데, 이때 먹이 울음소리를 인식하는 낯선 조류 종들은 먹이 울음소리를 발성하는 큰까마귀 종들과 함께 합류할지, 아니면 그대로 피할지를 현명하게 판단할 수 있을 것이다.

⬅
먹이를 찾아다니는 집참새 종들은 먹이 원천지를 발견하면 '짹짹' 지저귀는 울음소리를 발성하면서 다른 참새 종들의 관심을 끌어모은다. 하지만 집참새 종들은 자신들이 발견한 먹이 원천지가 인간이 수집하는 자료와 훨씬 더 멀리 동떨어져 있을 때와 마찬가지로 스스로 한층 더 안전감을 느낄 때 '짹짹' 지저귀는 울음소리를 더욱더 적게 발성한다.

하고서 소유권을 강력히 주장하고 있을 때도 전후 사정과 관계없이 먹이 울음소리를 발성하게 된다. 이때 먹이 울음소리를 발성하는 어린 큰까마귀 무리는 먹이를 찾아다니는 다른 어린 큰까마귀 종들의 관심을 끌어당기며, 세력권을 차지한 성체 큰까마귀 암수 한 쌍을 꼼짝 못 하게 압도적으로 방어할 수 있을 것이다. 또한 비록 어린 큰까마귀 무리는 먹잇감으로 발견한 동물 사체를 서로 나눠 먹어야 하지만, 먹이 울음소리를 발성하지 않았다면 아예 획득하지도 못했을 먹잇감에 지금부터라도 접근할 기회를 얻을 수 있다.

실제로 먹이 울음소리를 발성하는 조류가 반드시 혜택을 누린다는 사실은 아마도 북방쇠박새 종들이 발성하는 울음소리를 고려해 보면 훨씬 더 명확해질 수 있을 것이다. 북방쇠박새 종들은 각자 먹이를 찾아다니면서 새로운 지역을 방문할 때 울음소리를 시끄러울 정도로 매우 크게 발성하는데, 이때 울음소리를 발성하는 북방쇠박새 종들은 자신의 위치를 표출하면서 자신들과 같은 종이든, 다른 종이든 간에 짝짓기 상대로 선호하는 북방쇠박새 무리의 관심을 끌어모은다. 하지만 때때로 북방쇠박새 종들은 빈건한 먹이들 섭취알 때 슥시 먹이 울음소리를 발성하고, 다른 때는 나중을 위해 먹이를 모으거나 저장하거나 감출 때 먹이 울음소리를 발성할 것이다. 북방쇠박새 종들은 오로지 발견한 먹이를 섭취하고 있을 때만 먹이 울음소리를 발성하며, 먹이를 발견해서 붙잡고 있을 때는 먹이 울음소리를 발성하지 않는다. 분명하게도 북방쇠박새 종들은 먹이를 붙잡고 있을 때 자신의 위치를 표출하며 다른 조류 종들의 관심을 끌어모으기를 원하지 않는다. 짝짓기 상대 무리는 북방쇠박새 종들에게 대단히 중요한 존재이지만, 그렇다고 해서 먹이보다 훨씬 더 중요한 존재는 아니다.

7

시끄러운
세상 속에서의 의사소통

조류의 모든 의사소통은 시끄러운 세상 속에서 전후 사정에 따라 발생한다. 또한 예를 들어 수컷 조류가 위기에 처한 주변 상황 속에서 자신의 서식지를 방어하기 위해 다채로운 깃털 색채를 인상적으로 매우 과장되게 드러내며 시간이 지날수록 점점 더 진화적으로 시각적 신호들을 표출하듯이, 조류 종들은 자신들과 같은 종류의 조류 종들이든, 다른 종류의 조류 종들이든 간에, 경쟁 관계를 유지하는 조류 종들이 시끄러운 세상 속에서 유난히 시끌벅적하게 표출하는 청각적 신호들을 스스로 주의 깊게 귀담아들어야 한다. 하지만 신속하게 도시화한 세상 속에서, 조류 종들은 추가적으로 인간이 만들어 낸 시끄러운 소음을 넘어서 스스로 청각적 신호들을 상대 조류 종들에게 진화적으로 정확히 표출해야 하는 어렵고 힘겨운 상황에 직면하고 있다. 7장에서는 인간이 만들어 낸 소음과 오염으로 가득한 세상 속에서, 조류 종들이 노랫소리와 울음소리, 깃털 색채 등을 상대 조류 종들에게 얼마나 진화적으로 정확히 표출하는지를 자세히 살펴볼 것이다.

환경 소음

우리는 우선적으로 어떻게 조류가 각종 신호들을 점점 더 진화적으로 표출하며 유익한 정보들을 전송하는지를 이론적으로 파악하기 위해 이 책에서 조류가 표출하는 신호들을 논의하기 시작했다. 이제 우리는 마지막으로 조류가 개발한 신호들이 소음에 얼마나 많은 영향을 받고 있는지를 논의하며 이 책을 마무리 짓는다.

소음은 환경에 따라 자연적으로 생겨날 수 있으므로, 조류가 표출하는 신호들은 시끄러운 소음을 뚫고서 뚜렷하게 드러나도록 점점 더 진화할 것이다. 하지만 추가적으로 조류를 매우 어렵고 힘들게 하는 인공 환경이 존재한다. 우리는 근본적으로 어떻게 인간 활동이 조류의 의사소통에 영향을 미치는지를 제대로 파악한다면, 인간이 바꿔놓은 환경이 조류에게 얼마나 많은 영향을 미치고 있는지를 완전히 이해할 수 있을 것이다.

조류 종들이 각자 지역적으로 주위 환경과 상황에 따라 발생하는 소음 속에서 오랜 시간 동안 점진적으로 점점 더 진화해 왔던 현상과 비교해 볼 때, 조류는 예측할 수 없을 정도로 불시에 갑자기 발생하는 인공 소음 속에서 매우 극단적으로 격렬해질 수 있다. 조류는 인간 활동으로 발생한 소음에 대응하여 상황에 따라 신호들을 즉시 바꿔서 표출해야 하면서도 새롭게 바꾼 신호 속에 정보를 명확히 드러내야 할 것이다. 또한 새로운 신호를 받는 조류는 단기적으로 불가능할 수도 있지만, 신호 속에 내포된 정보들을 감각적으로 정확히 인식할 줄 아는 능력을 갖춰야 할 것이다. 따라서 인공 소음은 조류 종간에 서로 신호를 탐지하고 의사소통하는 데 상당히 심각한 영향을 미칠 수 있다. 게다가 공기 오염은 시각적 신호들을 막거나 방해하며 지연시키므로, 조류 종간에 시각적으로 의사소통하는 데 시끄러운 소음 역할을 할 수도 있다.

소음이란 무엇인가?

신호 검출 이론의 관점에서 살펴보면, 신호가 아니면 소음으로 간주하지만, 소음은 실제로 고요함이 거의 존재하지 않는 일반적인 자연 세계의 한 부분을 차지한다. 자연적으로 발생하는 소음은 원칙적으로 생물학적 공급원과 비생물학적 공급원에서 비롯될 수 있다. 환경 소음은 매미를 포함한 곤충들과 같이 종류가 서로 다른 조류 종들이 발성하는 소리뿐만 아니라, 예를 들어 이른 아침에 맞은편에서 수컷 조류 종간에 지저귀는 노랫소리와 같이 종류가 같은 조류 종들이 서로 의사소통하는 소리와 더불어, 바람 소리, 빗소리, 물소리 등도 포함할 수 있다.

조류가 신호를 표출하면서 정보를 전송할 수 있는 능력에 소음이 얼마나 강한 영향력을 미치는지는 신호 대 잡음비(SNR, 신호 강도와 잡음 강도의 비율)에 따라 달라질 것이다. 소음 강도에 비례하여 신호 강도가 높아질수록, 탐지할 수 있는 신호는 더욱더 많아질 것이다. 신호 대 잡음비(SNR)가 1에 도달하면, 신호는 소음에 점점 더 방해받게 되고, 어느 순간에는 더 이상 효력을 발휘하지 못하게 된다.

자연 소음이 시각적 신호에 미치는 영향

시각적 신호는 주변 환경 속에서 뚜렷하고 쉽게 눈에 띄도록 진화한다. 예를 들어 실험 연구 결과에 따르면, 깃털 색채는 주변 환경의 밝기에 따라 가장 적합하게 표출되는 시각적 신호라는 사실이 드러난다. 그늘진 삼림 속에서 가장 우위를 차지하는 배경 색채는 녹색이다. 그리하여 삼림

오스트레일리아의 미성앵무는 탁 트인 삼림 지대를 선호하므로, 흔히 교외 공원과 정원을 방문하는 경우가 많다.

환경 속에서 서식하는 산림 조류 종들이 시각적 신호로 표출하는 깃털 색채는 산림 조류 종들이 탁 트인 서식지에서 생활하면서 배경 색채보다 두드러지게 눈에 띌 수 있도록 색채 대비를 강화하기 위해 주황색과 빨간색을 훨씬 더 많이 포함하는 경향이 있을 것이다. 산림 조류 종들은 또한 어둠침침한 환경 조건 속에서 더더욱 뚜렷하게 눈에 띌 수 있도록 깃털 색채를 훨씬 더 반사적으로 선명하게 표출하기도 한다.

삼림이 울창하게 우거진 서식지에서 짝지어 생활하는 수많은 조류 종들과 탁 트인 서식지에서 짝지어 생활하는 수많은 조류 종들을 대상으로 깃털 색채와 선명도를 비교 연구한 결과에 따르면, 이처럼 빛이 다르게 존재하는 환경 속에서 한결같이 최대한 뚜렷하게 눈에 띌 수 있도록 조류 종들이 표출하는 깃털 색채와 선명도는 빛 환경에 따라 상당히 많은 영향을 받는다는 사실이 드러났다. 이를테면 아카쿠사잉꼬와 같이 폐쇄된 서식지에서 생활하는 조류 종들은 예를 들어 탁 트인 서식지에서 생활하는 미성앵무와 밀접하게 관련된 조류 종들보다 파장이 긴 깃털 색채(주황색과 빨간색)를 훨씬 더 많이 표출했다. 하지만 탁 트인 서식지에서 생활하는 조류 종들은 삼림 조류 종들보다 깃털 색채가 훨씬 더 반사적으로 선명해서 먼 거리에서도 훨씬 더 뚜렷하고 쉽게 눈에 띌 수 있으므로, 장거리로 표출하는 시각적 신호로서 깃털 색채를 이용할 수 있다는 사실이 밝혀졌다.

오스트레일리아 남동부의 아카쿠사잉꼬는 탁 트인 삼림 지대를 선호하므로, 흔히 교외 정원을 방문하는 경우가 많다. 또한 아카쿠사잉꼬는 뉴질랜드와 노퍽 섬에 도입된 조류이기도 하다.

자연 소음이 청각적 신호에 미치는 영향

청각적 신호는 감쇠(신호의 강도가 거리상 멀어질수록 약해지는 현상)와 저하(신호의 본질이 환경적인 방해 요인에 영향을 받는 현상)되는 정도에 영향을 받는다. 청각적 신호는 거리상 멀어질수록 점점 더 감쇠되므로, 특정 거리에 도달하면 배경 소음의 영향을 받아 더 이상 탐지될 수 없다. 매우 신속하게 즉각적으로 표출되는 청각적 신호는 예를 들어 대기 상태, 지표면(비교적 소리를 흡수하는 지표면)을 기준으로 청각적 신호를 표출하는 조류의 위치, 서식지와 같은 대부분 환경적 요인들에 따라 감쇠되는 정도가 달라진다. 또한 거리상으로 매우 멀리 떨어진 곳에서 표출되는 청각적 신호는 청각적 신호의 속성에 따라 이동하는 정도가 달라질 수 있다. 고주파 발성음은 저주파 발성음보다 지표면이나 대기에 훨씬 더 쉽게 흡수되므로 더더욱 신속하게 감쇠되는 경향이 있다. 또한 고주파 발성음은 바람을 포함한 대기의 난기류와 지표면에 충돌하여 여러 방향으로 흩어지면서 대부분 변조되는 경향이 많다. 특히 저주파 발성음은 조류가 지표면과 가까운 위치에서 발성한다면 장거리를 이동할 수 있다. 예를 들어 수컷 목도리뇌조가 산림 지표면에서 날개를 이용해 웅웅거리거나 울리는 소리로 표출하는 저주파(~100Hz) 발성음은 장거리를 이동할 수 있다.

조류가 표출하는 청각적 신호는 조류의 몸집 크기와 상관관계가 있는데, 이를테면 조류는 몸집 크기가 작을수록 고주파 발성음을 표출한다. 따라서 대부분 조류 종들이 표출하는 고주파 발성음들은 100Hz보다 훨씬 더 높은 주파수, 일반적으로 1,000~10,000Hz(1~10kHz)의 범위 내에서 생성된다. 몸집이 작은 조류(대부분 명금류는 몸집이 매우 작은 편이다.) 종들은 신체적으로 제약을 받기 때문에 어쩔 수 없이 저주파 발성음을 표출하지만, 이때 청각적 신호로서 표출하는 저주파 발성음은 거리상 멀어질수록 강도가 약해질 수 있는 문제, 즉 감쇠 현상이 발생할 것이다. 또한 몸집이 작은 조류 종들은 장거리로 이동할 수 있는 발성음을 표출한다고 해도 어쨌든 감쇠 현상이 발생하는 문제에 별로 도움이 되지 않을 수 있다. 하지만 몸집이 작은 조류 종들이 표출하는 청각적 신호들은 일반적으로 특정 주파수와 상관없이 저하되거나 변조되는 현상을 피할 방법들이 존재한다. 일부 정형화된 방법으로 발성되는 노랫소리는 반향(노랫소리가 간섭 현상을 일으킬 수 있는 고체 표면에 부딪히고 반사하면서 변화되어 다시 들리는 현상)과 같은 저하 현상에 더욱 많은 영향을 받는다.

청각적 신호가 환경적으로 나무줄기와 나뭇잎들을 포함한 고체 표면에 부딪히고 반사하면서 여러 방향으로 흩어지는 반향 현상이 일어나고, 모든 주파수의 발성음들이 환경적인 방해 요인에 영향을 받아 저하되는 현상이 발생하므로, 삼림 지대 환경에서는 조류가 청각적 신호를 제대로 표출하기가 어렵고 힘들다. 결과적으로 발성음이 반향을 일으키는 현상은 특히 높고 짧게 지저귀는 소리와 같이 특정 요소가 빠르게 반복되면서 정형화된 방법으로 발성되는 노랫소리에서 일어난다. 정형화된 노랫

소리는 특정 요소들이 매우 짧은 시간 내에 간섭되면서 반향 현상이 일어나므로, 노랫소리를 받아들이는 조류는 시간상으로 반향을 일으키는 노랫소리를 명확하게 파악하기가 어렵고 힘들 것이다. 따라서 조류는 반향 현상이 일어나는 정형화된 노랫소리를 되도록 발성하지 않는다면, 잠재적으로 청각적 신호가 저하되는 현상을 피할 수 있을 것이다. 삼림이 울창하게 우거진 서식지에서 생활하는 조류 종들과 탁 트인 서식지에서 생활하는 조류 종들을 대상으로 노랫소리를 비교한 수많은 연구 결과에 따르면, 삼림 조류 종들은 특정 요소가 빠르게 반복되면서 정형화된 방법으로 높고 짧게 지저귀는 소리가 적게 포함된 노랫소리를 발성한다는 사실이 명확히 드러났다. 그러므로 명금류는 어린 명금류가 가장 쉽게 귀담아듣고 학습할 수 있을 정도로 청각적 신호로서 기능적으로 가장 우수한 발성음을 표출하며, 각자 선호하는 환경에 따라 진화적으로 대응할 가능성이 크다.

청각적 신호는 배경 소음에서 두드러질 때 가장 잘 탐지된다. 청각적 신호가 최적으로 탐지될 가능성을 높이려면, 청각적 신호는 배경 소음에 가로막히거나 겹쳐지지 않도록 표출되어야 한다. 일반적으로 명금류는

중앙아메리카의 세벗방울새는 매우
시끄러울 정도로 노랫소리를 크게
발성하면서 환경 소음을 처리한다!
모든 조류 종들 가운데 노랫소리를
가장 크게 발성하는 세벗방울새 네
종들 중 한 종은 녹음된 노랫소리의
크기가 125dB 정도로 제트 엔진 소
리만큼이나 크고 시끄럽다.

노랫소리를 발성하는 다른 조류 종들이 배경 소음의 공급원이다. 조류는 아침 일찍 일어나서 노랫소리를 발성하는데, 이때 새벽녘에 들리는 조류 종들의 합창곡은 결과적으로 조류 종들이 기온이 낮고 습도가 높은 이른 아침에 가장 양호한 건강 조건에서 최대한으로 청각적 신호를 표출하기 위해 노랫소리를 발성할 가능성이 크다. 하지만 대부분 조류 종들은 이른 아침에 노랫소리를 발성하므로, 이른 아침은 또한 배경 소음이 절정에 이르는 시간이기도 하다. 따라서 조류 종들은 자신들이 표출하는 청각적 신호가 배경 소음에서 두드러질 수 있도록 여러 가지 다양한 전략을 이용해 노랫소리를 발성할 것이다.

조류 종들이 주로 이용하는 전략 하나는 조류 종들이 노랫소리를 발성하는 특정 시간대를 서로 각기 다르게 바꿔서 배경 소음이 아주 적게 존재하도록 설정하는 것이다. 예를 들어 최고조로 활발하게 노랫소리를 발성하는 특정 시간대를 일시적으로 바꾸는 현상은 나이팅게일 종들에게서 발견될 수 있다. 수컷 나이팅게일 종들은 짝짓기 상대의 관심을 끌어내려고 노력하는 동안 심지어 야간에도 노랫소리를 발성할 것이다. 또한 특정 시간대를 일시적으로 조정해 노랫소리를 발성하는 현상은 직접

적으로 훨씬 더 자주 발생할 수도 있다. 나이팅게일 종들과 같은 지역에서 다른 조류 종들이 자연스럽게 발성하는 노랫소리를 녹음한 다음 녹음 재생 실험을 진행하는 동안, 수컷 나이팅게일 종들은 녹음한 노랫소리가 재생되는 같은 시간대에 노랫소리를 발성하지 않았다. 짐작건대 수컷 나이팅게일 종들은 자신들의 노랫소리가 다른 조류 종들이 발성하는 노랫소리에 가로막혀 방해받지 않도록 일부러 같은 시간대를 피했을 것이다.

번식기 동안 조류 종들이 발성하는 노랫소리가 장기적으로 겹쳐지는 효과는 진화적인 시간 척도에서 탐지될 수 있다. 아마존 산림 지대에서 서로 공존하는 조류 82여 종들을 대상으로 실험 연구한 결과에 따르면, 아마존 산림 지대의 같은 장소에서 이른 아침 같은 시간대에 노랫소리를 발성하는 조류 종들은 아마존 산림 지대의 다른 장소에서 다른 시간대에 노랫소리를 발성하는 다른 조류 종들보다 청각적인 특성상 훨씬 더 색다른 노랫소리를 발성한다는 사실이 드러났다. 따라서 조류 종들은 청각적인 특성상 노랫소리를 색다르게 발성하거나 노랫소리를 발성하는 시간대를 조정하면서 일부 다른 조류 종들이 발성하는 배경 소음을 어느 정도 피할 수 있다.

노랫소리의 감쇠와 저하 그리고 진화적 결과

감쇠는 결과적으로 청각적 신호의 강도, 특히 특정 요소가 빠르게 반복되면서 높고 짧게 지저귀는 소리의 강도가 거리상 멀어질수록 약해지는 현상을 말한다. 이러한 현상은 각기 다른 거리에서 캐롤라이나 굴뚝새 두 종의 노랫소리들을 녹음한 다음 반사면이 많은 실험실에서 확성기를 통해 크게 흘러나오도록 하는 실험 연구에서 확실히 드러난다. (a)는 저하되지 않은 원래 노랫소리들을, (b)는 (a)와 같은 노랫소리들을 4m 정도 멀어진 거리에서 녹음한 노랫소리들을, (c)는 (a)와 같은 노랫소리들을 9m 정도 멀어진 거리에서 녹음한 노랫소리들을 보여준다. 이러한 노랫소리들은 감쇠 현상에 따라 거리상으로 멀어질수록 노랫소리의 강도가 심각하게 저하되면서 노랫소리의 본질이 최악으로 치닫게 되었다. 또한 고주파 울음소리는 거리상 멀어질수록 강도가 약해지고, 이에 따라 고주파 울음소리에 포함된 특정 요소들이 서로 구별이 잘 안 되면서 특징적으로 반향과 같은 저하 현상이 일어난다. 반향은 흔히 삼림이 울창하게 우거진 서식지에서 생활하는 조류 종들이 청각적 신호로서 최적 상태에 못 미치는 특정 요소를 빠르게 반복하면서 노랫소리를 발성하는 경우가 많다. 나기브를 통해서 수정함(1996).

캐롤라이나 굴뚝새

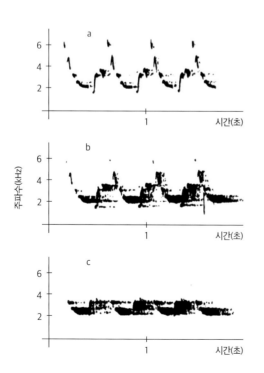

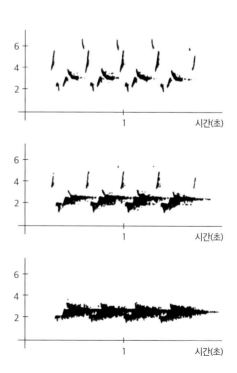

반향 현상이 일어나는 노랫소리의 진화적 결과는 박새를 통해 입증되었다. 박새 종들은 수목이 **빽빽**하게 우거진 산림 지대뿐만 아니라 한층 더 탁 트인 삼림 지대에서도 생활할 수 있을 정도로 다방면에 걸쳐 다양한 서식지를 마련하는 조류에 속한다. 수목이 **빽빽**하게 우거진 삼림 지대에서 생활하는 박새 무리를 살펴보면, 수컷 박새 종들은 주파수 변조를 나타내지 않은 단일 진동수의 소리인 순음(단음) 울음소리와 더불어 순음 노랫소리를 발성한다. 이런 수컷 박새 종들이 발성하는 노랫소리는 반향 현상을 최소화하도록 진화했다. 하지만 한층 더 탁 트인 삼림 지대에서 생활하는 수컷 박새 종들은 울음소리와 노랫소리를 훨씬 더 복잡하게 발성한다. 이런 수컷 박새 종들이 발성하는 노랫소리는 특정 요소들이 훨씬 더 빠르게 더욱 많이 반복되고, 주파수가 훨씬 더 높은 상태에서 더더욱 많이 표출된다. 크레브스와 데이비스를 통해서 수정함(1993).

박새

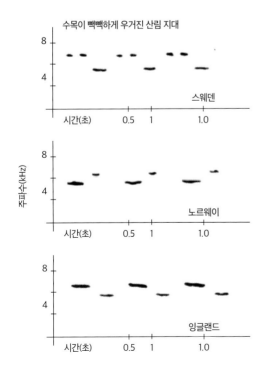

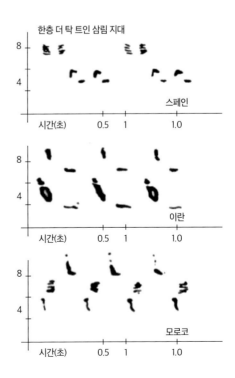

인공 소음이 시각적 신호에 미치는 영향

조류는 만약 위장이 목표라면 자연 선택에 따라 주변 환경과 한데 고르게 섞일 수 있는 깃털 색채를 선호할 것이다. 하지만 만약 조류가 시각적 신호로서 깃털 색채를 표출하려고 한다면, 조류는 자연 선택에 따라 주변 환경 속에서 쉽게 눈에 띌 수 있도록 자신이 선호하는 깃털 색채를 명확히 드러내야 할 것이다.

1800년대 말부터 현재까지 시카고의 필드 자연사 박물관에 소장된 조류 표본 1,300여 종 이상을 대상으로 실험 연구한 결과에 따르면, 대기 오염이 조류 표본 종들의 깃털 색채에 상당히 많은 영향을 미친다는 사실이 밝혀졌다. 결과적으로 훨씬 더 효율적인 방법을 이용하기 위해 석탄을 태우도록 정책이 바뀌기 전부터, 산업화 시대에 수집된 조류 종들은 당시 대기 속에 존재하던 거무튀튀한 오염 물질들이 깃털에 퇴적되었으므로 깃털이 거무스름한 그을음 색채를 드러내고 있었다. 하지만 어떻게 이처럼 거무스름하게 변색된 깃털 색채가 조류 종간의 의사소통에 영향을 미칠 수 있는지는 아직 알려진 바가 없으나, 그래도 결국 대기 오염의 영향을 받아 거무스름하게 변색된 깃털 색채는 시각적 신호를 표출하는 데 잠재적으로 영향을 미칠 가능성이 확실히 클 것이다.

2010년 유럽찌르레기 종들을 대상으로 어떻게 먼지가 목부터 가슴으로 이어지는 깃털 색채에 영향을 미치는지를 실험 연구하는 동안, 연구원들은 대기 오염 물질인 먼지 퇴적물에 노출된 암수 표본들과 먼지로부터 보호된 암수 표본들을 비교 연구했다. 암수 표본들은 공기에 노출된 지 3주 후에 모든 파장 영역에서 상당히 각기 다르게 반사하는 깃털 색채를 드러냈으나, 결과적으로 대부분 수컷 표본들은 자외선(UV) 영역에서 가장 크게 반사하는 깃털 색채를 드러냈다. 따라서 이러한 실험 연구 방식에 영향을 받은 수컷 표본들은 대기 오염 물질로 더럽혀진 깃털을 깨끗하게 유지하기 위해 스스로 훨씬 더 많은 시간과 노력을 투자해야 하거나, 기능이 불완전한 시각적 신호를 명확히 표출할 수 있도록 탁월한 능력을 제대로 갖춰야 할 것이다.

아직 둥지를 떠날 때가 안 된 어린 박새 종들을 대상으로 진행한 또 다른 실험 연구 결과에 따르면, 카로티노이드 색소로 인해 표출된 깃털 색채는 핀란드에 존재한 구리 제련소의 영향을 받는다는 사실이 드러났다. 이를테면 구리 제련소와 매우 가까운 둥지에서 양육되는 어린 박새 종들은 구리 제련소와 매우 멀리 떨어진 둥지에서 양육되는 어린 박새 종들보다 카로티노이드 색소로 인해 표출된 깃털 색채가 훨씬 더 흐릿했다. 이런 경우에 깃털 색채에 미치는 영향은 대기 오염 물질의 간접적인 영향을 받는 애벌레 유충을 통해서도 일어날 것이다. 하지만 구리 제련소와 가까운 곳에서 발견되면서도 카로티노이드 색소가 풍부한 애벌레 유충(어린 박새 종들의 먹이)은 어린 박새 종들이 카로티노이드 색소를 효과적으로 이용해 깃털 색채를 드러내는 데 극히 적은 영향을 미칠 것이다.

⬇️
유라시아의 유럽찌르레기는 극도로 도시화한 지역들로 번창한 북아메리카 대륙에 도입되었다.

➡️⬇️
한층 더 도시화한 지역에서 생활하는 박새 종들은 카로티노이드 색소가 풍부한 먹이를 쉽게 섭취하지 못하므로, 시골 지역에서 생활하는 박새 종들보다 상대적으로 노란 깃털 색채를 훨씬 더 흐릿하게 표출한다.

하지만 조류는 또한 중금속 오염 물질을 섭취하게 되면 성장하는 깃털 속에 중금속 오염 물질이 축적되고, 카로티노이드 대사에도 악영향을 미칠 가능성이 크다. 조류는 중금속 오염 물질에 노출되는 동안 뒷부분 궁둥이 쪽으로 노란 깃털 색채가 훨씬 더 흐릿하고 작게 표출되므로, 조류가 잠재적인 시각적 신호를 명확히 표출하기 위해서는 손상되지 않으면서 완벽하고 다채롭게 남아 있는 깃털 색채를 기능적으로 드러내야 할 것이다. 그렇지 않으면 본질적으로 우수한 수컷 조류는 오염 물질 때문에 깃털 색채가 변색되고 깃털 색채의 선명도가 떨어지면서 시각적 신호를 표출하는 데 악영향을 미칠 수 있다. 이런 상황에서 암컷 조류는 깃털 색채를 선명하게 표출하는 수컷 조류를 짝짓기 상대로 선택하므로, 본질적으로 우수한 수컷 조류는 먼지에 변색된 깃털 색채를 시각적 신호로 표출하면서 짝짓기 상대로 선택될 기회를 놓치게 될 것이다. 오염 물질에 변색된 깃털 색채는 조류 종들에게 부정적인 영향을 미칠 수 있기 때문에, 이로 인해 본질적으로 우수한 수컷 조류 종들은 짝짓기 상대로 선택될 기회를 얻을 수 없고, 암컷 조류 종들은 수컷 조류 종들이 자신들의 본질에 관한 정보를 알리기 위해 깃털 색채로 표출하는 시각적 신호를 정확히 인식하지 못하게 될 것이다.

인공 소음이 청각적 신호에 미치는 영향

인간 활동으로 발생되는 청각적 소음의 수준은 몹시 놀랄 만큼 큰 충격을 줄 정도이며, 지구상에서 인공 소음에 영향을 받지 않는 장소는 거의 존재하지 않는다. 심지어 인간과 아주 멀리 떨어져 가장 외딴곳에 위치한 장소에서도 하늘 높이 날아다니는 제트기의 소음에 영향을 받을 수 있다. 하지만 활동적인 인간과 가까운 곳에서 생활하는 조류 종들은 아마도 인공 소음 때문에 조류 종간의 의사소통에 가장 악영향을 받을 것이다. 인공 소음은 비탈진 고속도로를 따라 내리달리는 자동차가 발생하는 소음과 마찬가지로, 거의 끊임없이 시끄럽고 어수선하게 발생할 수 있다. 또한 인공 소음은 에어컨과 난방 설비, 또는 공사 현장에서 발생하는 소음들처럼 간헐적으로 간간이 시끄럽고 소란스럽게 발생할 수도 있다. 게다가 인공 소음은 예를 들어 걷거나, 달리거나, 대화를 나누거나, 음악을 감상하는 등 인간이 관계를 맺는 활동을 통해서 발생하는 소음들처럼 별로 시끄럽지 않지만 끊임없이 계속해서 발생할 수도 있다.

인공 소음은 전형적으로 저주파수(1~2kHz) 영역에서 진폭이 가장 큰 상태로 발생하고, 모든 조류 종간의 청각적 의사소통에 악영향을 미칠 수 있다. 대부분 연구원은 인공 소음이 조류의 노랫소리에 미치는 영향에 중점을 두고서 실험 연구를 진행했다. 유럽울새와 같은 일부 조류 종들은 인공 소음을 피할 수 있도록 밤에 훨씬 더 많은 노랫소리를 발성하면서

노랫소리를 최고조로 발성하는 시간대를 스스로 조정할 것이다. 하지만 대부분 조류 종들은 노랫소리를 최고조로 발성하는 시간대를 그렇게까지 일시적으로 조정하지 않고, 그 대신에 정형화된 노랫소리를 조정해서 주파수를 바꿔 발성한다. 연구원들은 인공 소음의 수준이 증가할 때 조류 종들이 노랫소리를 조정해서 최소한 고주파 노랫소리를 발성한다는 사실을 발견하는 경향이 있다. 이로 인해 인공 소음에 노출된 조류 종들은 인공 소음이 가장 시끄럽고 소란스러운 도시에서 저주파 노랫소리가 방해받지 않도록 노랫소리를 조정해서 최소한 고주파 노랫소리를 발성하고 있다는 가설이 제기되기도 한다.

하지만 도시에서 관찰된 조류 종들은 주파수를 어느 정도로 바꿔서 노랫소리를 발성해도 자신들의 노랫소리가 상대 조류 종들에게 탐지될 만한 가능성이 그렇게 많이 차이가 나지 않을 수 있다는 증거도 존재

한다. 따라서 도시에서 노랫소리를 발성하는 조류 종들은 주파수를 바꿔서 노랫소리를 발성한다는 논문이 더더욱 많이 존재해야 할 것이다. 최근에 유라시아의 도시로 이주해 온 성공적인 대륙검은지빠귀 종들을 대상으로 실험 연구한 결과에 따르면, 수컷 대륙검은지빠귀 종들은 삼림 지대에서 노랫소리를 발성하는 조류 종들보다 훨씬 더 크게 발성하는 고주파 울음소리를 이용해 유라시아의 도시에서 고주파 노랫소리를 발성한다는 사실이 드러났다. 또한 저주파 노랫소리보다 고주파 노랫소리를 훨씬 더 크게 발성하는 수컷 대륙검은지빠귀 종들은 유라시아의 도시에서도 도시 소음에 가로막히거나 방해되지 않을 만한 고주파 노랫소리를 훨씬 더 쉽고 훌륭하게 발성할 수 있다는 사실도 밝혀졌다.

↖ 어디에서나 존재할 정도로 아주 흔한 유럽울새는 인간이 영향을 미치는 환경 영역들 곳곳에서도 상당히 성공적으로 능숙하게 잘 서식한다.

↑ 생긴 모양새대로 이름이 잘 지어진 대륙검은지빠귀는 천연 서식지가 존재하는 유럽 전역에 풍부하다. 또한 대륙검은지빠귀는 천연 서식지의 범위를 확장하고 있는 오스트레일리아에도 도입되었다.

다른 실험 연구 결과들에 따르면, 조류가 표출하는 발성음에는 최고조 주파수와 진폭 사이에 밀접한 관계가 존재한다는 사실이 드러났다. 실험실에서, 사랑앵무와 뿔도요타조 종들은 소음에 노출되면 주파수와 진폭을 모두 높여서 발성음을 표출했다. 아직 둥지를 떠날 때가 안 된 어린 녹색제비(나무제비) 종들은 또한 소음에 대응하며 먹이를 간청하는 울음소리를 발성할 때 주파수와 진폭을 높이는 모습이 발견되었다. 인간의 경우에는 소음에 대응할 때 주파수와 진폭을 최고조로 높이는 현상을 롬바드 효과(인간이 시끄러운 환경에서 말을 할 때, 자신의 말이 상대에게 더욱 잘 들리도록 의도적으로 더더욱 크게 말하는 현상)로 파악할 수 있지만, 조류의 경우에는 고의가 아닌 자신도 모르게 자동적으로 주파수와 진폭을 최고조로 높여서 소음에 점점 더 본능적으로 대응한다. 인간이 소음에 대응할 때 주파수와 진폭의 관계를 살펴보면, 결과적으로 음원(소리가 나오는 근원)에서 공기로 이동하는 에너지는 주파수가 낮은 영역보다 주파수가 높은 영역에서 효율적으로 증가했다. 이로 인해 인간은 주파수가 낮은 영역보다 주파수가 높은 영역에서 훨씬 더 크게 소리칠 수 있다. 하지만 인간보다 한층 더 복잡한 발성음을 체계적으로 표출하는 명금류를 대상으로 주파수와 진폭의 관계를 명확히 설명할 수 있는 메커니즘은 아직 알려진 바가 없다. 그렇더라도 자연적인 환경 조건에서 진행된 실험 연구 결과에 따르면, 조류 종들은 특정 요소들을 이용해 주파수를 최소한도로 한층 더 높이거나, 노랫소리의 주파수를 훨씬 더 높게 조정하면서 소음에 대응한다는 사실이 점점 더 명확히 입증되는 추세다. 그러므로 이런 실험 연구 결과에 따라 조류 종들은 아마도 청각적 신호로 표출하는 발성음들이 인공 소음에 막히거나 방해받지 않도록 노랫소리를 훨씬 더 소란스러울 정도로 크게 발성하려고 애써 스스로 노력하고 있을 것이다.

← 어린 녹색제비들은 자신들의 둥지에서 먹이를 간청하는 울음소리를 매우 크게 발성한다. 하지만 이때 만약 부모 녹색제비가 먹이를 간청하는 울음소리를 귀담아듣고서 어린 녹색제비들을 신속하게 보살피지 못한다면, 이런 상황에서는 오히려 포식자들의 주의를 끌어들일 수도 있다.

→ 뿔도요타조 종들은 본래 남아메리카 대륙에서 서식하며, 타조와 에뮤 종들을 포함한 평흉류(타조목, 특징적으로 흉골이 평평하고 날개가 퇴화하여 비행하지 못하는 조류 종들) 가운데 가장 오랫동안 현존하는 조류 계통과 관련된다. 하지만 뿔도요타조 종들은 불안정하더라도 아주 조금이나마 비행할 수 있는 능력을 갖추고 있다.

흰색왕관참새 종들은 본래 북아메리카 대륙에서 서식하는데, 외딴 두 지역, 이를테면 샌프란시스코 시내에 존재한 골든게이트 공원과 같이 인간 활동에 영향을 받은 지역과 시에라네바다 산맥과 같은 시골풍 지역에서 발견될 수 있다.

노랫소리의 진화적 결과

조류가 소음을 극복하거나 피하기 위해 청각적 신호로서 노랫소리를 조정하며 발성하는 방법은 조류가 시간과 노력을 들여 노랫소리를 진화적으로 발성한 결과일 가능성이 크다. 수컷 조류 종들은 스스로 노력한 만큼 노랫소리의 주파수와 진폭을 적절하게 바꿔서 노랫소리를 점점 더 강력하게 발성할 것이다. 하지만 노랫소리를 조정해 고주파 노랫소리를 발성하는 방식으로 울음소리를 조정해 고주파 울음소리를 발성하는 데 문제점 하나를 살펴보면, 울음소리는 도시화한 지역의 경우와 마찬가지로, 특히 복잡하고 다양한 서식지에서 감쇠되고 저하되는 경향이 훨씬 더 많을 것이다.

또 다른 문제점을 살펴보면, 조류가 청각적 신호로서 표출하는 고주파 발성음은 청각적 신호를 의도적으로 받아들이는 조류 종들의 청각적 민감도와 서로 잘 맞지 않을 수 있으므로, 청각적 신호를 받아들이는 다른 조류 종들은 고주파 노랫소리를 귀담아듣고도 고주파 노랫소리를 발성하는 조류에 관한 정보를 명확히 탐지하기가 매우 어렵고 힘들 것이다. 예를 들어 암컷 조류 종들은 고주파 노랫소리를 귀담아듣고도 고주파 노랫소리를 발성하는 수컷 조류가 같은 조류 종인지를 인식하거나, 본질적으

로 우수한 수컷인지를 명확히 인식하지 못할 수 있으므로, 수컷 조류는 시간과 노력을 들여서 노랫소리의 주파수를 조정하며 고주파 노랫소리를 매우 강렬하게 발성한다고 해도 적절한 혜택을 안정적으로 누리지 못할 것이다. 앞서 언급했듯이 주파수는 조류의 몸집 크기와 관련되어 있으므로(174쪽 참조), 고주파 노랫소리를 발성하는 수컷 조류 종들은 경쟁자들에게 몸집이 작고 덜 위협적인 상대로 인식될 수 있다. 이로 인해 결과적으로 훨씬 더 힘들고 위험한 상황에 닥치게 되는 수컷 조류 종들은 그만큼 스스로 정신을 가다듬고 활기찬 에너지를 있는 힘껏 더더욱 쏟아내야 할 것이다. 이와 같은 문제점들은 경고 울음소리와 간청 울음소리에도 적용할 수 있는데, 경고 울음소리와 간청 울음소리는 상대 조류에게 제대로 들리거나 인식되지 않을 수도 있다. 따라서 조류 종들은 노랫소리를 발성하는 방법을 어느 정도 진화적으로 바꾸지 못한다면, 아무리 시간과 노력을 들여서 소음에 대응하도록 청각적 신호를 강력하게 표출한다고 해도 상대 조류가 청각적 신호를 명확히 탐지하는 문제를 해결할 수 없을 뿐 아니라, 심지어 새로운 문제들이 발생할 수도 있을 것이다.

인공 소음이 청각적 신호를 진화적으로 표출하는 조류 종들에게 미치는 결과에 중점을 두고서 많은 실험 연구를 진행하는 동안, 인공 소음이 진화된 청각적 신호를 받아들이는 조류 종들에게 미치는 결과는 그렇게 많이 몰두하지 못했다. 그렇다면 인공 소음이 청각적 신호를 받아들이는 조류 종들에게 미치는 영향은 무엇일까? 또한 조류 종들이 인공 소음에 대응하도록 표출하는 청각적 신호가 감쇠되는 현상은 청각적 신호를 받아들이는 조류 종들에게 어떤 영향을 미칠까? 흰색왕관참새 종들을 대상으로 진행한 한 실험 연구는 이 두 가지 의문점들을 다뤘다. 어린 흰색왕관참새 종들은 통제하는 조류 종들보다 주파수가 훨씬 더 높은 고주파 노랫소리를 학습하며 인공 소음이 포함된 노랫소리도 함께 훈련받았다. 이때 인공 소음이 포함된 노랫소리를 학습한 수컷 흰색왕관참새 종들이 발성한 노랫소리의 결과에 주목해서 한 가지 사실을 살펴보면, 이러한 노

랫소리는 주파수가 훨씬 더 높을 뿐 아니라, 암컷 흰색왕관참새가 짝짓기 상대를 선택하는 데 영향을 미친다고 입증되는 노랫소리의 특징처럼 발성음 성능이 낮게 표출되기도 했다. 따라서 어린 수컷 흰색왕관참새 종들이 이렇게 인공 소음이 포함된 노랫소리를 학습하는 경우와 마찬가지로, 노랫소리를 인식하는 조류 종들은 인공 소음에 덜 방해받은 노랫소리를 학습할수록 결국 가장 좋은 결과를 초래할 수 있다. 또한 성체 수컷 조류 종들이 발성하는 노랫소리가 암컷 조류 종들의 관심을 효율적으로 끌어내지 못할 정도로 인공 소음에 방해받더라도, 인공 소음이 포함된 노랫소리를 학습한 조류 종들은 이러한 노랫소리도 쉽게 귀담아들을 것이다.

또 다른 조류 계통을 대상으로 어떻게 수컷 조류 종들이 기본적으로 자세를 바꿔 인공 소음에 대응하며 노랫소리를 귀담아듣는지를 실험 연구한 결과에 따르면, 노랫소리를 인식하는 수컷 조류 종들은 인공 소음 속에서 청각적 신호를 탐지하기 위해 더욱더 많은 시간과 노력을 쏟아야 할 수 있지만, 어쨌든 청각적 신호들을 귀담아들으려고 애써 노력한다는 사실이 드러났다. 유럽울새 종들을 대상으로 진행한 관찰 연구 결과에 따르면, 인공 소음 정도는 노랫소리를 발성하는 조류가 걸터앉은 나뭇가지의 높이와 명확한 상관관계가 존재한다는 사실이 드러났다. 이러한 관찰 연구 결과에 따라 한 가지 사실을 파악해 보면, 수컷 유럽울새 종들은 높이가 높은 나뭇가지 끝에 걸터앉아 노랫소리를 발성할수록 이웃 조류 종들이 확실하게 귀담아들을 수 있을 정도로 노랫소리를 최대한 능률적으로 적절하게 발성하려고 애써 노력한다는 것이다. 하지만 수컷 유럽울새 종들은 또한 높이가 높은 나뭇가지 끝에 걸터앉아 노랫소리를 발성할수록 포식자에게 노출되는 위험이 더욱 많이 발생하게 되므로, 상대 조류 종들이 청각적 신호를 명확히 탐지하도록 그만큼 더욱더 많은 시간과 노력도 쏟아야 할 것이다.

다른 실험 연구 결과에 따르면, 조류 종들은 인공 소음에 대응하는 행동으로 상대 조류를 탐지할 기회를 높일 수 있다는 사실이 드러났다. 박새 종들을 대상으로 진행한 실험 연구 결과에 따르면, 어린 암컷 박새가 들어 있는 둥지 상자에 녹음한 인공 소음을 재생했을 때, 어린 암컷 박새는 이른 아침에 들리는 수컷 박새의 노랫소리에 대응해 약간 뒤늦게 짧은 시간차를 두고서 노랫소리를 발성한다는 사실이 밝혀졌다. 또한 수컷 박새 종들은 둥지 상자에 들어 있는 어린 암컷 박새에게 더욱 가까이 들릴 수 있도록 나뭇가지 끝에 걸터앉아 노랫소리의 주파수를 바꿔서 노랫소리를 발성했다. 게다가 암컷 박새는 수컷 박새 종들이 나뭇가지 끝에 걸터앉아 발성하는 노랫소리가 둥지 상자로 더욱 가까이 들리면 노랫소리에 대응하는 시간을 정상으로 되돌렸다.

지금까지 진행한 실험 연구 결과를 살펴보면, 결국 인공 소음은 청각적 신호를 받아들이는 조류 종들에게 엄청나게 심한 악영향을 미칠 가능성이 크다. 이를테면 청각적 신호를 표출하는 수컷 조류는 암컷 조류가 명확히 탐지할 수 있도록 청각적 신호를 기능적으로 향상하기 위해 노랫소리의 주파수를 바꾸면서 노랫소리를 조정한다. 그런데 만약 수컷 조류가 조정한 노랫소리가 수컷 조류의 본질을 파악할 수 있는 능력을 갖춘 암컷 조류에게 악영향을 미쳐서, 이로 인해 결국 암컷 조류가 본질적으로 저조한 수컷 조류를 짝짓기 상대로 온전히 선택하게 된다면, 수컷 조류가 조정한 노랫소리는 잠재적으로 건강한 자손 번식을 원하는 암컷 조류에게 악영향을 미칠 수도 있다.

한 가지 사실을 추측한다면, 인공 소음에 대응해 표출하는 청각적 신호는 또한 둥지에서 어린 새끼 조류들이 배고프다고 간청하는 울음소리를 귀담아들어야 하는 부모 조류에게도 상당히 중대한 문제들을 일으킬 수 있을 것이다. 이를테면 인공 소음에 대응하기 위해 어린 새끼 조류들이 주파수와 진폭을 높여 발성한 간청 울음소리는 어린 새끼 조류들이 표출하는 요구사항이나 배고픈 정도를 정확히 파악할 수 있는 능력을 갖춘 부모 조류에게 영향을 미칠 것이다. 부모 조류는 간청 울음소리가 유난히 클 때 재빨리 먹이 공급량을 늘려 어린 새끼 조류들에게 다가가 먹이를 신속하게 제공할수록 잠재적인 포식자가 줄어들 가능성이 커진다. 하지만 부모 조류는 재빨리 먹이 공급량을 늘리려면 그만큼 많은 시간과 노력을 쏟아야 할 것이다.

청각적 신호를 표출하는 조류는 상대 조류가 청각적 신호를 더욱 명확히 탐지할 수 있도록 노랫소리의 주파수와 진폭을 바꿔서 노랫소리를 조정하고, 청각적 신호를 받아들이는 조류는 청각적 신호를 탐지할 수 있는 능력을 제대로 갖추고 있다는 면에서, 많은 실험 연구원은 어떻게 청각적 신호를 받아들이는 조류가 환경 소음에 영향을 받는지를 더욱더 확실하게 파악해야 한다.

소음에 대응해 표출하는 행동 변경 신호, 특히 짝짓기 신호는 생식 격리와 도시화한 새로운 조류 종들의 형성 과정을 포함해 오랜 기간 동안 진화적으로 변화한 결과일 것이다. 조류 종들은 본질적으로 시골풍 지역 근처 도시화한 섬에서 서식지를 마련해 군체 생활을 하고 있다. 만약 도시화한 서식지에서 군체 생활을 하는 조류 종들이 새롭게 도시화한 환경에 스스로 적응하면서도 다른 조류 무리가 명확히 인식하지 못하는 짝짓기 신호를 표출한다면, 도시화한 서식지에서 군체 생활을 하는 조류 무리는 결국 종 분화 현상(시간이 경과할수록 새롭고 다양한 종이 생기는 현상)이 일어날 정도로 독특한 진화적 궤도에 탑승하게 될 것이다. 또한 도시화한 서식지에서 성공적으로 군체 생활을 하는 조류 종들은 청각적 신호를 표출할 때 많은 다른 행동들 가운데 노랫소리의 주파수를 바꾸며 노랫소리를 조정하는 행동처럼, 이와 매우 유사한 행동적 변화를 드러내는 경향이 있다. 예를 들면 도시화한 서식지에서 군체 생활을 하는 조류 종들은 더욱더 과감하게 공격적인 행동을 표출하게 되는 경향이 있다. 하지만 도시화한 지역에서 생활하는 조류 종들에게 발생한 행동적 변화가 자연 선택에 따른 결과인지, 아니면 새로운 환경에 순응한 결과인지는 아직 알려진 바가 없다. 따라서 많은 연구원은 도시화한 서식지가 조류 종들에게 미치는 복잡하고 다양한 영향을 더욱 확실하게 파악해야 할 것이다.

환경보호에 미치는 영향

조류 활동에 영향을 미치는 의사소통의 역할을 제대로 파악하는 방법은 본질적으로 환경 보호 활동을 하는 데 매우 중요하다. 조류의 의사소통을 파악하는 환경 보호 활동가들은 위협받을 정도로 멸종 위기에 처한 조류 종들의 요구 사항을 더욱 확실하게 파악할 수 있다. 또한 조류가 표출하는 특정 행동들이 조류 종간의 의사소통에 미칠 수 있는 영향을 파악하는 방법은 조류 종들을 성공적으로 파악하는 데 매우 중요하다. 북아메리카 대륙과 유럽에서 서식하는 조류 종들을 대상으로 실험 연구한 결과에 따르면, 대부분 조류 종들은 수적으로 감소하고 있다는 안타까운 사실이 드러났다. 이때 조류 종들이 수적으로 감소하는 원인은 인공 소음과 인공조명, 고층 빌딩 충돌과 창문 충돌, 인위적으로 도입된 조류 종, 지구 기후 변화, 환경오염, 인공 서식지 교란과 자연 서식지 파멸 등으로 여겨진다. 북아메리카 대륙과 유럽에서 서식하는 조류 종들이 수적으로 감소하는 현상에 따라, 전 세계적으로 분포하는 조류 종들도 이와 마찬가지로 수적으로 감소하는 고통에 시달리고 있을 가능성이 크다. 조류 종들이 멸종되는 속도를 상세하게 기록해 놓은 문서를 살펴보면, 조류 181여 종들은 1500년 이후로 멸종된 상태(지난 40년간 조류 24여 종들이 멸종)이고, 추가로 조류 21여 종들은 결정적으로 멸종 위기에 처하거나 멸종할 가능성이 큰 조류로 분류되었다. 또한 무척추동물이나 식물과 마찬가지로 문서에 상세하게 기록되지 않은 다른 조류 종들은 (의도된 말장난일 수 있지만) 탄광의 카나리아로 경고될 가능성이 크다. 그래도 어쩌면 우리가 모두 오래오래 지속적으로 조류 종들에게 사랑을 느끼고 매혹된다면, 멸종 위기에 처한 모든 조류 종들은 무엇보다 중요한 존재라는 사실을 깨달을 수 있을 것이다. 게다가 정부는 인간 활동이 야생 조류 종들에게 미치는 영향을 완화할 수 있도록 장기적인 해결책들을 모색해야 할 것이다.

더 읽을거리

일반 도서

Birds

Lovette, I. J., and J. W. Fitzpatrick, eds. 2016. *Handbook of Bird Biology*. New Jersey: John Wiley and Sons.

White, G. 1906. *The Natural History of Selborne*. London: Methuen.

Bird vocal communication

Catchpole, C. K., and P. J. Slater. 2008. *Bird Song: Biological Themes and Variations* (2nd edition). Cambridge, England: Cambridge University Press.

Kroodsma, D. E., and E. H. Miller, eds. 1996. *Ecology and Evolution of Acoustic Communication in Birds*. New York: Comstock Publishing.

Marler, P., and H. Slabbekoorn, eds. 2004. *Nature's Music: The Science of Birdsong*. San Diego: Academic Press.

Bird plumage

Hill, G. E., and K. J. McGraw, eds. 2006. *Bird Coloration: Mechanisms and Measurements*. Vol. 1. Cambridge, Massachusetts: Harvard University Press.
Hill, G. E., and K. J. McGraw, eds. 2006. *Bird Coloration: Function and Evolution*. Vol. 2. Cambridge, Massachusetts: Harvard University Press.

Animal communication

Bradbury, J. W., and S. L. Veherencamp. 2011. *Principles of Animal Communication* (2nd edition). Oxford: Sinauer Associates.

Searcy, W. A., and S. Nowicki. 2005. *The Evolution of Animal Communication: Reliability and Deception in Signaling Systems*. New Jersey: Princeton University Press.

Wiley, R. H. 2015. *Noise Matters: The Evolution of Communication*. Cambridge, Massachusetts: Harvard University Press.

머리말: 조류의 의사소통이란 무엇인가?

Dooling, R. J. 1992. Hearing in birds. In D. B. Webster, A. N. Popper and R. R. Fay, eds., *The Evolutionary Biology of Hearing*, pp. 545–559. New York: Springer.

Martin, G. R., K.-J. Wilson, J. M. Wild, S. Parsons, M. F. Kubke, and J. Corfield. 2007. Kiwi forego vision in the guidance of their nocturnal activities. *PLOS ONE* 2(2): e198.

1장: 조류의 의사소통 채널

Bonadonna, F., and A. Sanz-Aguilar. 2012. Kin recognition and inbreeding avoidance in wild birds: the first evidence for individual kin-related odour recognition. *Animal Behaviour* 84(3): 509–513.

Bostwick Kimberly, S., M. L. Riccio, and J. M. Humphries. 2012. Massive, solidified bone in the wing of a volant courting bird. *Biology Letters* 8(5): 760–763.

Douglas, H. D., A. S. Kitaysky, and E. V. Kitaiskaia. 2018. Odor is linked to adrenocortical function and male ornament size in a colonial seabird. *Behavioral Ecology* 29(3): 736–744.

Dowsett-Lemaire, F. 1979. The imitative range of the song of the Marsh warbler *Acrocephalus palustris*, with special reference to imitations of African birds. *Ibis* 121(4): 453–468.

Langmore, N. E. 1998. Functions of duet and solo songs of female birds. *Trends in Ecology & Evolution* 13(4): 136–140.

Marler, P. 2004. Bird calls: their potential for behavioral neurobiology. *Annals of the New York Academy of Sciences* 1016(1): 31–44.

Marler, P., and S. Peters. 1977. Selective vocal learning in a sparrow. *Science* 198: 519–521.

Pepperberg, I. M. 1981. Functional vocalizations by an African grey parrot (*Psittacus erithacus*). *Zeitschrift für Tierpsychologie* 55(2): 139–160.

Slater, P. J. B. 1989. Bird song learning: causes and consequences. Ethology, *Ecology & Evolution* 1(1): 19–46.

Suthers, R., and S. A. Zollinger. 2004. Producing song: the vocal apparatus. *Annals of the New York Academy of Sciences* 1016: 109–29.

Thorpe, W. H. 1954. The process of song-learning in the chaffinch as studied by means of the sound spectrograph. *Nature* 173(4402): 465.

Westneat, M. W., J. H. Long Jr, W. Hoese, and S. Nowicki. 1993. Kinematics of birdsong: functional correlations of cranial movements and acoustic features in sparrows. *Journal of Experimental Biology* 182: 147–171.

Wright, T. F. 1996. Regional dialects in the contact call of a parrot. *Proceedings: Biological Sciences* 263(1372): 867–872.

2장: 조류 암수 간의 의사소통

Andersson, M. B. 1994. Sexual Selection. In J. R. Krebs and T. Clutton-Brock, eds., *Monographs in Behavior and Ecology*. New Jersey: Princeton University Press.

Andersson, S. 1989. Sexual selection and cues for female choice in leks of Jackson's widowbird *Euplectes jacksoni*. *Behavioral Ecology and Sociobiology* 25(6): 403–410.

Bennett, A. T. D., I. C. Cuthill, J. C. Partridge, and E. J. Maier. 1996. Ultraviolet vision and mate choice in zebra finches. *Nature* 380(4 April): 433–435.

Borgia, G. 1985. Bower quality, number of decorations and mating success of male satin bowerbirds (*Ptilonorhynchus violaceus*): an experimental analysis. *Animal Behaviour* 33(1): 266–271.

Dalziell, A. H., R. A. Peters, A. Cockburn, A. D. Dorland, A. C. Maisey, and R. D. Magrath. 2013. Dance choreography is coordinated with song repertoire in a complex avian display. *Current Biology* 23(12): 1132–1135.

Darwin, C. 1859. *On the Origin of Species*. 16th ed. Cambridge, MA: Harvard University Press.

Darwin, C. 1871. *The Descent of Man and Selection in Relation to Sex*. London: Murray.

Loyau, A., D. Gomez, B. Moureau, M. Théry, N. S. Hart, M. S. Jalme, A. T. D. Bennett, and G. Sorci. 2007. Iridescent structurally based coloration of eyespots correlates with mating success in the peacock. *Behavioral Ecology* 18(6): 1123–1131.

McDonald, D. B., and W. K. Potts. 1994. Cooperative display and relatedness among males in a lek-mating bird. *Science* 266(5187): 1030–1032.

McGlothlin, J. W., D. L. Duffy, J. L. Henry-Freeman, and E. D. Ketterson. 2007. Diet quality affects an attractive white plumage pattern in dark-eyed juncos (*Junco hyemalis*). *Behavioral Ecology and Sociobiology* 61(9): 1391–1399.

Nowicki, S., and W. A. Searcy. 2004. Song function and the evolution of female preferences: why birds sing, why brains matter. *Annals of the New York Academy of Sciences* 1016(1): 704–723.

Podos, J. 1997. A performance constraint on the evolution of trilled vocalizations in a songbird family (Passeriformes: Emberizidae). *Evolution* 51(2): 537–551.

Searcy, W. A., and P. Marler. 1981. A test for responsiveness to song structure and programming in female sparrows. *Science* 213: 926–928.

3장: 세력권과 판게직 우위

Anderson, R. C., A. L. DuBois, D. K. Piech, W. A. Searcy, and S. Nowicki. 2013. Male response to an aggressive visual signal, the wing wave display, in swamp sparrows. *Behavioral Ecology and Sociobiology* 67(4): 593–600.

Dey, C. J., J. Dale, and J. S. Quinn. 2014. Manipulating the appearance of a badge of status causes changes in true badge expression. *Proceedings of the Royal Society B: Biological Sciences* 281(1775): 20132680.

Godard, R. 1991. Long-term memory of individual neighbours in a migratory songbird. *Nature* **350**(6315): 228–229.

Levin, R. N. 1996. Song behaviour and reproductive strategies in a duetting wren, *Thryothorus nigricapillus*: II. Playback experiments. Animal Behaviour **52**(6): 1107–1117.

Pryke, S. R., S. Andersson, M. J. Lawes, and S. E. Piper. 2002. Carotenoid status signaling in captive and wild red-collared widowbirds: independent effects of badge size and color. *Behavioral Ecology* **13**(5): 622–631.

Rico-Guevara, A., and M. Araya-Salas. 2015. Bills as daggers? A test for sexually dimorphic weapons in a lekking hummingbird. *Behavioral Ecology* **26**(1): 21–29.

Yasukawa, K. 1981. Song and territory defense in the red-winged blackbird. *The Auk* **98**(1): 185–187.

4장: 부모와 자식 간의 의사소통

Caro, S. M., A. S. Griffin, C. A. Hinde, and S. A. West. 2016. Unpredictable environments lead to the evolution of parental neglect in birds. *Nature Communications* **7**(1): 1–10.

Colombelli-Négrel, D., M. E. Hauber, J. Robertson, F. J. Sulloway, H. Hoi, M. Griggio, and S. Kleindorfer. 2012. Embryonic learning of vocal passwords in superb fairy-wrens reveals intruder cuckoo nestlings. *Current Biology* **22**(22): 2155–2160.

Jouventin, P., T. Aubin, and T. Lengagne. 1999. Finding a parent in a king penguin colony: the acoustic system of individual recognition. *Animal Behaviour* **57**(6): 1175–1183.

Krebs, E. A., and D. A. Putland. 2004. Chic chicks: the evolution of chick ornamentation in rails. *Behavioral Ecology* **15**(6): 946–951,

5장: 경고 신호

Flower, T. 2011. Fork-tailed drongos use deceptive mimicked alarm calls to steal food. *Proceedings of the Royal Society B: Biological Sciences* **278**(1711): 1548–1555.

Méndez, C., and L. Sandoval. 2017. Dual function of chip calls depending on changing call rate related to risk level in territorial pairs of White-Eared Ground-Sparrows. *Ethology* **123**(3): 188–196.

Murray, T. G., J. Zeil, and R. D. Magrath. 2017. Sounds of modified flight feathers reliably signal danger in a pigeon. *Current Biology* **27**(22): 3520–3525.

Suzuki, T. N. 2014. Communication about predator type by a bird using discrete, graded and combinatorial variation in alarm calls. *Animal Behaviour* **87**: 59–65.

Templeton, C. N., E. Greene, and K. Davis. 2005. Allometry of alarm calls: black-capped chickadees encode information about predator size. *Science* **308**(5730): 1934–1937.

6장: 군체 생활

Buhrman-Deever, S. C., E. A. Hobson, and A. D. Hobson. 2008. Individual recognition and selective response to contact calls in foraging brown-throated conures, *Aratinga pertinax*. *Animal Behaviour* **76**(5): 1715–1725.

McDonald, P. G., and J. Wright. 2011. Bell miner provisioning calls are more similar among relatives and are used by helpers at the nest to bias their effort towards kin. *Proceedings of the Royal Society B: Biological Sciences* **278**(1723): 3403–3411.

Price, J. J. 1999. Recognition of family-specific calls in stripe-backed wrens. *Animal Behaviour* **57**(2): 483–492.

Sewall, K. B. 2011. Early learning of discrete call variants in red crossbills: implications for reliable signaling. *Behavioral Ecology and Sociobiology* **65**(2): 157–166.

Suzuki, T. N., and N. Kutsukake. 2017. Foraging intention affects whether willow tits call to attract members of mixed-species flocks. *Royal Society Open Science* **4**(6): 170222.

Winger, B. M., B. C. Weeks, A. Farnsworth, A. W. Jones, M. Hennen, and D. E. Willard. 2019. Nocturnal flight-calling behaviour predicts

vulnerability to artificial light in migratory birds. *Proceedings of the Royal Society* B **286**(1900): 20190364.

7장: 시끄러운 세상 속에서의 의사소통

DuBay, S. G., and C. C. Fuldner. 2017. Bird specimens track 135 years of atmospheric black carbon and environmental policy. *Proceedings of the National Academy of Sciences* **114**(43): 11321–11326.

Endler, J. A. 1993. The color of light in forests and its implications. *Ecological Monographs* **63**(1): 1–27.

Hunter, M. L., and J. R. Krebs. 1979. Geographical variation in the song of the Great tit (Parus major) in relation to ecological factors. *Journal of Animal Ecology* **48**(3): 759–785.

Moseley, D. L., G. E. Derryberry, J. N. Phillips, J. E. Danner, R. M. Danner, D. A. Luther, E. P. Derryberry. 2018. Acoustic adaptation to city noise through vocal learning by a songbird. *Proceedings of the Royal Society B: Biological Sciences* **285**(1888): 20181356.

Naguib, M. 1998. Perception of degradation in acoustic signals and its implications for ranging. *Behavioral Ecology and Sociobiology* **42**: 139–142.

Nemeth, E., N. Pieretti, S. A. Zollinger, N. Geberzahn, J. Partecke, A. C. Miranda, and H. Brumm. 2013. Bird song and anthropogenic noise: vocal constraints may explain why birds sing higher-frequency songs in cities. *Proceedings of the Royal Society B: Biological Sciences* **280**(1754): 20122798.

Wiley, R. H. 1991. Association of song properties with habitats for territorial oscine birds of eastern North America. *American Naturalist* **138**: 973–993.

이미지 출처

(t = top, c = centre, b = bottom, l = left, r = right)

지은이

바바라 발렌타인
서부 캐롤라이나대학교 생물학과 부교수이다. 조류의 노랫소리 발성과 짝짓기 상대 선택(song production and mate choice)에 관한 논문을 학술지에 게재했다.

제러미 하이만
서부 캐롤라이나대학교 생물학과 교수로서 조류학과 동물행동학을 강의한다. 어린이 도서 「조류의 두뇌(Bird Brains)」의 저자이며, 조류의 행동(bird behavior)에 관한 수많은 논문을 학술지에 게재했다.

마이크 웹스터
컨설턴트 편집자이다. 코넬대학교 조류학 연구소 마코레이 도서관 소장, 코넬대학교 신경 생물학 및 동물행동학과 조류학 교수이다.

옮긴이

윤혜영
화학을 전공했으며, 과학학원 원장이자 과학 강사로 십수 년을 강의했다. 오랜 시간 교육자의 길을 걷다가 번역에 매력을 느껴 독자에게 감동을 줄 수 있는 책들을 기획, 번역하고 있다. 글밥아카데미 수료 후 바른번역 소속 번역가로 활동 중이다. 옮긴 책으로 『그래도 절대 포기하지마』, 『습관의 기적』, 『코로나 세상 속에서 지쳐 있는 청춘에게 한마디』, 『움직임에 중력을 더하라』, 『우주가 뭐예요?』 등이 있다.